高等学校规划教材

# 气压传动与控制

(第 2 版)

吴振顺　主编

哈尔滨工业大学出版社

## 内 容 提 要

本书系统地叙述了气压传动与控制系统中各类元件的工作原理、结构特征及其性能特点,气压传动与控制系统的基本理论和基本分析方法。讨论了逻辑控制系统、行程程序控制系统、伺服控制系统的分析、研究和设计方法。为了便于学习时选用,本书最后还介绍了气压控制的基本回路和常用回路。

本书可作为高等院校流体传动及控制专业本科生、研究生的教材,也可供从事气动技术研究、设计和应用的工程技术人员及其他有关人员参考。

**图书在版编目(CIP)数据**

气压传动与控制/吴振顺主编. —2 版. —哈尔滨:哈尔滨工业大学出版社,2009.7(2024.8 重印)
ISBN 978-7-5603-0989-7

Ⅰ. 气… Ⅱ. 吴… Ⅲ. 气压传动 Ⅳ. TH138

中国版本图书馆 CIP 数据核字(2009)第 111403 号

| | |
|---|---|
| 策划编辑 | 王超龙 |
| 出版发行 | 哈尔滨工业大学出版社 |
| 社　　址 | 哈尔滨市南岗区复华四道街 10 号　邮编 150006 |
| 传　　真 | 0451-86414749 |
| 网　　址 | http://hitpress.hit.edu.cn |
| 印　　刷 | 哈尔滨市工大节能印刷厂 |
| 开　　本 | 787mm×1092mm　1/16　印张 16.5　总字数 373 千字 |
| 版　　次 | 1995 年 9 月第 1 版　2010 年 7 月第 2 版<br>2024 年 8 月第 12 次印刷 |
| 书　　号 | ISBN 978-7-5603-0989-7 |
| 定　　价 | 59.00 元 |

(如因印装质量问题影响阅读,我社负责调换)

# 出 版 说 明

根据国务院国发(1978)23号文件批转试行的"关于高等学校教材编审出版若干问题的暂行规定",中国船舶工业总公司负责全国高等学校船舶类专业教材编审、出版的组织工作。

为了做好这一工作,中国船舶工业总公司相应地成立了"船舶工程"、"船舶动力"两个教材委员会和"船电自动化"、"惯性导航及仪器"、"水声电子工程"、"液压"、"水中兵器"五个教材小组,聘请了有关院校的教授、专家60余人参加工作。船舶类专业教材委员会(小组)是有关船舶类专业教材建设的研究、指导、规划和评审方面的专家组织,其任务是做好高等学校船舶类专业教材的编审工作,为提高教材质量而努力。

在总结前三轮教材编审、出版工作的基础上,根据国家教委对"八·五"规划教材要"抓好重点教材,全面提高质量,适当发展品种,力争系统配套,完善管理体制,加强组织领导"的要求,船舶总公司于1991年又制定了《1991—1995年全国高等学校船舶类专业规划教材选题》。列入规划的选题共107种。

这批教材由各有关院校推荐,同行专家评阅,教材委员会(小组)评议,完稿后又经主审人审阅,教材委员会(小组)复审,然后分别由国防工业出版社、人民交通出版社以及有关高等学校的出版社出版。

为了不断地提高教材质量,希望使用教材的单位和广大师生提出宝贵意见。

中国船舶工业总公司教材编审室<br>
1992年5月

# 前　　言

本书是根据中国船舶工业总公司制订的"八五"教材规划《气压传动与控制》课程教学的基本要求,在李天贵于1985年编写的《气压传动》一书的基础上,经过较大的修改与补充,作为流体传动与控制专业《气压传动与控制》课程教材而编写的。本书经中国船舶工业总公司液压专业教材编审小组评选、推荐出版。

全书共分为十章,第一章介绍了气动技术基础知识的研究概况及发展新动向。第二、三、四、五章介绍了气动执行元件、气动控制元件、气动能源装置、气动辅助元件、气动转换元件及气动比例控制元件的工作原理、结构特征、性能特点及其分析设计方法。书中还注意引进了例如气动夹、无杆气动缸等新型执行元件和电气比例调节器等新型控制元件。第六章介绍了逻辑代数与逻辑控制系统,扼要介绍了卡诺图法在逻辑控制系统中的应用。第七章介绍了行程程序控制系统的设计分析方法,着重讨论了障碍信号及其判别、消除的方法,其中包括X—D状态线图法、程序控制线图法、卡诺图法等。为了便于学习,本章还介绍了气动系统中常用的电气电路。第八章介绍了气动伺服阀的分析,在一般分析的基础上,讨论了零开口四通阀、三通阀、喷嘴—挡板阀的压力—流量特性、阀系数及其它性能特征。第九章介绍了气动伺服系统,在前章分析的基础上,重点讨论了各类动力机构,尤其是四通阀控非对称缸动力机构的分析设计方法。与液压伺服系统相比,由于气压控制系统采用的工作介质是可压缩气体,压力直接影响气体的密度,并且气体在能量传输和节流过程中,将要引起气体流动状态的变化,气体的流动速度将是进出口压力比值的函数,超音速流动与亚音速流动之间存在着截然不同的流动规律。因此,在气压动力机构的分析研究上与液压系统有很大的区别,在设计分析时应当加以充分考虑,其他部分的分析,例如校正方法的选择、设计等都是一些共性的问题,因而可参照液压伺服系统的分析方法进行,故本书不多加叙述。为了便于学习时选用,在本书的最后一章列举了部分气动基本回路和常用回路。

本书取材方面力求通俗易懂,刻意求新,学以致用。编写过程中注意引进国外一些先进技术,着眼于使读者具有选用气动元件和分析设计气动系统的能力。

本书由吴振顺主编,其中第一章由王祖温编写,第二、三、四章由李天贵、吴振顺编写,第五、六、七、八、九、十章及思考与练习题由吴振顺编写。本书由上海交通大学机械系曲以义主审并提出许多宝贵意见。在编写过程中得到哈尔滨工业大学流体传动及控制教研室有关同志的大力支持,在此一并表示深切的感谢。

由于水平有限,实际经验不足,书中难免有疏漏之处,敬请广大读者批评指正。

编　者

1995年1月于哈尔滨市

# 目　　录

**第一章　气压技术的基础知识** …………………………………………… (1)
　§1-1　气动技术的概况 ……………………………………………………… (1)
　　一、气动技术的现状和应用 ………………………………………………… (1)
　　二、气动技术的新发展 ……………………………………………………… (2)
　　三、气动系统的优缺点 ……………………………………………………… (4)
　§1-2　气动系统的组成 ……………………………………………………… (4)
　　一、气压发生装置 …………………………………………………………… (5)
　　二、控制元件 ………………………………………………………………… (5)
　　三、执行元件 ………………………………………………………………… (5)
　　四、辅助元件 ………………………………………………………………… (6)
　§1-3　气体基本性质 ………………………………………………………… (6)
　　一、空气的组成成分及可压缩性 …………………………………………… (6)
　　二、气体状态方程 …………………………………………………………… (7)
　　三、湿空气 …………………………………………………………………… (14)
　§1-4　气体在管道中的流动特性 …………………………………………… (17)
　　一、音速 ……………………………………………………………………… (17)
　　二、马赫数(M) ……………………………………………………………… (19)
　　三、变截面管道中的亚音速和超音速流动 ………………………………… (19)

**第二章　气动执行元件** …………………………………………………… (24)
　§2-1　气缸的分类及工作原理 ……………………………………………… (24)
　　一、气缸的分类 ……………………………………………………………… (24)
　　二、常见气缸的工作原理及用途 …………………………………………… (27)
　§2-2　气缸的特性及计算 …………………………………………………… (30)
　　一、气缸的推力和效率 ……………………………………………………… (30)
　　二、气缸的工作特性 ………………………………………………………… (32)
　　三、几种常见气缸的设计计算 ……………………………………………… (37)
　　四、气缸的设计步骤 ………………………………………………………… (43)
　　五、气缸使用的注意事项 …………………………………………………… (43)
　§2-3　气动马达 ……………………………………………………………… (43)
　　一、滑片式气动马达的工作原理 …………………………………………… (45)
　　二、滑片式气动马达的特性 ………………………………………………… (45)
　　三、气动马达的示功图 ……………………………………………………… (46)
　　四、压缩空气能量的利用率 ………………………………………………… (48)

**第三章　气动控制元件** …………………………………………………… (49)
　§3-1　压力控制阀 …………………………………………………………… (49)

一、调压阀……………………………………………………………………(49)
　　二、顺序阀……………………………………………………………………(56)
　　三、安全阀(溢流阀)…………………………………………………………(57)
§3-2 流量控制阀…………………………………………………………………(59)
　　一、节流阀的特性分析………………………………………………………(59)
　　二、单向节流阀………………………………………………………………(60)
　　三、快速排气阀………………………………………………………………(62)
　　四、使用流量控制阀时应注意事项…………………………………………(63)
§3-3 方向控制阀…………………………………………………………………(63)
　　一、方向控制阀的分类………………………………………………………(64)
　　二、换向阀的控制……………………………………………………………(64)
　　三、单向型控制阀……………………………………………………………(70)
§3-4 控制阀的选择和安装………………………………………………………(71)
　　一、控制阀的选择……………………………………………………………(71)
　　二、控制阀的安装……………………………………………………………(71)

第四章 气源装置及气动辅助元件………………………………………………(72)
§4-1 气源装置概述………………………………………………………………(72)
　　一、对压缩空气的要求………………………………………………………(72)
　　二、压缩空气站的设备………………………………………………………(72)
　　三、气动装置的耗气量及压气机站机组容量的选择………………………(73)
§4-2 空气净化设备………………………………………………………………(74)
　　一、后冷却器…………………………………………………………………(74)
　　二、油水分离器及空气过滤器………………………………………………(75)
　　三、干燥器……………………………………………………………………(77)
§4-3 油雾器………………………………………………………………………(78)
　　一、油雾器工作原理…………………………………………………………(78)
　　二、油雾器的性能指标………………………………………………………(79)
　　三、油雾器的使用方法………………………………………………………(80)
§4-4 储气罐………………………………………………………………………(80)
§4-5 消声器………………………………………………………………………(81)
　　一、消声器的种类……………………………………………………………(81)
　　二、消声效果及消声器的选择………………………………………………(82)

第五章 气动转换元件及比例控制………………………………………………(83)
§5-1 气动传感器…………………………………………………………………(83)
　　一、喷嘴—挡板式气动传感器………………………………………………(83)
　　二、反射式传感器……………………………………………………………(85)
　　三、动量交换式传感器………………………………………………………(85)
　　四、遮断式传感器……………………………………………………………(86)

五、超声波传感器 (88)
§5-2 转换器 (89)
一、气—电转换器 (89)
二、电—气转换器 (91)
§5-3 气动放大器 (91)
一、膜片式气动放大器 (91)
二、滑柱式气动放大器 (92)
三、膜片—滑阀式放大器 (92)
四、膜片式比例放大器 (93)
五、对冲式放大器 (93)
§5-4 气动变送器 (95)
一、差压变送器 (95)
二、压力变送器 (97)
§5-5 气动测量系统 (98)
一、模拟测量系统 (98)
二、数字测量系统 (100)
§5-6 气动比例阀 (101)
一、膜片式电—气比例阀 (102)
二、电—气比例调节器 (102)
三、滑柱式电—气比例阀 (104)
四、先导式电—气比例阀 (106)
§5-7 气动比例控制系统 (107)
一、气动负载模拟器 (107)
二、印刷、造纸机械中卷纸张力控制 (108)
三、高速、高负载搬运装置的冲击控制 (108)
四、气动比例力控制系统 (109)

第六章 逻辑代数与逻辑控制系统 (111)
§6-1 逻辑代数 (111)
一、三种基本逻辑运算及其恒等式 (111)
二、基本定律 (112)
三、形式定律 (112)
四、逻辑运算规则和对偶定理 (113)
§6-2 逻辑函数、真值表和基本逻辑门 (113)
§6-3 逻辑图 (115)
§6-4 逻辑代数法设计逻辑线路 (115)
一、逻辑函数的标准形式(与—或式) (113)
二、逻辑函数的化简和逻辑线路图 (113)
三、由真值表求最简或—与式标准形 (118)

§6-5 卡诺图法设计逻辑线路 ·················································· (119)
　一、用卡诺图化简逻辑函数 ·················································· (119)
　二、卡诺图法在逻辑线路设计中的应用 ······································ (121)
§6-6 最简"或非—或非"式和"与非—与非"式 ···························· (124)
　一、最简"或非—或非"式 ···················································· (125)
　二、"与非—与非"式 ························································· (127)

**第七章　行程程序控制系统** ················································· (128)
§7-1 概述 ········································································ (128)
§7-2 气动系统中常用的电气电路 ············································· (129)
　一、控制继电器 ······························································· (129)
　二、串联电路 ·································································· (129)
　三、并联电路 ·································································· (130)
　四、自保持电路 ······························································· (130)
　五、延时电路 ·································································· (131)
　六、优先电路 ·································································· (131)
§7-3 障碍信号 ·································································· (132)
§7-4 信号—动作（$X-D$）状态图 ·········································· (134)
　一、$X-D$ 状态图图框的画法 ·············································· (134)
　二、动作状态线的画法 ······················································· (135)
　三、控制信号线的画法 ······················································· (135)
§7-5 障碍信号的判别及其消除 ················································ (136)
　一、障碍信号的判别 ·························································· (136)
　二、障碍信号的消除 ·························································· (136)
§7-6 单往复行程程序控制系统的设计 ········································ (140)
　一、$X-D$ 状态线图法 ······················································ (140)
　二、电气控制线路图 ·························································· (142)
　三、程序控制线图法 ·························································· (145)
　四、卡诺图法 ·································································· (149)
§7-7 多往复行程程序控制系统的设计 ········································ (157)
　一、多往复行程程序的特点 ·················································· (157)
　二、多往复行程程序的 $X-D$ 状态线图的画法 ·························· (157)
　三、障碍的判别和消除 ······················································· (158)
　四、绘制行程程序控制线路图 ··············································· (160)
§7-8 选择程序控制系统的设计 ················································ (160)
　一、自动选择程序 ····························································· (160)
　二、人工预选程序 ····························································· (163)

**第八章　气动伺服阀的分析** ················································· (166)
§8-1 气动控制阀的一般分析 ··················································· (166)

一、压力—流量特性的一般分析 …………………………………… (166)
　　二、气动控制阀的阀系数 …………………………………………… (172)
　　三、压力特性 ………………………………………………………… (173)
　　四、起始压力 ………………………………………………………… (176)
　§8-2　零开口四通滑阀的稳态特性分析 ……………………………… (176)
　　一、零开口四通阀的压力—流量特性 ……………………………… (176)
　　二、零开口四通阀阀系数 …………………………………………… (179)
　§8-3　三通阀的分析 …………………………………………………… (180)
　　一、压力—流量特性 ………………………………………………… (181)
　　二、三通阀阀系数 …………………………………………………… (184)
　§8-4　喷嘴—挡板阀的分析 …………………………………………… (186)
　　一、双喷嘴—挡板阀的压力—流量特性 …………………………… (186)
　　二、阀系数 …………………………………………………………… (188)
　　三、气流作用在挡板上的力 ………………………………………… (188)

第九章　气动伺服系统 ……………………………………………………… (194)
　§9-1　引言 ……………………………………………………………… (194)
　§9-2　四通阀控对称气动缸动力机构分析 …………………………… (195)
　　一、基本方程 ………………………………………………………… (195)
　　二、方块图及其传递函数 …………………………………………… (199)
　　三、四通阀控对称气动缸状态方程 ………………………………… (203)
　　四、对称气动缸气压弹簧刚度 ……………………………………… (205)
　§9-3　带平衡气瓶阀控对称气动缸动力机构分析 …………………… (209)
　　一、基本方程 ………………………………………………………… (209)
　　二、方块图和带平衡气瓶的作用 …………………………………… (211)
　　三、传递函数 ………………………………………………………… (213)
　　四、状态方程 ………………………………………………………… (214)
　§9-4　四通阀控非对称气动缸动力机构分析 ………………………… (215)
　　一、气动缸大腔($a$腔)进压力气体 ………………………………… (215)
　　二、气动缸小腔($b$腔)进压力气体 ………………………………… (221)
　　三、非对称气动缸气压原簧刚度 …………………………………… (224)
　§9-5　动力机构频率特性分析 ………………………………………… (226)
　　一、负载刚度$K_L=0$ ………………………………………………… (226)
　　二、负载刚度$K_L\neq 0$ ……………………………………………… (227)
　　三、四通阀控对称气动缸的动态刚度特性 ………………………… (228)

第十章　气动回路 …………………………………………………………… (230)
　§10-1　基本回路 ………………………………………………………… (230)
　　一、压力和力控制回路 ……………………………………………… (230)
　　二、速度控制回路 …………………………………………………… (232)

三、位置控制回路 …………………………………………（234）
　§10-2　常用回路 ……………………………………………（237）
　　一、同步动作回路 …………………………………………（237）
　　二、安全保护回路 …………………………………………（237）
　　三、往复动作回路 …………………………………………（240）
　　四、其他回路 ………………………………………………（242）
**思考与练习题** ………………………………………………（244）
**参考文献** ……………………………………………………（248）

# 第一章　气动技术的基础知识

## §1-1　气动技术的概况

### 一、气动技术的现状和应用

气动技术是指以压缩空气为动力源,实现各种生产控制自动化的一门技术。也可以说气动技术是以压缩空气为工作介质进行能量与信号传递的技术。广义地说,除了空气压缩机、空气净化器、气动缸、气动马达、各类气动控制阀以及辅助装置外,真空发生装置和真空执行元件以及历史悠久的气动工具等,都包括在气动技术的范畴之内。

随着工业机械化和自动化的发展,气动技术越来越广泛地应用于各个领域里。例如汽车制造业、气动机器人、医用研磨机、电子焊接自动化,家用充气筒、喷漆气泵等,特别是成本低廉结构简单的气动自动装置已得到了广泛的普及与应用,在工业企业自动化中位于重要的地位。

气动技术的应用历史已久,早在公元前,埃及就开始利用风箱产生压缩空气用于助燃。18世纪的产业革命开始,气动技术逐渐被应用于产业中。例如,矿山用的风钻,火车刹车装置等。而气动技术被广泛应用于一般产业中的自动化、省力化则仅是近十几年的事情。

尽管实现自动化和自动控制有各种方式,其中包括气动和电气、电子一体化的气电装置、液压和电气、电子组合的液电装置、机械和电气、电子的机电装置等,但都侧重用它们的各自优点,组成最合适的控制方式。由于气动技术是以空气为介质,它具有防火、防爆、防电磁干扰、不受放射线及噪声的影响,且对振动及冲击也不敏感,结构简单、工作可靠、成本低寿命长等优点,所以近年来气动技术得到迅速的发展及普遍应用。

据调查资料表明,目前气动控制装置在下述几方面有普遍的应用。

1、汽车制造业:其中包括汽车自动化生产线,车体部件的自动搬运与固定,自动焊接等。

2、半导体电子及家电行业:例如用于硅片的搬运,元器件的插入及锡焊,家用电器等的组装。

3、加工制造业:其中包括机械加工生产线上工件的装夹及搬送,冷却、润滑液的控制,铸造生产线上的造型、捣固、合箱等。

4、介质管道运输送业:可以说,用管道输送介质的自动化流程绝大多数采用气动空制。例如石油加工、气体加工、化工等。

5、包装业:其中包括各种半自动或全自动包装生产线,例如:聚乙烯、化肥、酒类、油类,煤气罐装、各类食品等的包装。

6、机器人:例如装配机器人,喷漆机器人,搬运机器人以及爬墙、焊接机器人等。

7、其他:例如车辆的刹车装置,车门开闭装置,颗粒状物质的筛选,鱼雷、导弹的自动控制装置等。至于各种气动工具等,当然也是气动技术应用领域的一个重要侧面。

## 二、气动技术的新发展

### (一)无给油化

在以前的气动控制系统中,油雾器是不可缺少的,它主要用于给气动机械提供润滑油,其目的是:

1、用于气缸及控制阀等机械摩擦部的润滑;

2、用于管路等各部分的防锈;

3、洁净或粉尘与油泥的清除。

气动系统的特点之一是无需回程管道而可直接将废气排入大气,在排气过程中,一部分润滑油也随之被排入大气,虽然被排出的油量不多,但是在室内作业也是有害的。此外,由于油中含有各种添加剂还易于造成环境污染。为了克服这一缺点,开发了不供给润滑油的气动系统。而无给油系统并不是无润滑系统,它是使用有自润滑性的特殊材料或者利用空气润滑(气体薄膜润滑)。一般无给油系统是在滑动部分封入例如润滑油脂等。无给油系统具有(1)取消了油雾器;(2)由于不供给润滑油而降低成本;(3)由于无需进行给油量的监护与调整等的管理,简化了系统结构,提高了系统的可靠性。(4)减少了对环境的污染等优点。但由于无给油系统不提供润滑油,因而它还存在下述几个缺点:(1)管路等零部件易锈;(2)空气中水分含量过高时,封入的润滑剂可能产生流动,从而导致润滑效果降低或消失(3)与给油系统相比,机器寿命短。

由上述优缺点可知,无给油系统的最大特点是减少环境污染,摆脱润滑油管理的烦琐工作,简化了系统结构,相应地提高了系统工作的可靠性。

### (二)节能化

过去认为空气是取之不尽用之不竭的,即便有些泄漏也是无关紧要的,又加之与其它非电力系统相比其消耗能量小,所以对节能并不重视。但是近年来节能的呼声越来越高,气动技术当然也不例外。气动技术的节能可分为两方面,即降低气动系统的电力消耗和空气消耗量。

1、降低电力消耗

作为节能的一个重要方面是开发各种小功率电磁阀,功率为 2W 以下的电磁阀正在普及。近 20 年间,日本的电磁阀消耗功率已从 20W 降低到 1～0.5W。从电磁阀本身的节能来看;虽然其电功率消耗降低了,但是由于采用先导式,其空气的消耗量增加了,节能效果不易衡量。但从系统的全体看其效果是非常大的。控制电磁阀的继电器、程序控制装置以及电线容量变小。所以购买这些元件与装置的成本以及它们消耗的功率也都变低,同时易于实现计算机控制等。

2、降低空气消耗量

气动系统中使用的压缩空气是由空气压缩机产生的,减少空气消耗量也就是降低了压缩机的功率消耗,这无疑会增大节能效果。降低空气消耗量的办法是利用差动缸活塞面积差实现控制和根据使用目的、条件,将气动系统中流动的空气量控制在最小的限度,以达到降低空气消耗量。

(三)小型化与轻量化

随着机械装置的紧凑化,对气动执行元件、控制元件、辅助元件的小型化与轻量化的要求越来越高。电子技术的进步、实现了用小型元件进行复杂的控制。

气动元件小型化与轻量化可带来许多优点,它可以降低元件的成本,节省功率,从而提高了整个系统的经济性。另外,在复杂的气动系统中,例如气动机器人,使用小型轻量的气动元件可减少运动部分的重量,易于实现控制。

气动元件小型化的发展方向主要有以下两个:

1、元件的绝对小型化:随着气动元件在半导体电子等行业的普及,气动元件在自动化技术中的应用也从实现人整体、人胳膊动作发展到实现人的手指的动作,因此对小功率元件的需求越来越多。例如,直径2.5mm,行程几毫米的气缸,有效过流断面积为零点几平方毫米的电磁阀等已被开发并在实际中得到应用。

2、元件相对小型化:这是保证元件的性能与能力的前提下的小型化,也就是说,在原有的基础上,以极新的观点进行开发与研究,设法提高气动元件的性能和能力。现已开发出采用卡板固定方式代替传统的螺栓固定方式的电磁阀,使其有效断面达到原来同样尺寸阀的两倍。

气动元件的轻量化除了上述尺寸的缩小所带来的效果外,所用材料的轻量化也是一个重要措施。例如,非铁材料的大量应用以及各种塑料材料的部分应用。另外,电磁阀从直动型向先导阀的变化除可降低电力消耗外,也同时带来了小型化与轻量化的效果。

(四)位置控制的高精度化

由于空气的压缩性给气动位置控制系统的控制精度带来很大的影响,因而,如何提高控制精度一直是人们所关心和研究的课题。近年来通过采用计算机闭环伺服控制,大大地提高了其控制精度。

(五)电气一体化

气动元件与电气元件的结合,使气动技术获得大幅度的提高,其应用范围也得到了进一步的扩展。例如电气压力控制阀,内藏位移传感器的测长气缸,电机直接通过丝杠控制活塞运动的电动气缸等。

(六)集成化

这里所说的集成化不是指将数个或十几个电磁阀(或气缸)单纯地安装在同一阀块或阀座上,而是指将不同的气动元件或机构叠加组合而形成新的带有附加功能的集成元件或机构。采用这种具有多功能的集成元件或机构,将会缩短气动装置和自动生产线的设计周期,减少现场装配、调试时间。例如带导轨的气缸,带换向阀的气缸及多自由度执行元件等。

(七)系统省配线化

随着气动系统的复杂化和大型化,气缸和控制阀的使用数量也相应增加,这就给配管和配线带来了困难,加大了误配线的概率。上面提到的带换向阀的气缸可起到省配管的作用,另外还可以采用时间分割多重通信系统,实现省配线的目的。

所谓时间分割多重通信系统是近年来电子技术成功地应用于气动系统中一个非常成功的例子,它的出现大大地促进了气动技术的应用和发展。

### 三、气动系统的优缺点

液压和气动都是以流体为工作介质,并把流体的能量转换成执行元件的机械运动,它们的控制元件参与方式和实现设备自动化的方法大体相同。又因为元件名称和结构,规格等方面有很多类似之处,所以容易引起用相同的方法处理的错觉。实际上将液压技术原封不动地用到气动技术中是不恰当的。由于介质不同,元件的结构及系统的构成方法都不同。下面通过气动系统优缺点的分析可以进一步看到这一点。

1、气动系统的工作介质是空气,它是取之不尽用之不竭的。因此只要有压缩机即可比较简单地得到压缩空气。当今的工厂内压缩空气输送管路像电气配线一样比比皆是,压缩空气的使用是十分方便的。

2、使用快速接头可以非常简单地进行配管,因此系统的组装、维修以及元件的更换比较简单。

3、可安全、可靠地应用于易燃、易爆场所,因此设置环境和利用元件自由度较大。

4、由于空气的粘度只有油的万分之一,所以流动阻力小,管道中空气流动的沿程压力损失小,有利于介质集中供应和远距离输送。

5、做完功的空气可以直接排向大气中,不需要设置回程管道,即使系统中稍微泄漏也不致于造成环境污染。

6、动作迅速反应快,可在较短的时间内达到所需的压力和速度。在一定的超载运行下也能保证系统安全工作,并且不易发生过热现象。

7、气压具有较高的自保持能力,即使压缩机停止运行,气阀关闭,气动系统仍可维持一个稳定压力。

8、由于空气是可压缩的,所以气动系统的稳定性较差,给位置控制和速度控制精度带来较大的影响。

9、工作压力低(一般小于 0.8MPa),因而气动系统输出力小,在相同的输出力的情况下,气动装置比液压装置尺寸大。

10、噪声大,尤其在超音速排气时,需要加装消声器。

11、工作介质空气本身没有润滑性,如不是采用无给油气动元件,需另加油雾器等装置进行给油润滑。

## §1-2　气动系统的组成

气动系统由气压发生器、控制元件、执行元件和辅助元件组成,典型气压传动系统如图1-1所示。

## 一、气压发生装置

气压发生装置即能源元件,它是获得压缩空气的装置,其主体部分是空气压缩机或真空泵,它将原动机供给的机械能转换成气体的压力能。

空气压缩机有容积式和速度式两种:

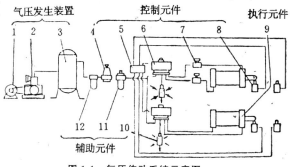

图 1-1 气压传动系统示意图
1—电动机 2—空气压缩机 3—气罐
4—压力控制阀 5—逻辑控制元件
6—方向控制阀 7—流量控制阀
8—行程阀 9—气缸 10—消声器
11—油雾器 12—分水滤气器

真空泵有回转式和喷射式两种。

气动系统的能源元件一般设在距控制、执行元件较远的压气机站内,用管道远距离输送。近年来也有小型低噪声压缩机或增压泵设置在控制、执行元件的近旁,实行单机单泵供给或局部加压。回转式真空泵一般安装在控制和执行元件近旁,而喷射式真空泵一般尽量安装在吸盘等真空执行元件附近,以减少真空容积,节省空气消耗量。

## 二、控制元件

控制元件是用来调节和控制压缩空气的压力、流量和流动方向,以便使执行机构按要求的程序和性能工作。控制元件分为压力控制阀,流量控制阀、方向控制阀和逻辑元件。

1、压力控制阀包括调压阀、溢流阀、顺序阀等。

2、流量控制阀简单分为节流阀和速度控制阀两种。

3、方向控制阀可分为单向型和换向型两种。

4、逻辑元件分为气动逻辑元件和射流逻辑元件,实现"是"、"与"、"或"、"非"等逻辑功能。

## 三、执行元件

气动执行元件是以压缩空气为工作介质,将气体能量转换成机械能的能量转换装置。执行元件分为实现直线运动的气动缸和实现回转运动的气动马达两类。气动缸有单作用、双作用和实现各种特殊功能的特殊气缸等。气动马达有回转式和摆动式的,摆动式的也称为摆动缸。

**四、辅助元件**

辅助元件是用于辅助保证气动系统正常工作,主要有净化压缩空气的净化器。过滤器、干燥器、分水滤清器等,有供给系统润滑的油雾器,有消除噪声的消音器,有提供系统冷却的冷却器,还有连接元件的管件和所必需的仪器,仪表等。

## §1-3 气体基本性质

**一、空气的组成成分及可压缩性**

1、空气的组成成分

自然界的空气是由若干种气体混合组成的,主要有氮、氧、氩、二氧化碳,水蒸汽以及其它一些气体。对于含有水蒸气的空气叫湿空气。大气中的空气基本上都是湿空气。而把不含有水蒸气的空气叫干空气。

干空气在标准状态下的主要组成成分列于表1—1中。

**表1-1 干空气的主要组成成分**

|  | 氮($N_2$) | 氧($O_2$) | 氩(Ar) | 二氧化碳($CO_2$) |
|---|---|---|---|---|
| 体积(%) | 78.09 | 20.05 | 0.93 | 0.03 |
| 重量(%) | 75.53 | 23.14 | 1.28 | 0.05 |

氮和氧是空气中比例最大的两种气体,它们的体积比近似等于4:1。因为氮气是惰性气体,具有稳定性,不会自燃,所以用空气作为工作介质可以用在易燃、易爆场所。

2、气体体积的可压缩性

气体与液体和固体比较,气体的体积是易变的。从日常生活中知道,可以很轻松地把3、4倍体积的空气压缩到自行车的轮胎内。而将油的压力增大18MPa,其体积仅缩小1%。气体温度每升高1℃,其体积变化为0℃时体积的约1/273,而水温度每升高1℃体积只改变1/20000,体积变化量相差73倍。气体与液体差别这样大,是因为气体分子间距离相当大,分子运动起来很自由,在空气中分子间距离($t=3.35\times10^{-7}$cm)是分子直径($d=3.72\times10^{-8}$cm)的9倍左右。运动着的分子由其运动起点到碰到其它分子的移动距离叫该分子的自由通路。其长度对每个分子是不同的,但对于任意气体来讲,其压力和温度确定以后,它的分子自由通路平均值也就确定了,通常称该值为平均自由通路。当空气在标准状态下(0℃,0.1013MPa),该长度是$6.4\times10^{-6}$cm,约等于空气分子的170倍,因为气体分子间的距离大,分子间的内聚力小,所以气体体积在外界作用下容易产生变化。空气的体积是随着压力和温度的变化而变化,称气体这种性质为可压缩性。

3.空气的密度

单位体积气体的质量称为气体密度,用$\rho$表示,量纲为kg/m³。气体密度与气体压力和温度有关,压力增加密度增大,而温度上升密度减小。在标准状态下,干燥空气的密度为 1.293kg/m³,任意温度 $t$（℃）,压力 $p$（Pa）的干燥空气的密度由下式给出

$$\rho = \frac{12.68}{g} \frac{273}{273+t} \times \frac{p}{1.013} (kg/m^3) \tag{1-1}$$

式中
- $\rho$——空气的密度(kg/m³)
- $g$——重力加速度(m/s²)
- $t$——空气温度(℃)
- $p$——绝对压力(bar)

4.空气的粘度

气体在流动过程中产生的内摩擦力的性质叫气体的粘性,气体的粘度是表示气体粘性大小的物理量。气体的粘度受压力的影响很小,可以把它看成只受温度变化的影响,空气的粘度随温度变化由表 1-2 给出。

表 1-2 空气的运动粘度与温度的关系（压力为 1bar）

| t℃ | 0 | 5 | 10 | 20 | 30 | 40 | 60 | 80 | 100 |
|---|---|---|---|---|---|---|---|---|---|
| m²/s | 0.133×10⁻⁴ | 0.142×10⁻⁴ | 0.147×10⁻⁴ | 0.157×10⁻⁴ | 0.166×10⁻⁴ | 0.176×10⁻⁴ | 0.196×10⁻⁴ | 0.21×10⁻⁴ | 0.238×10⁻⁴ |
| cm²/s | 0.133 | 0.142 | 0.147 | 0.157 | 0.166 | 0.176 | 0.196 | 0.21 | 0.238 |

## 二、气体状态方程

1.理想气体状态方程

理想气体是指没有粘性的气体,这是一种假设,即把分子之间的比较小的相互作用力忽略了,而认为分子是一些有弹性、不占据体积空间的质点,分子间除了碰撞外没有相互吸引力和排斥力。这一假设在工程上应用是足够精确的,除在高压和极低温情况下需修正外,其余均可按理想气体考虑。

一定质量的理想气体,在状态变化的某一平衡状态的瞬时,有如下气体状态方程成立。

$$pv = RT \tag{1-2}$$

式中
- $p$——压力(Pa)
- $v$——比容(m³/kg)
- $T$——绝对温度(K)
- $R$——气体常数(J/kg.K)

几种常见的气体常数见表 1-3。

表 1-3　几种常见的气体常数 $R$ 值

| 气体名称 | 分子量 | R SI 制(J/kg·K) | R 工程单位制(kgf·m/kgf·K) |
|---|---|---|---|
| 氮($N_2$) | 28 | $0.297 \times 10^3$ | 30.29 |
| 氧($O_2$) | 32 | $0.260 \times 10^3$ | 26.50 |
| 二氧化碳($CO_2$) | 44 | $0.189 \times 10^3$ | 19.27 |
| 空气 | 28.96 | $0.287 \times 10^3$ | 29.28 |

气体常数 $R$ 的物理意义是把 1kg 的气体在等压下加热,当温度上升 1℃时气体膨胀所作的功。

2.实际气体状态方程

实际气体是有粘性的,分子之间存在着吸引力和排斥力,严格地说它是不遵守理想气体法则的。其状态方程可用式(1-3)经验公式表示。

$$(p + \frac{a}{v^2})(v - b) = RT \tag{1-3}$$

式中 $a,b$ 是随气体而不同的常数,当气体处于一般低压时,$a,b$ 都趋近于零,式(1-3)与式(1-2)的理想气体状态方程基本相同。在气动技术中,气体压力通常在 1MPa 以下,完全可以把它看作理想气体,并不会引起很大误差。由理想状态方程可知,$pv/RT = 1$,但实际气体由于温度和压力的不同,$pv/RT$ 有不同的值,其值用表 1-4 表示。

表 1-4　空气的 $pv/RT$ 值

| 压力(MPa) \ 温度 t(℃) | 0 | 50 | 100 | 200 |
|---|---|---|---|---|
| 0 | 1 | 1 | 1 | 1 |
| 1 | 0.9945 | 0.9990 | 1.0012 | 1.0031 |
| 2 | 0.9895 | 0.9984 | 1.0027 | 1.0064 |
| 3 | 0.9857 | 0.9981 | 1.0027 | 1.0097 |
| 5 | 0.9779 | 0.9986 | 1.0087 | 1.0168 |
| 100 | 0.9699 | 1.0057 | 1.0235 | 1.0364 |

从表中可以看出压力 $p$ 由 0 变化到 100MPa,温度由 0 变化到 200℃时,$pv/RT$ 值才变化约 3%。

当气体高于几十 MPa 或温度很低时,才需要用上面实际气体状态方程进行修正。如空气在压力 $p = 20$MPa 时,温度在 $-20 \sim +50$℃之间,用理想状态方程计算结果,才与实际值有 4%的误差。

3.气体状态变化过程

气体作为气动系统的工作介质,在能量传递过程中其状态是要发生变化的。这里所说的状态变化是指压力 $p$,比容 $v$、温度 $T$ 三状态参数变化。实际变化过程是很复杂的,一

般将气体由状态 1 变化到状态 2 简化为有附加限制条件的四种过程,即

①等压过程

②等容过程

③等温过程

④绝热过程

而把不附加条件限制,往往更接近实际的变化过程称为多变过程。

(1)等压过程

气体在保持压力 $p$ 不变的条件下,从状态 1 变化到状态 2,温度由 $T_1$ 变化到 $T_2$,比容由 $v_1$ 变化到 $v_2$ 称为等压变化过程,这种变化过程的 $p$-$v$ 曲线如图 1-2 所示。

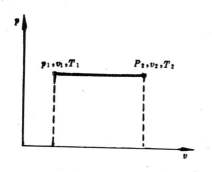

图 1-2　等压过程 $p-v$ 曲线　　　　图 1-3　等容过程 $p$-$v$ 曲线

根据理想气体状态方程 $pv = RT$ 可得:

$$p_1v_1 = RT_1 \qquad p_2v_2 = RT_2$$

由于等压过程 $p_1 = p_2$,由此可得

或

$$\left. \begin{array}{l} \dfrac{v_1}{T_1} = \dfrac{v_2}{T_2} = \cdots = \dfrac{R}{p} = 常数 \\ \dfrac{v}{T} = 常数 \end{array} \right\} \tag{1-4}$$

即比容与绝对温度成正比,说明压力不变时,气体温度上升,必然体积膨胀,温度下降气体体积缩小。

在等压过程中,气体所作的功为:

$$w = \int_{v_1}^{v_2} p dv = p(v_2 - v_1) = R(T_2 - T_1) \tag{1-5}$$

由上式也可以说,气体常数 $R$ 相当于质量为 1kg 的气体在等压变化过程中,温度上升 1℃ 所作的功。

(2)等容过程

气体在容积保持不变的条件下,状态从状态1变化到状态2,其温度由$T_1$变化到$T_2$,压力由$p_1$变化到$p_2$的过程称为等容过程,等容过程的$p$-$v$曲线如图1-3所示

由于等容过程中$v_1 = v_2$,所以$p$、$v$、$T$间的关系由下式给出:

或
$$\left.\begin{array}{l} \dfrac{p_1}{T_1} = \dfrac{p_2}{T_2} = \dfrac{R}{v} = 常数 \\ \dfrac{p}{T} = 常数 \end{array}\right\} \tag{1-6}$$

即压力和绝对温度成正比,气体温度随压力增加而增加,随压力下降而下降。在等容过程中,气体对外所作的功为:

$$W = \int_{v_1}^{v_2} p\,\mathrm{d}v = 0 \tag{1-7}$$

这是因为$v_1 = v_2$,$\mathrm{d}v = 0$,$W = 0$,即在等容过程中,气体对外不作功,但气体随压力增加温度也上升,如对气罐中的气体加热,所加的热量均变为气体的内能增量,其变化过程即为等容过程。

质量为1kg的气体由温度$T_1$加热到温度$T_2$所需的热量为:

$$q_v = C_v(T_2 - T_1) \tag{1-8}$$

式中:$C_v$——等容比热,相当于质量为1kg的气体,在体积不变的条件下,加热使其温度上升1℃所需的热量

(3)等温过程

气体在保持温度不变的条件下,从状态1变化到状态2,其压力由$p_1$变化到$p_2$,比容由$v_1$变化到$v_2$的过程称为等温度变化过程,等温过程的$p$-$v$曲线如图1-4所示。

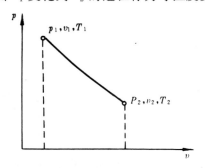
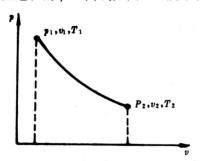

图1-4 等温过程的$p$-$v$曲线　　　　图1-5 绝热过程$p$-$v$曲线

由于在等温过程中,$T_1 = T_2$,由气体状态方程可得:

$$p_1 v_1 = p_2 v_2 = RT = 常数 \tag{1-9}$$

即等温过程中,气体压力与比容成反比。等温过程中气体所作的功为:

$$W = \int_{v_1}^{v_2} p\,\mathrm{d}v = RT \int_{v_1}^{v_2} \dfrac{\mathrm{d}v}{v} = RT \ln \dfrac{v_2}{v_1} \tag{1-10}$$

在等温变化过程中,由于温度不变,所以气体的内能无变化,加入的热量全部变成气体所作的功。

(4)绝热过程

气体在状态变化过程中,与外界无热量交换,称这种变化过程为绝热过程,绝热过程的 $p\text{-}v$ 曲线如图 1-5 所示。

在绝热过程中,气体状态参数 $p$、$v$、$T$ 均为变量,将理想状态方程 $pv = RT$ 微分得

$$pdv + vdp = RdT \tag{1-11}$$

或

$$dT = \frac{1}{R}(pdv + vdp) \tag{1-12}$$

因变化过程中无热量交换,即 $dq = 0$,由热力学第一定律可得

$$0 = C_v dT + Apdv \tag{1-13}$$

经整理可得

$$\frac{C_v + AR}{C_v} \cdot \frac{dv}{v} + \frac{dp}{p} = 0$$

或

$$\frac{C_p}{C_v} \cdot \frac{dv}{v} + \frac{dp}{p} = 0 \tag{1-14}$$

式中

$C_p$ —— 等压比热;

$A$ —— 气体热功当量;

令 $\frac{C_p}{C_v} = k$ 则有

$$k\frac{dv}{v} + \frac{dp}{p} = 0$$

解此微分方程可得:

$$k\ln v + \ln p = 0$$

即

$$pv^k = 常数 \tag{1-15}$$

称式(1-15)为绝热方程式。式中 $k$ 为绝热指数,对不同气体 $k$ 有不同值。

在绝热过程中,气体所作功 $W$ 可由绝热方程式(1-15)得出,即

$$W = \int_{v_1}^{v_2} pdv = \int_{v_1}^{v_2} \frac{p_1 v_1^k}{v^k} dv = \frac{p_1 v_1}{1-k}\left[\left(\frac{v_1}{v_2}\right)^{k-1} - 1\right]$$

$$= \frac{p_1 v_1}{k-1}\left[1 - \left(\frac{v_1}{v_2}\right)^{k-1}\right] \tag{1-16}$$

或

$$W = \frac{p_1 v_1}{1-k}\left[\left(\frac{p_2}{p_1}\right)^{\frac{k-1}{k}} - 1\right] = \frac{p_1 v_1}{k-1}\left[1 - \left(\frac{p_2}{p_1}\right)^{\frac{k-1}{k}}\right] \tag{1-17}$$

(5)多变过程

不加任何附加条件的气体状态变化过程称为多变过程,前面介绍的四种变化过程均为多变过程的特例。严格地讲等温和绝热过程是不存在的,只是在工程实际中为计算方便而假设的变化过程。

根据比热定义有

$$dq = CdT$$

式中的 $C$ 是不加任何限制的多变过程的比热。

由热力学第一定律得
$$CdT = C_v dT + Apdv$$
或
$$(C_v - C)dT + Apdv = 0 \quad (1\text{-}18)$$

将式(1-12)代入上式得
$$\frac{C_v - C + AR}{R}pdv + \frac{C_v - C}{R}vdp = 0$$

再将 $C_p = C_v + AR$ 代入上式得
$$\frac{C_p - C}{C_v - C}\frac{dv}{v} + \frac{dp}{p} = 0 \quad (1\text{-}19)$$

令
$$\frac{C_p - C}{C_v - C} = n$$

代入式(1-19)中并积分得
$$pv^n = 常数 \quad (1\text{-}20)$$

称式(1-20)为多变过程状态方程式,$n$ 为多变指数,它是一个任意常数,前面介绍的四种过程是多变过程的特例,即表现在指数 $n$ 不同：

当

$n = 0$ 时,$p = $ 常数　　（等压过程）

$n = \infty$ 时,$v = $ 常数　　（等容过程）

$n = 1$ 时,$pv = $ 常数　　（等温过程）

$n = k$ 时,$pv^k = $ 常数　　（绝热过程）

不同指数的 $p\text{-}v$ 曲线如图 1-6 所示,将绝热过程中的绝热指数 $k$ 改为 $n$,则绝热过程的所有公式就变成相应的多变过程的公式。由式(1-16),(1-17)可得多变过程气体所作的功为

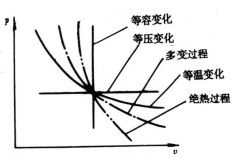

图 1-6　多变过程 $p\text{-}v$ 曲线

$$W = \frac{p_1 v_1}{1-n}\left[\left(\frac{v_1}{v_2}\right)^{n-1} - 1\right]$$
$$= \frac{p_1 v_1}{n-1}\left[1 - \left(\frac{p_2}{p_1}\right)^{\frac{n-1}{n}}\right] \quad (1\text{-}21)$$

式中的 $n$ 通常为 $k > n > 1$。

**例1**　将温度为 20℃ 的空气进行压缩,压缩后空气的绝对压力为 0.6MPa,温度为 30℃,求其压缩前后的体积变化。

**解**：设压缩前空气体积为 $V_0$ 则根据理想气体状态方程可得
$$\frac{p_0 V_0}{T_0} = \frac{p_1 V_1}{T_1}$$

即有

$$V_1 = \frac{p_0 V_0 T_1}{T_0 p_1}$$

式中

$T_0 = 273 + 20 = 293\text{K}$

$T_1 = 273 + 30 = 303\text{K}$

$p_0 = 0.1013\text{MPa}$

$p_1 = 0.6\text{MPa}$

代入上式有

$$V_1 = \frac{0.1013 \times 303}{293 \times 0.6} V_0 = 0.1746 V_0$$

即压缩后的空气体积为 $0.1746 V_0$。

**例2** 将温度为20℃的气体绝热压缩到温度为300℃，求压缩后的气体压力？

**解**：由绝热过程 $p_1 v_1^k = p_2 v_2^k =$ 常数和气体状态方程 $p_1 v_1 = RT_1$，$p_2 v_2 = RT_2$ 可得

$$\frac{v_1}{v_2} = \left(\frac{p_2}{p_1}\right)^{\frac{1}{k}}$$

和

$$\frac{p_1 v_1}{T_1} = \frac{p_2 v_2}{T_2}$$

即

$$\frac{p_2}{p_1} = \frac{v_1 T_2}{v_2 T_1} = \left(\frac{p_2}{p_1}\right)^{\frac{1}{k}} \frac{T_2}{T_1}$$

$$\left(\frac{p_2}{p_1}\right)^{1-\frac{1}{k}} = \frac{T_2}{T_1}$$

所以

$$p_2 = \left(\frac{T_2}{T_1}\right)^{\frac{k}{k-1}} \cdot p_1$$

式中

$T_2 = 273 + 300 = 573(\text{K})$

$T_1 = 273 + 20 = 293(\text{K})$

$p_1 = 0.1013(MPa)$ 代入上式得

$$p_2 = \left(\frac{573}{293}\right)^{\frac{1.4}{0.4}} \cdot 0.1013 = 1.0595(\text{MPa})$$

即压缩后气体压力为1.0595MPa

**例3** 温度为50℃，压力为0.5MPa的气体绝热膨胀到大气压力时，求其膨胀后的气体温度。

**解** 根据例题2可得膨胀后的气体温度为

$$T_2 = T_1 \left(\frac{p_2}{p_1}\right)^{\frac{k-1}{k}}$$

$$= (273 + 50)\left(\frac{0.1013}{0.5 + 0.1013}\right)^{\frac{1.4-1}{1.4}} = 194.3791(\text{K})$$

$$= -78.62℃$$

即膨胀后的气体温度为 $-78.82℃$。

**例4** 压力为大气压力，温度为 $-90.8℃$ 的气体，求绝热压缩到温度为30℃时的气体

密度?

**解** 由例3可得绝热压缩后的气体压力为

$$p_2 = \left(\frac{T_2}{T_1}\right)^{\frac{k}{k-1}} p_1$$

$$= \left(\frac{273+30}{273-90.8}\right)^{\frac{k}{k-1}} \times 0.1013 = \left(\frac{303}{182.2}\right)^{\frac{1.4}{1.4-1}} \times 0.1013$$

$$= 0.6008 (\text{MPa})$$

由式(1-1)可得

$$\rho = \frac{12.68}{g} \cdot \frac{273}{273+T} \times \frac{p}{0.1013} = \frac{12.68}{9.8} \cdot \frac{273 \times 0.6008}{303 \times 0.1013} = 6.92 (\text{kg/m}^3)$$

即绝热压缩后的气体密度为 6.92kg/m³。

### 三、湿空气

自然界中的空气基本上都是湿空气,这是因为在地球上,江、河、湖、海中的水不断地被蒸发到空气中,空气中或多或少都含有水蒸气,把这种含有水蒸气的空气称为湿空气。由湿空气生成的压缩空气对气动系统的稳定性和寿命有很大的影响。因湿度大的空气会使气动元件腐蚀生锈,润滑剂稀释变质等。为保证气动系统正常工作,在压缩机出口处要安装冷却器,使压缩空气中的水蒸气凝结析出,而在贮气鼓出口处安装空气干燥器,进一步消除空气中的水分。

混合在一起的各种气体相互之间不发生化学反应时,各气体将互不干涉地单独运动。因此,混合气体的压力(全压)等于各种气体的分压之和,这就是达尔顿(Dalton)法则。根据达尔顿法则,湿空气的压力 $p$ 应为干空气的分压力 $p_g$ 与水蒸气的分压力 $p_s$ 之和,即

$$p = p_g + p_s \tag{1-22}$$

为了确定空气的干湿程度,介绍几个衡量湿空气性质的物理量。

1. 绝对湿度,每一立方米的湿空气中,含有水蒸气的质量称湿空气的绝对湿度。用 $\chi$ 表示。

$$\chi = \frac{m_s}{V} \text{kg/m}^3 \tag{1-23}$$

式中:

$m_s$——水蒸气的质量(kg)

$V$——湿空气的体积(m³)

2. 相对湿度

在一定的压力和温度条件下,含有最大限度水蒸气量的空气叫做饱和湿空气,饱和湿空气中水蒸气的分压称为饱和水蒸气分压,用 $p_b$ 表示。在同一温度下,湿空气中水蒸气分压 $p_s$ 和饱和水蒸气分压 $p_b$ 的比值称相对湿度,用 $\varphi$ 表示。

$$\varphi = \frac{p_s}{p_b} \; 100\% \tag{1-24}$$

通常,湿空气大多是处于未饱和状态,所以应了解它继续吸收水分的能力和离饱和状态的远近。引入相对湿度概念清楚地说明了这个问题。当空气绝对干燥时,$p_s = 0$,则 $\varphi =$

0。当湿空气饱和时，$p_s = p_b$,则 $\varphi = 1$，称此时的空气为绝对湿空气。

一般 $\varphi = 0 \sim 1$ 之间，当空气的相对湿度 $\varphi = 60 \sim 70\%$ 时，人感觉舒适，而气动系统中元件适用的工作介质的相对湿度不得大于 $95\%$，当然希望越小越好。

相对湿度既反映了湿空气的饱和程度，也反映了湿空气离饱和程度的远近。

有时 $\varphi$ 也用同一湿度下，湿空气的绝对湿度与饱和绝对湿度之比来确定，即

$$\varphi = \frac{\chi}{\chi_b} 100\% \tag{1-25}$$

相对湿度可用干湿球温度计显示的数经查图 1-7 曲线求得。

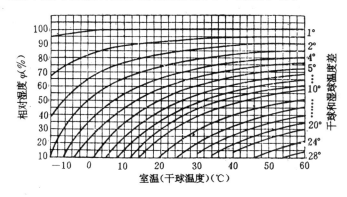

图 1-7　湿空气的相对湿度图表

3. 空气的含湿量

除了用绝对湿度，相对湿度表示湿空气中所含的水蒸气的多少外，还可用空气的含湿量 $d$ 来表示。

空气的含湿量是指在质量为 1kg 的湿空气中，混合的水蒸气质量与绝对干空气质量的比，即：

$$d = \frac{m_s}{m_g} (g/kg) \tag{1-26}$$

式中

$m_s$ —— 水蒸汽的质量(g)；

$m_g$ —— 干空气的质量(kg)。

或

$$d = \frac{R_g}{R_s} \frac{p_s}{p_g} = \frac{287.1}{462.05} \frac{p_s}{p_g} = 0.622 \frac{p_s}{p_g} (kg/kg)$$
$$= 622 \frac{p_s}{p_g} (g/kg) = 622 \frac{\varphi p_b}{p - \varphi p_b} (g/kg) \tag{1-27}$$

式中

$p_s$ —— 水蒸气分压(MPa)；

$p_g$ —— 干空气分压(MPa)；

$p$ —— 湿空气的全压(MPa)；

$p_b$ —— 饱和水蒸气分压(MPa)；

$\varphi$ ——相对湿度(%);
$R_s$ ——湿空气的气体常数(J/kg·K);$R_s = 462.05$ J/kg·K
$R_g$ ——干空气的气体常数(J/kg·K)。$R_g = 287.1$ J/kg·K

含湿量也常用单位体积湿空气中混合的水蒸气的质量 $d'$ 表示,称容积含湿量。

$$d' = d\rho \quad (\text{g/m}^3) \tag{1-28}$$

式中

$\rho$ ——干空气的密度($kg/m^3$)。

含湿量决定于温度 $t$,相对湿度 $\varphi$,全压力 $p$。若 $p$ 不变,$\varphi = 1$ 时,含湿量便达到最大值。

$$d_{max} = 622 \frac{p_b}{p - p_b}(\text{g/kg}) \tag{1-29}$$

**4. 露点**

在一定的空气压力下,逐渐降低空气的温度,当空气中所含水蒸气达到饱和状态,开始凝结形成水滴时的温度叫作该空气在空气压力下的露点温度。露点温度是衡量空气中所含水分的一个重要的物理量,在工业生产实际中得到广泛的应用,空气干燥器的能力也常用露点温度来表述。

露点分为大气压露点和压力下露点。大气压露点是指在大气压下的水分凝结温度,压力下露点是指在压力下的水分凝结温度。压力不同,空气的露点也不同,例如,0.6865MPa (7kgf/cm²)压力下的露点是10℃,当将其压缩空气的压力降低到大气压力时,其大气压力的露点为 $-17$℃,加压露点和大气压露点之间存在换算关系,其换算表见表1-5,而在压力为0.1013Mpa下,饱和湿空气的温度、饱和水蒸气分压力、饱和气密度关系,如表1-6所示。

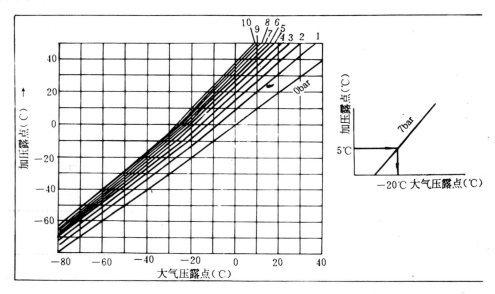

图表1-5 加压露点和大气压露点换算表

表1-6　压力为1.013Mpa下饱和湿空气表

| 温度 (℃) | 饱和水蒸气分压力 $P_b$ (bar) | 饱和气密度 (g/m³) | 温度 (℃) | 饱和水蒸气分压力 $P_b$ (bar) | 饱和气密度 (g/m³) | 温度 (℃) | 饱和水蒸分压力 $P_b$ (bar) | 饱和气密度 (g/m³) |
|---|---|---|---|---|---|---|---|---|
| 100 | 1.013 | 597.0 | 29 | 0.040 | 28.7 | 13 | 0.015 | 11.4 |
| 80 | 0.473 | 292.9 | 28 | 0.038 | 27.2 | 12 | 0.014 | 10.7 |
| 70 | 0.312 | 197.9 | 27 | 0.036 | 25.8 | 11 | 0.013 | 10.0 |
| 60 | 0.201 | 180.1 | 26 | 0.034 | 24.4 | 10 | 0.012 | 9.4 |
| 50 | 0.123 | 83.2 | 25 | 0.032 | 23.0 | 8 | 0.011 | 8.3 |
| 40 | 0.074 | 51.2 | 24 | 0.030 | 21.8 | 6 | 0.0093 | 7.3 |
| 39 | 0.070 | 48.3 | 23 | 0.028 | 20.6 | 4 | 0.0081 | 6.4 |
| 38 | 0.066 | 46.3 | 22 | 0.026 | 19.4 | 2 | 0.0071 | 5.6 |
| 37 | 0.063 | 44.0 | 21 | 0.025 | 18.3 | 0 | 0.0061 | 4.8 |
| 36 | 0.059 | 41.8 | 20 | 0.023 | 17.3 | −2 | 0.0053 | 4.2 |
| 35 | 0.056 | 39.6 | 19 | 0.022 | 16.3 | −4 | 0.0045 | 3.5 |
| 34 | 0.053 | 37.6 | 13 | 0.021 | 15.4 | −6 | 0.0037 | 3.0 |
| 33 | 0.050 | 35.7 | 17 | 0.019 | 14.5 | −8 | 0.0033 | 2.6 |
| 32 | 0.047 | 33.8 | 16 | 0.018 | 13.7 | −10 | 0.0028 | 2.2 |
| 31 | 0.044 | 32.0 | 15 | 0.017 | 12.8 | −16 | 0.0018 | 1.3 |
| 30 | 0.042 | 30.4 | 14 | 0.016 | 12.1 | −20 | 0.0010 | 0.9 |

## §1-4　气体在管道中的流动特性

在气压传动与控制中,气体基本上是在管内流动,而且属一维定常流动。因为气体是可压缩性流体,在流动特性上与不可压缩流体有较大的不同。为研究气体在管道中的流动特性,这里先介绍音速和马赫数。

### 一、音速

声波在空气中传播速度叫音速。因声波是一种微弱的扰动波,所以通常将一切微弱扰动波的传播速度都叫音速。而气体在管道中流动时,可能会出现三种情况:

①低于音速的流动称为亚音速流动;
②高于音速的流动称为超音速流动;

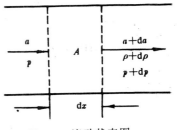

图1-8　流动状态图

③等于音速的流动称为音速流动。

为求空气中的音速,假定流动状态如图 1-8 所示。

对扰动波传播的微小位移 $dx$,假定存在压力差 $dp$,对 I 和 II 断面列连续性方程,当断面 $A=$ 常数时,速度降低 $da$,密度增加 $d\rho$,则

$$\rho a A = (\rho + d\rho)(a - da)A \tag{1-30}$$

式中

$a$——波的传播速度(音速);

$A$——过流断面。

如忽略微小量 $d\rho \cdot da$ 则可得

$$a d\rho = \rho da \tag{1-31}$$

根据牛顿定律,对扰动微团 $Adx$ 列力平衡方程

$$(\rho A dx)\frac{da}{dt} = A dp \tag{1-32}$$

式中 $dp$——作用在扰动微团两边的压力差 $= \rho \dfrac{dx da}{dt}$

因为

$$\frac{dx}{dt} = a$$

则有

$$dp = \rho a da \tag{1-33}$$

从(1-31)式和(1-33)式中消去 $da$ 得

$$a^2 = \frac{dp}{d\rho} \tag{1-34}$$

如流动过程为绝热过程,则有 $\dfrac{p}{\rho^k}=$ 常数,即有

$$\frac{dp}{d\rho} = \frac{kp}{\rho} \tag{1-35}$$

根据式(1-34)有

$$a^2 = \frac{kp}{\rho}$$

由气体状态方程式(1-2)有

$$p = \frac{RT}{v}$$

考虑到比容定义 $v = \dfrac{1}{\rho}$ 则有

$$a = \sqrt{\frac{k\dfrac{RT}{v}}{\rho}} = \sqrt{kRT} \approx 20.1\sqrt{T}\,(m/s) \tag{1-36}$$

式中 $k$——绝热指数 $k=1.40$;

$R$——气体常数 $R=287.13(N \cdot m/kg \cdot K)$;

$T$——绝对温度(K)。

为了维持微小压力差 $\Delta p$ 存在,必须保持 $a$ 为常值,而 $a$ 就是音速。

由式(1-36)可知,声播的传播速度只与温度有关,而与压力无关。

## 二、马赫数（$M$）

流场中任意点的速度 $u$ 与当地音速 $a$ 的比值称为该点气体流动的马赫数（$M$），即

$$M = \frac{u}{a} = \frac{u}{\sqrt{kRT}} \tag{1-37}$$

可以根据马赫数（$M$）来判别气体流动状态，当 $M>1$ 时，气体流动为超音速流动；当 $M<1$ 时，气体流动为亚音速流动；当 $M=1$ 时，气体流动为音速流动。

## 三、变截面管道中的亚音速和超音速流动

在不可压缩流体的定常流动中，若密度很小，位能可忽略时，可得：

$$\frac{\rho u^2}{2} + p = 常数 \tag{1-38}$$

由式(1-38)可知，若随流道断面减小，则流速增加，压力减少；随流道断面加大，则流速减小，压力上升。

研究可压缩流体的定常流动时，如果在速度范围较低时，和上述不可压缩流体有相同的规律。但当速度达到某一值后，随管道断面变化，流速和压力增减则和不可压缩流体的流动情况出现相反的现象。下面对这一现象进行分析。

任一断面 $A$，理想气体流动的连续性方程为

$$Q = A\rho u = 常数 \tag{1-39}$$

取对数并微分得

$$\frac{\mathrm{d}A}{A} + \frac{\mathrm{d}\rho}{\rho} + \frac{\mathrm{d}u}{u} = 0 \tag{1-40}$$

根据比容定义 $v = \frac{1}{\rho}$ 及绝热气体状态方程得：

$$\frac{p}{\rho^k} = 常数 \tag{1-41}$$

微分得

$$\frac{\mathrm{d}p}{p} - k\frac{\mathrm{d}\rho}{\rho} = 0 \tag{1-42}$$

联立方程(1-40)及(1-42)则得

$$\frac{\mathrm{d}p}{p} + k\frac{\mathrm{d}u}{u} + k\frac{\mathrm{d}A}{A} = 0$$

即

$$\frac{\mathrm{d}A}{A} = -\frac{\mathrm{d}p}{kp} - \frac{\mathrm{d}u}{u} \tag{1-43}$$

忽略能量方程（$u\mathrm{d}u + \frac{\mathrm{d}p}{\rho} + g\mathrm{d}h = 0$）中的位能项，则得

$$u\mathrm{d}u + \frac{\mathrm{d}p}{\rho} = 0$$

即

$$\mathrm{d}u = -\frac{\mathrm{d}p}{u\rho} \tag{1-44}$$

将式(1-44)代入式(1-43)中得

$$\frac{\mathrm{d}A}{A}=-\frac{\mathrm{d}p}{kp}+\frac{\mathrm{d}p}{u^2\rho}=\frac{\frac{kp}{\rho}-u^2}{kpu^2}\mathrm{d}p \tag{1-45}$$

式中 $\dfrac{kp}{\rho}=\dfrac{k\dfrac{RT}{v}}{\rho}=a^2$ 则有

$$\frac{\mathrm{d}A}{A}=\frac{a^2-u^2}{kpu^2}\mathrm{d}p \tag{1-46}$$

或

$$\frac{\mathrm{d}A}{A}=\frac{1}{k}(\frac{a^2}{u^2}-1)\frac{\mathrm{d}p}{p}=\frac{1}{k}(\frac{1}{M^2}-1)\frac{\mathrm{d}p}{p} \tag{1-47}$$

再将能量方程

$$\frac{u^2}{2}+\frac{k}{k-1}\cdot\frac{p}{\rho}=常数$$

微分得

$$u\mathrm{d}u+\frac{k}{k-1}(\frac{\mathrm{d}p}{\rho}-\frac{p\mathrm{d}\rho}{\rho^2})=0$$

$$u\mathrm{d}u+\frac{k}{k-1}(\frac{\mathrm{d}p}{\mathrm{d}\rho}\frac{\mathrm{d}\rho}{\rho}-\frac{p\mathrm{d}\rho}{\rho^2})=0$$

考虑到 $a=\sqrt{\dfrac{kp}{\rho}}=\sqrt{\dfrac{\mathrm{d}p}{\mathrm{d}\rho}}$ 则上式可改写成

$$u\mathrm{d}u+\frac{\mathrm{d}\rho}{\rho}a^2(\frac{k}{k-1}-\frac{1}{k-1})=0$$

即有

$$\frac{\mathrm{d}\rho}{\rho}=-\frac{u\mathrm{d}u}{a^2} \tag{1-48}$$

由式(1-42)得 $\dfrac{\mathrm{d}p}{p}=k\dfrac{\mathrm{d}\rho}{\rho}$，则由式(1-43)有

$$\frac{\mathrm{d}A}{A}=-\frac{\mathrm{d}\rho}{\rho}-\frac{\mathrm{d}u}{u}$$

即

$$\frac{\mathrm{d}A}{A}=\frac{u\mathrm{d}u}{a^2}-\frac{\mathrm{d}u}{u}=\frac{\mathrm{d}u}{u}(\frac{u^2}{a^2}-1)$$

或

$$\frac{\mathrm{d}u}{u}=\frac{1}{M^2-1}\frac{\mathrm{d}A}{A} \tag{1-49}$$

由式(1-48)得

$$\mathrm{d}u=-\frac{a^2}{u}\frac{\mathrm{d}\rho}{\rho}$$

代入式(1-49)中得

$$\frac{\mathrm{d}\rho}{\rho}=-\frac{M^2}{M^2-1}\frac{\mathrm{d}A}{A} \tag{1-50}$$

根据式(1-35)有

$$\frac{\mathrm{d}p}{p} = k\frac{\mathrm{d}\rho}{\rho}$$

所以

$$\frac{\mathrm{d}p}{p} = -\frac{kM^2}{M^2-1}\frac{\mathrm{d}A}{A} \qquad (1\text{-}51)$$

根据式(1-12),式(1-35)及气体状态方程有

$$\mathrm{d}T = T(\frac{\mathrm{d}v}{v} + k\frac{\mathrm{d}\rho}{\rho})$$

或

$$\frac{\mathrm{d}T}{T} = (\frac{\mathrm{d}v}{v} + k\frac{\mathrm{d}\rho}{\rho})$$

由于 $v = \frac{1}{\rho}$ 所以 $\mathrm{d}v = \mathrm{d}\frac{1}{\rho} = -\frac{1}{\rho^2}\mathrm{d}\rho$,代入上式可得

$$\frac{\mathrm{d}T}{T} = (k-1)\frac{\mathrm{d}\rho}{\rho}$$

即有

$$\frac{\mathrm{d}T}{T} = \frac{(1-k)M^2}{M^2-1}\frac{\mathrm{d}A}{A} \qquad (1\text{-}52)$$

微分 $M = \frac{u}{a} = \frac{u}{\sqrt{kRT}}$,代换整理得

$$\frac{\mathrm{d}u}{u} = \frac{\mathrm{d}T}{2T} + \frac{\mathrm{d}M}{M}$$

将式(1-49),(1-52)代入并整理得

$$\frac{\mathrm{d}M}{M} = \frac{1 + \frac{k-1}{2}M^2}{M^2 - 1}\frac{\mathrm{d}A}{A} \qquad (1\text{-}53)$$

式(1-49)~式(1-53)五个方程是以 $\frac{\mathrm{d}A}{A}$ 为自变量,以气流参数 $u,\rho,p,T,M$ 的相对变化量作为函数的理想气体绝热过程(又称为可逆绝热方程或等熵方程)变截面管流微分方程,从这些方程出发,可以分析面积变化对各气流参数的影响。

1. 当 $M<1$ 时,式(1-49)中等号两边符号相反,这说明,对于亚音速,沿流动方向的管道截面积增加时,气流速度将减小,截面积减小,流速增加,与不可压缩流体的流动规律相同。由式(1-50)~式(1-52)可知,气流参数 $\rho,T,p$ 都随管截面增大而增大,或随气流速度减小而增大。

2. 当 $M>1$ 时,式(1-49)等号两端同号,它说明,对于超音速,气流速度随管道截面积减小而减小,随截面积增大而增大。即在超音速流动时,可压缩流体与不可压缩流体的流动规律相反。其他气流参数与速度之间关系仍保持不变。

3. 当 $M=1$ 时,由式(1-53)可知 $\mathrm{d}A = 0$,再根据式(1-42)、(1-43)可得

$$\frac{\mathrm{d}A}{A} = -\frac{\mathrm{d}\rho}{\rho} - \frac{\mathrm{d}u}{u}$$

考虑到 $M=1$ 时, $\mathrm{d}A=0$,则有

$$\frac{d\rho}{\rho} = -\frac{du}{u} \tag{1-54}$$

由此可知，音速流动时的截面（临界截面）是一个面积增量为零的截面，截面上速度的相对变化等于密度的相对变化。从数学上看，在变截面管道中 $dA = 0$ 的截面可以是最小截面，也可以是最大截面。但从物理意义上可以证明，临界截面只可能是最小截面。但应指出，最小截面不一定就是临界截面。气流在变截面管中流动，能否在最小截面上达到临界值，除几何条件外，还决定于管道进出口压力。

由上分析可知，对于可压缩流体，要使亚音速的气流加速，应逐渐缩小管道截面积，而要使超音速的气流加速，应逐渐扩大管道截面积。因此要使亚音速气流加速到超音速，管道必须做成先收缩后扩张，这种管称为拉瓦尔喷管。如图1-9所示。

拉瓦尔喷管的最小截面（临界截面）叫做喉部，进口压力与喉部压力之比=1.893，喉部流动为音速流动。喉部前是亚音速气流，喉部后是超音速气流。

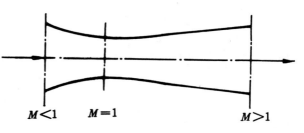

图1-9 拉瓦尔喷管

与马赫数 $M$ 有关的各种参数变化与流动状态的关系如表1-7所示。

| 流动状态<br>变化参数 | 亚音速 | | 超音速 | |
|---|---|---|---|---|
| 断面变化 | − | + | − | + |
| 速度变化 | + | − | − | + |
| 马赫数（$M$）变化 | + | − | − | + |
| 压力变化 | − | + | + | − |
| 温度变化 | − | + | + | − |
| 密度变化 | − | + | + | − |

表1-7 各参数与流动状态的关系

**例5** 空气由温度为288K的一个大容器中流出，当流速达到150m/s时，求空气密度、压力相对变化（设流动为可逆绝热过程）。

**解** 根据能量方程 $\frac{u^2}{2} + \frac{k}{k-1}\frac{p}{\rho} =$ 常数和理想气体状态方程 $pv = RT$ 可得

$$\frac{u_0^2}{2} + \frac{k}{k-1}RT_0 = \frac{u_1^2}{2} + \frac{k}{k-1}RT_1$$

式中：$u_0$ 为大容器中气流速度，可认为 $u_0 = 0$ 则有

$$T_1 = T_0 - \frac{k-1}{2kR}u_1^2 = 288 - \frac{1.4-1}{2 \times 1.4 \times 287} \times 150^2 = 276.8\text{K}$$

$$M = \frac{u_1}{\sqrt{kRT_1}} = \frac{150}{\sqrt{1.4 \times 287 \times 276.8}} = 0.44978$$

由绝热过程 $pv^k = \frac{p}{\rho^k} =$ 常数及状态方程 $pv = RT$ 可得

$$Tv^{k-1} = 常数$$

$$T/p^{\frac{k-1}{k}} = 常数$$

或

$$\frac{T_1}{T_0} = (\frac{\rho_1}{\rho_0})^{k-1} = (\frac{p_1}{p_0})^{\frac{k-1}{k}}$$

式 $T_1 = T_0 - \frac{k-1}{2kR}u_1^2$ 两端同除以 $a^2 = kRT_1$，经变换可得

$$\frac{T_1}{T_0} = (1 + \frac{k-1}{2}M^2)^{-1}$$

再利用上述参数间关系可得

$$\frac{\rho_1}{\rho_0} = (1 + \frac{k-1}{2}M^2)^{\frac{1}{1-k}}$$

$$\frac{p_1}{p_0} = (1 + \frac{k-1}{2}M^2)^{\frac{k}{1-k}}$$

于是

$$\frac{\rho_0 - \rho}{\rho_0} = 1 - \frac{\rho}{\rho_0} = 1 - (1 + \frac{k-1}{2}M^2)^{\frac{1}{1-k}}$$

$$= 1 - (1 + \frac{1.4-1}{2} \times 0.44978^2)^{\frac{1}{1-k}}$$

$$= 0.0944 = 9.44\%$$

$$\frac{p_0 - p}{p_0} = 1 - \frac{p}{p_0} = 1 - (1 + \frac{k-1}{2}M^2)^{\frac{k}{1-k}}$$

$$= 1 - (1 + \frac{1.4-1}{2} \times 0.44978^2)^{\frac{1.4}{1-1.4}}$$

$$= 0.1296 = 12.96\%$$

由此可知，当气流速度达到150m/s时，气体密度相对变化为9.44%，压力相对变化为12.96%。

# 第二章 气动执行元件

气动执行元件是一种传动装置,它将压缩空气的压力能转化成为机械能,驱动机构实现直线往复运动、摆动、旋转运动或冲击动作。气动执行元件中分为气动缸和气动马达两大类。

气动缸用于实现直线往复运动或摆动,输出力和直线或摆动位移。气动马达用于实现连续回转运动,输出力矩和角位移。

## §2-1 气缸的分类及工作原理

### 一、气缸的分类

一般气动缸由缸体、活塞、活塞杆、前端盖、后端盖及密封件等组成。

气缸的种类很多,分类的方法也不同。通常可以按压缩空气作用在活塞端面上的方向,结构特征,安装形式以及使用功能来分,现介绍部分气动缸的结构与特点。

1. 普通型气缸

普通型气缸包括柱塞式,膜片式,缓冲式和摆动式气缸等,它们的结构及其特点列于表2-1中。

表2-1 普通气缸的结构类型及特点

| 类别 | 名称 | 简图 | 特点 |
|---|---|---|---|
| 单作用气缸 | 柱塞式气缸 | 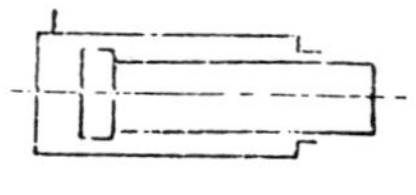 | 压缩空气驱动柱塞向一个方向运动;借助外力复位;对负载的稳定性较好,输出力小,主要用于小直径气缸 |
| | 活塞式气缸 | 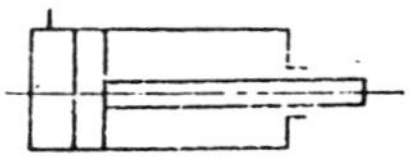 | 压缩空气驱动活塞向一个方向运动;借助外力或重力复位;较双向作用气缸耗气量小 |
| | 活塞式气缸 |  | 压缩空气驱动活塞向一个方向运动;借助弹簧力复位;结构简单耗气量小,弹簧起背压作用,输出力随行程变化而变化。适用于小行程 |
| | 薄膜式气缸 | 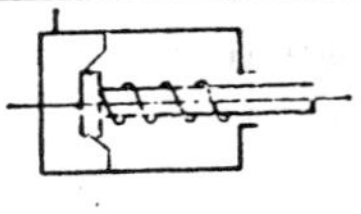 | 以膜片代替活塞的气缸。单向作用,借助弹簧力复位。行程短、结构简单、密封性好,缸体不需加工。仅适用短行程 |

| | 名称 | 简图 | 特点 |
|---|---|---|---|
| 双作用气缸 | 普通气缸 | 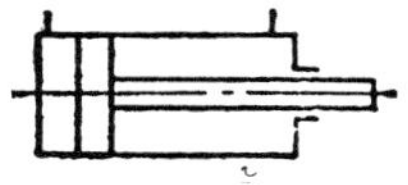 | 压缩空气驱动活塞向两个方向运动,活塞行程可根据实际需要选定。双向作用的力和速度不同 |
| | 双活塞杆气缸 | 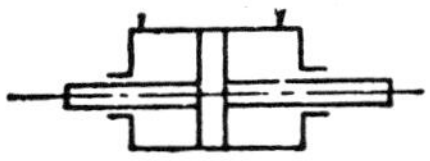 | 压缩空气驱动活塞向两个方向运动,且其速度和行程分别相等。适用于长行程 |
| | 不可调缓冲气缸 | 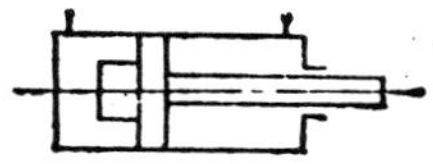 a 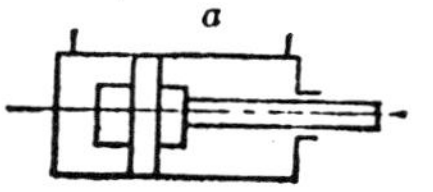<br>b | 设有缓冲装置以使活塞临近行程终点时减速,防止活塞撞击缸端盖,减速值不可调整。a为一侧缓冲;b为两侧缓冲 |
| | 可调缓冲气缸 | 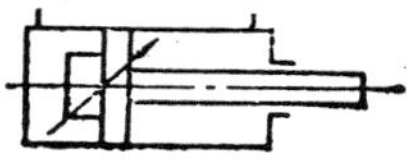 a 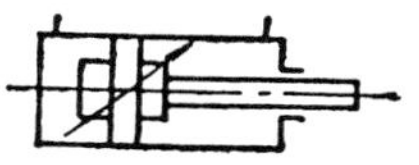<br>b | 设有缓冲装置,使活塞接近行程终点时减速,且减速值可根据需要调整。a为一侧可调缓冲;b为两侧可调缓冲 |
| | 摆动式气缸 |  | 压缩空气推动叶片,使输出轴产生旋转运动。单叶片的摆动角小于360°。 |
| | | 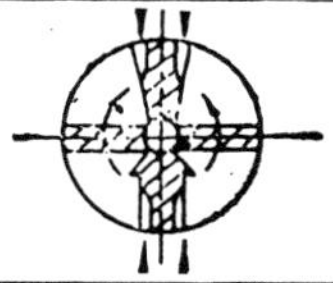 | 压缩空气推动叶片使输出轴产生旋转运动。双叶片的摆角小于180°,较单叶片提高输出推力约一倍 |

2. 组合型气缸

根据动作要求,组合成各种功能的气缸称为组合型气缸。例如气-液增压缸,气-液阻尼缸,数字气缸、双活塞气缸、多位气缸、齿轮齿条式气缸等。常用的组合形气缸见表2-2所示。

表2-2 组合型气缸

| 名 称 | 简 图 | 特 点 |
|---|---|---|
| 回转气缸 | 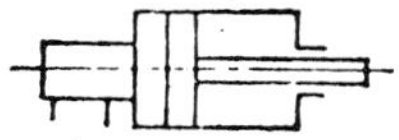 | 进排气导管和气缸本体可相对转动。用于机床夹具和线材卷曲装置上 |
| 伺服气缸 | 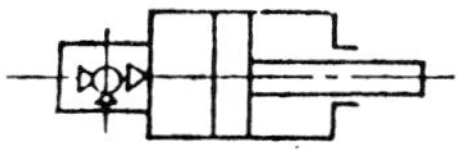 | 将输入的气压信号成比例地转换为活塞杆的机械位移。用于自动调节系统中 |

| 增压气缸 | | 活塞杆两端面积不相等,利用压力与面积乘积不变原理,可由小活塞端输出高压气体 |
|---|---|---|
| 气液增压缸 | | 根据液体是不可压缩和力的平衡原理,利用两个相连活塞面积的不等,压缩空气驱动大活塞,可由小活塞输出高压液体 |
| 气-液阻尼缸 | | 利用液体不可压缩的性能及液体排量易于控制的优点,获得活塞杆的稳速运动 |
| 钢索形气缸 | | 活塞杆是由钢索构成,当活塞靠气压推动时,钢索跟随移动,并通过滚轮牵动托盘,可带动托盘往复移动 |
| 伸缩气缸 | | 伸缩缸由套筒构成,可增大活塞行程适用做翻斗车气缸。推力和速度随行程而变化 |
| 齿轮齿条式气缸 | | 利用齿轮齿条传动,将活塞的往复运动变为输出轴的旋转运动 |
| 双活塞气缸 | | 两个活塞同时向相反方向运动 |
| 多位气缸 | | 活塞沿行程长度方向可占有四个位置,当气缸的任一空腔接通气源,活塞杆就可占有四个位置中的一个 |
| 串联气缸 | | 在一根活塞杆上串联多个活塞,因各活塞有效面积总和大,所以增加了输出推力 |
| 冲击式气缸 | | 利用突然大量供气和快速排气相结合的方法得到活塞杆的快速冲击运动,用于切断、冲孔、打入工件等 |
| 数字气缸 | | 将若干个活塞沿轴向依次装在一起,每个活塞的行程由小到大按几何级数增加 |

3. 新型气动缸

根据工程实际需要和使用用途,近几年来又研制出几种结构特殊且具有各种功能的新型气动缸。其中包括气动夹,无杆气缸,锁定气缸,测长气缸等。图2-1中示出了部分新型气动缸的外形结构。

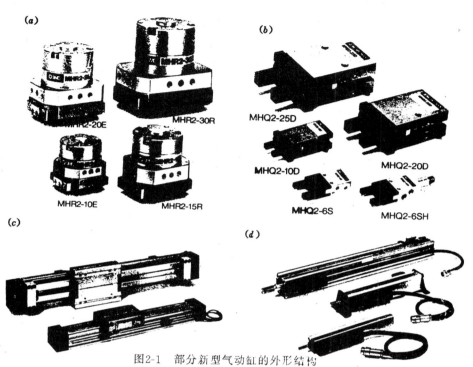

图2-1 部分新型气动缸的外形结构

气动夹主要用于抓取物体,可实现机械手动作。无杆气动缸有磁性无杆气动缸和机械式无杆气动缸两种。锁定气缸可产生出一个很大的力锁住活塞杆。测长气缸因内部装有位移传感器,可直接用来检测位置。图2-1(a)为旋转驱动式气动夹;(b)为平行开闭内外径把持式气动夹;(c)为机械式无杆气动缸;(d)为测长气动缸。关于它们的内部结构形式及其工作原理将在下面介绍。

**二、常见气缸的工作原理及用途**

1. 单向作用气缸

所谓单向作用气缸是指压缩空气仅在气缸的一端进气,推动活塞运动。而活塞的返回是借助于弹簧力、膜片张力、重力等,其原理见图2-2所示。

单向作用气缸的特点是:①仅一端进气,结构简单,耗气量小。②用弹簧或膜片复位,因需克服弹性力等,所以活塞杆的输出力小。③缸内安装弹簧、膜片等,缩短了活塞的有效行程。④复位弹簧,膜片的弹力是随其变形大小而变化的,因此活塞杆的推力和运动速度在行程中是有变化的。

由于上述原因,单向作用气缸通常用于短行程及活塞杆推力、运动速度要求不高的场合,例如气吊、气动夹紧等。

2. 双向作用气缸

所谓双向作用是指活塞的往复运动均由压缩空气来推动,其结构可分为双活塞杆式、

单活塞杆式、双活塞等,还有带缓冲装置的气缸,此类气缸使用最为广泛,现分述如下:

(a)双活塞杆双作用气缸

双活塞杆双作用气缸工作原理如图2-3所示。由于这种气缸两侧都有活塞杆,当两端活塞杆直径相同,活塞两侧受力面积也相同时,气缸在往复行程中,气缸的输出力及输出速度完全相等。常用于加工机械及包装机械。使用时可将缸体固定,活塞杆带动负载,也可将活塞杆固定,缸体带动负载运动,此时压缩空气通过活塞杆上的气流管道进入气缸。

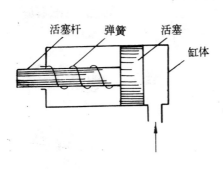

图2-2 单向作用气缸　　　图2-3 双活塞杆双作用气缸

(b)双活塞双作用气缸

图2-4是双活塞双作用气缸结构原理图,它实际上是两个双作用气缸的串联。由于两个活塞装在同一根杆上,因而它的输出力为单活塞缸的两倍。常用于要求增加气缸输出力,而由于空间布局等限制不能增大缸径的场合。

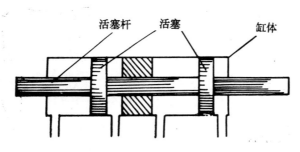

图2-4 双活塞双作用气缸

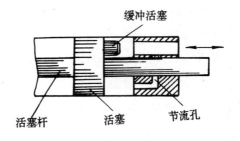

图2-5 缓冲气缸原理图

(c)缓冲气缸

一个普通气缸,当活塞运动接近行程末端时,由于具有较高的速度,如若不采取适当措施,将会产生很大的冲击力撞击端盖,引起振动或损坏机件,特别是行程较长的气缸,这种现象尤为严重,为了使活塞能够平稳地靠近端盖而不发生冲击,可以在气缸内部加上缓冲装置,称这种气缸为缓冲气缸。缓冲气缸的结构原理示于图2-5中。

缓冲气缸的工作原理是:当活塞运动到接近行程末端时,缓冲柱塞进入主排气孔,堵死主排气通道,活塞开始进入缓冲行程。活塞再行进时,排气腔内的剩余气体只能从节流孔排出。由于排气不畅,排气腔中的气体被活塞压缩,压力升高。形成一个甚至高于工作气压,使活塞的运动速度逐渐减慢,实现缓冲作用。缓冲气缸实际上是利用空气被压缩来吸收运动部件的动能达到缓冲目的。在节流孔处安上可调节节流阀,可实现可调节缓冲气缸。为了保证气缸能正常起动,还需在进气口处装上只进不出的单向阀。

(d)气-液阻尼缸

由于气动缸采用的工作介质是可压缩空气,其特点是动作快,但速度不易受控制。当负载变化较大时,容易产生"爬行"或"自走"现象。而液压缸采用通常认为是不可压缩的液压油作为工作介质,易于实现速度和位置控制,不易产生"爬行"、"自走"现象。气-液阻尼缸就是利用它们二者的特点组合而成的。

气-液阻尼缸的工作原理如图2-6所示。它实际是气缸和液压缸串联而成。两缸活塞采用同一根活塞,活塞杆的输出力是气缸中压缩空气的推力(或拉力)与液压缸中油的阻力之差。液压缸本身不由油源供油,而只是被气缸活塞带动,产生阻尼、调速作用。图2-6中,液压缸进出口之间装有液压用单向阀和节流阀。当气缸右端供气时,气缸克服负载并带动液压缸活塞向左运动,这时液压缸左端排油,单向阀关闭,油只能通过节流阀排入液压右腔及油杯中。调节节流阀的开度,就能控制活塞的运动速度。

气-液阻尼缸类型有多种,图2-6所示的是单向节流调速气-液阻尼缸原理示意图,此外还有双向节流调速型,快速趋近单向节流调速型等。

(e)气动夹

气动夹这种执行元件,主要是针对机械手的用途而设计的。它可以用来抓取物体,实现机械手各种动作。图2-7为平行开闭内外径把持式气动夹工作原理图,图示位置为气动夹闭状态。此时压缩空气由进气口B输入,推动活塞B向左运动,通过传动杠杆带

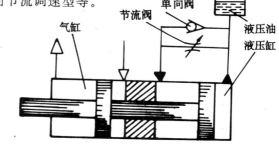

图2-6 单向节流调速气-液阻尼缸

动卡爪沿导轨向外张开,活塞A在传动杠杆及滚子的带动下向右运动,活塞腔内的气体由排气口A排出。当压缩空气由进气口A输入,推动活塞A、B向左、右运动,通过传动杠杆带动卡爪沿导轨向内闭合,输出把持力。实现平行开闭内外径把持动作。

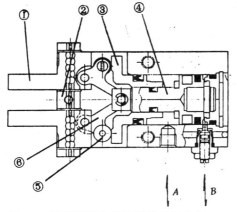

图2-7 平行开闭内外径把持式气动夹
①卡爪②导轨③活塞A④活塞B⑤滚子⑥传动杠杆

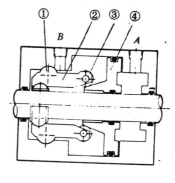

图2-8 锁定气缸
①支点②制动臂③滚子④锥形制动活塞

(f) 锁定气缸

图2-8为锁定气缸工作原理图,图示为开放状态。锁定气动缸实际上是起一个气压锁作用。当压缩空气由 A 口输入,推动锥形制动活塞向左运动,通过滚子带动制动臂运动,制动臂在支点的作用下,向内产生一个锁定力,锁住活塞杆。

(g) 无杆气缸

图2-9为机械式无杆气动缸工作原理图。当压缩空气进入气缸时,推动活塞左右运动,活塞通过活塞凸块、联结器、导向滚子、带状隔板带动滑块运动。运动中的机械式无杆气缸是通过刮板压住带状隔板保证缸体密封。这种型式的无杆气缸有较大的摩擦力。因而起动特性较差。

磁性无杆气缸,其活塞是通过极性相反的磁力带动滑块运动的,因而有较好起动特性和密封性能。

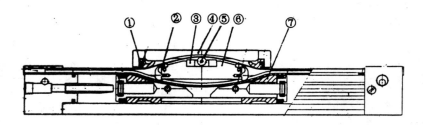

图2—9 机械式无杆气缸
①制板 ②带状隔板 ③联结器 ④滑块
⑤导向滚子 ⑥活塞凸块 ⑦活塞

## §2-2 气缸的特性及计算

### 一、气缸的推力和效率

1. 气缸的理论推力

图2-10为气缸推力说明图,图中压缩空气由入口侧引入,作用在活塞面积 $A_1$ 上,这时活塞面积 $A_2$ 通大气压,则活塞承受的气压推力如下:

$$f_1 = A_1 p_1 \cdot 10^6 \quad (N) \tag{2-1}$$

$$f_2 = A_2 p_2 \cdot 10^6 \quad (N) \tag{2-2}$$

式中　$f_1、f_2$——进气侧和排气侧作用于活塞上的压缩气体推力(N);
　　　$A_1,A_2$——右左活塞面积($m^2$);
　　　$p_1,p_2$——进气侧和排气侧气体压力(MPa)。

这时表现在活塞向左的推力为

$$F_{理} = f_1 - f_2 = (A_1 p_1 - A_2 p_2) 10^6 (N) \tag{2-3}$$

式中 $F_{理}$——活塞的理论推力(N)

## 2. 气缸的实际推力

实际上由于活塞等运动部件的惯性力以及密封等部分的摩擦力产生，使活塞杆输出的推力小于理论推力。称这个推力为实际推力，用式(2-4)表示。

$$F_{实} = (A_1 p_1 - A_2 p_2)10^6 - (R \pm ma) \quad (N) \tag{2-4}$$

式中  $F_{实}$ ——气缸活塞实际推力(N)；

$R$ ——摩擦阻力(N)；

$m$ ——活塞等运动部件质量(kg)；

$a$ ——活塞运动的加速度(m/s²)。

从上式可以看出，若 $A_1 p_1 = A_2 p_2 + (R \pm ma)$，则推力为零。如果惯性力和摩擦力近似为零，则推力为最大值，即接近理论推力。但是实际上各种内部阻力是很复杂的，由于活塞推动重物的载荷变化及重力的作用方向不同，活塞的运动速度和推力都随着变化。如活塞开始运动时速度上升，产生加速度；活塞停止时，又产生减速度。此外，由于润滑不同，摩擦力也不同，要想十分精确地计算出活塞在运动状态下产生的推力是很困难的。

## 3. 气缸效率

气缸的效率是气缸的实际推力与理论推力的比值，即

$$\eta = \frac{F_{实}}{F_{理}} = \frac{(A_1 p_1 - A_2 p_2)10^6 - (R \pm mn)}{(A_1 p_1 - A_2 p_2)10^6} \quad (\%) \tag{2-5}$$

所以

$$F_{实} = 10^6 \times (A_1 p_1 - A_2 p_2)\eta \quad (N) \tag{2-6}$$

气缸的效率取决于密封的种类，气缸内表面和活塞杆加工的状态以及润滑状态如何。此外气缸的运动速度，排气侧压力，外载荷状况及管道状态等都对效率会产生一定的影响。图2-11表示一般气缸的效率曲线。

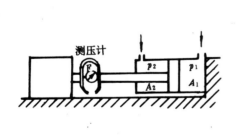

图2-10 气缸推力说明图

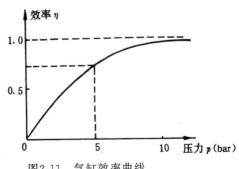

图2-11 气缸效率曲线

## 4. 气缸的耗气量

气缸的耗气量是活塞每分钟移动的容积，称这个容积为耗压缩空气量，换算成在大气压状态下自由空气量来表示。一般情况下，气缸的耗气量是指耗自由空气量。分别由下述两个式子表示。

$$Q_{压} = 10^3 \cdot A \cdot s \cdot n \quad (l/min) \tag{2-7}$$

$$Q_{自} = Q_{压}(p + 0.1013)/0.1013 = 10^3 A \cdot s \cdot n(p + 0.1013)/0.1013 \quad (l/min) \tag{2-8}$$

式中 $Q_{压}$ ——耗压缩空气量(l/min)；

$Q_自$ —— 耗自由空气量(l/min);
$A$ —— 活塞面积($m^2$)(单作用时取进气一侧,双作用取两侧面积之和);
$s$ —— 活塞行程(m);
$p$ —— 气体工作压力(MPa);
$n$ —— 每分钟往复运动次数。

而实际耗气量要比上式计算的多。因为管接头部分漏气5—10%,控制阀漏气10—20%,其他损失30%。

表2-3是忽略了出口压力($p_2A_2=0$)时的理论推力$F_理$与活塞有效面积之间的关系。表2-4是自由空气理论耗气量与缸径和活塞行程之间的关系。

表2-3 活塞理论推力与面积之间的关系

| 缸径 $D$ (m) | 活塞有效面积 $A_1$ ($m^2$) $A_1=\dfrac{\pi D^2}{4}$ | 空气压力 $p_1$ (bar) | | | | | | |
|---|---|---|---|---|---|---|---|---|
| | | 2 | 3 | 4 | 5 | 6 | 7 | 8 |
| | | 理论推力 $F_理 = p_1 A_1 \cdot 10^5 (p_2 A_2 = 0)$ N | | | | | | |
| 0.050 | 0.00196 | 392 | 588 | 784 | 980 | 1176 | 1372 | 1568 |
| 0.075 | 0.00442 | 884 | 1426 | 1769 | 2210 | 2652 | 3094 | 3536 |
| 0.100 | 0.00785 | 1570 | 2355 | 3140 | 3925 | 4710 | 5495 | 6280 |
| 0.125 | 0.01227 | 2454 | 3681 | 4908 | 6135 | 7362 | 8589 | 9800 |
| 0.150 | 0.01767 | 3534 | 5301 | 7068 | 8835 | 10602 | 12369 | 14136 |
| 0.175 | 0.02405 | 4810 | 7215 | 9620 | 12025 | 14430 | 16835 | 19240 |
| 0.200 | 0.03142 | 6284 | 9426 | 12568 | 15710 | 18852 | 21994 | 25136 |

表2-4 理论空气耗气量与缸径的关系

| 缸径 $D$ (m) | 当行程0.01米活塞容积变化 $A_1 L$ = ($m^3$) | 空气压力 $p_1$ (bar) | | | | | | |
|---|---|---|---|---|---|---|---|---|
| | | 2 | 3 | 4 | 5 | 6 | 7 | 8 |
| | | 耗气量 $Q = 10^3 A_1 L (p_1 + 1.013)/1.013$ (l/0.01m 行程) | | | | | | |
| 0.050 | 0.0000196 | 0.05829 | 0.07764 | 0.09698 | 0.116325 | 0.13567 | 0.155015 | 0.17436 |
| 0.075 | 0.0000442 | 0.13146 | 0.17501 | 0.21862 | 0.26223 | 0.30584 | 0.34945 | 0.39306 |
| 0.100 | 0.0000785 | 0.23348 | 0.31097 | 0.38846 | 0.46595 | 0.54344 | 0.62095 | 0.69844 |
| 0.125 | 0.000127 | 0.36495 | 0.48607 | 0.60719 | 0.72831 | 0.84943 | 0.97055 | 1.09167 |
| 0.150 | 0.0001767 | 0.5255 | 0.69991 | 0.87432 | 1.04873 | 1.22314 | 1.39775 | 1.57218 |
| 0.175 | 0.0002405 | 0.71532 | 0.95273 | 1.19014 | 1.42755 | 1.66496 | 1.90237 | 2.13978 |
| 0.200 | 0.0003142 | 0.93453 | 1.24469 | 1.55485 | 1.86501 | 2.17517 | 2.48533 | 2.79549 |

## 二、气缸的工作特性

### 1. 无负载工作特性

所谓无负载工作特性是指在无负载条件下进行实验时,使气缸能产生动作的最低工作压力。这个压力应是使活塞低速运动不产生爬行的极限压力。无负载工作特性集中表征了密封圈及缸筒内表面的加工质量,配合状况及有关结构的合理程度。

按一般规定,是让气缸经过数次往复运动之后,使缸在无负载的状态下水平放置,在气缸的前后两端进、排气口交替输入压力为0.1MPa的压缩空气,活塞在其有效行程内应运行平稳无爬行现象。调节试验回路中的排气节流阀,实现活塞平均运动速度约为50mm/s。对于有缓冲装置的气缸,要把缓冲阀全部打开。活塞是否产生爬行现象,要通过严格测量确定。但一般可用目测办法观察活塞是否不停止地平滑运动。总之要求气缸在空载时,在限定压力下要有均匀的运动速度及无爬行现象。

2. 有负载工作特性

有负载工作特性是指气缸带有规定的负载,在规定的工作压力和活塞运动速度下进行实验。在实验的过程中,要求气缸能正常动作,并保证气缸的各部件具有一定的强度性能。

在气缸试运行若干往复之后,在活塞杆轴向方向加上相当最大载荷的80%的负载,然后在缸的前后两端进、排气口交替输入压力为0.7MPa的压缩空气,活塞在全程内往复运动三次以上。要求运动平滑,气缸各部无异常现象。为此应调节排气侧排气量让活塞平均速度为0.15m/s,如活塞运动均匀,各部件无异常就可认为气缸负载工作特性是符合要求。对有缓冲机构的气缸,应把缓冲阀打开,检查气缸的耐冲击性。

3. 气缸的运动特性

由于气体具有可压缩性,从而使气缸的动特性变成了较为复杂的问题。气缸动特性的分析,是从伯努力方程、气体状态方程,牛顿第二定律出发,列写出动态特性基本方程。一般求解这些方程较为困难,大多采用电子计算机解决。

(a) 理想无负载时缸的动特性

气缸在完全无负载的理想情况下,其两腔压力 $p_1, p_2$ 及活塞运动速度 $v$ 随时间 $t$ 变化的情况称为理想无负载时气缸的动特性。这时 $p_1, p_2, v$ 随时间 $t$ 变化曲线如图2-12所示。为使其结果具有普遍意义,这里用无因次量表示压力、速度及时间等物理量。图中:$p_s$——气源压力;$v_0$——视缸内气体为等温变化过程时,活塞运动速度,一般称之为基准速度;$t_0 = s/v_0$——基准时间,$s$ 为活塞的行程。

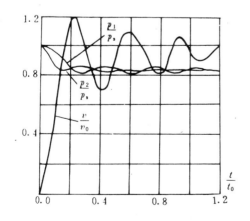
图2-12 理想无负载时缸的动态特性曲线

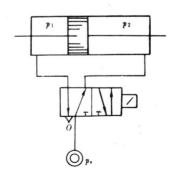
图2-13 气缸换向回路

将图2-12动特性曲线与气缸换向回路图2-13相结合可以看出,当换向阀的电磁铁通电换向时,压缩空气进入气缸左腔,使 $p_1$ 成为 $p_s$;换向前气缸的右腔接气源,换向后右腔因接通大气,压力迅速下降为 $p_2$,活塞在压差 $p_1-p_2$ 的作用下开始启动,并加速运动,随着活塞的加速,气缸左腔的容积迅速变大,而压缩空气来不及满足其容积变大的需要,而使气缸左腔压力迅速减小,同时气缸右腔压力 $p_2$ 也就减小,此时虽 $(p_1-p_2)>0$ 的状态仍还在继续着,由于 $p_1$ 减小,两腔压力差$(p_1-p_2)$变小,因而限制了活塞的加速运动,活塞运度速度达 $v/v_o>1$ 之后不久,便出现第一次 $p_1=p_2$,活塞速度达到最大值,由于活塞速度大,气缸右腔气体被迅速压缩,$p_2$ 增大,进而出现 $(p_1-p_2)<0$,使活塞加速度$<0$,活塞作减速运动。由于 $v$ 减小,气缸左腔由气源充压,$p_1$ 上升,$p_2$ 有所下降,又出现第二次 $p_1=p_2$,此时活塞速度达最小值,进而又出现 $(p_1-p_2)>0$ 状态,活塞又开始加速运动。这种现象反复出现,使活塞逐渐趋于平衡速度。

(b)实际气缸的启动与活塞速度

实际气缸的运动与如下因素有关:通向气缸的进、排气管路上节流阀阀口开度;运动部件的质量;缸体容积;活塞启动时位置;密封处的摩擦力等。由于涉及因素较多,纯粹的理论计算较为繁杂,且误差较大,通常采用理论计算与实际试验相结合,得出较符合实际可靠的结果。实验与计算所用的气动回路如图2-14所示。这是一个用三位五通电磁换向阀及两个节流阀控制一个气缸的基本回路。实验和计算所得气缸动特性曲线如图2-15和图2-16。在实际计算分析中,认为缸内气体为多变过程,并分别取多变指数 $n$ 为1.4,1.2,1.0。分析计算所得出的压力 $p_1$、$p_2$ 及速度 $v$ 和实验实测所得的 $p_1$,$p_2$ 及 $v$ 一并记入而成,图中小圆圈为实验值。

为使结论具有普遍意义,均采用无因次量,图中:$B=\dfrac{c_{v1}}{c_{v2}}=1.0$——进、排气侧节流阀流量系数 $c_{v1}$ 和 $c_{v2}$ 之比;$J_o=\dfrac{Ap_s}{m}\dfrac{s}{v_o^2}$,由于可动部件质量 $m$ 的存在而产生的与

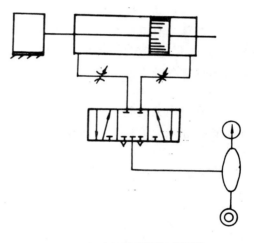

图2-14 实验与计算用气动回路

惯量成反比的系数值;$G_t$——负载;$Z=\dfrac{V_1}{V_2}$——活塞所处的位置,$V_1$——左腔容积,$V_2$——右腔容积;$s$——活塞的行程。图2-15中 $J_o=47.7$,$G_t=163(N)$,$Z=0.52$,图2-16中 $J_o=29.1$,$G_t=213(N)$,$Z=0.192$。由气缸动特性曲线可知,实际气缸启动需要相当的一段时间,不是通入压缩空气后马上就能启动。比较图2-15及图2-16可知,惯量大,负载大,启动时进气腔容积小时,曲线越平坦,$p_1$,$p_2$,$v$ 波动小,活塞运动速度越快地收敛于平衡速度。更重要的是由曲线可知,多变指数 $n=1.2$ 的理论分析曲线更接近于实际实验值。

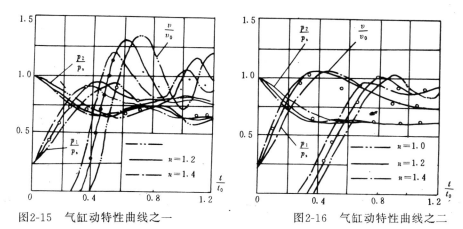

图2-15 气缸动特性曲线之一　　　　　　图2-16 气缸动特性曲线之二

(c)气缸的行程时间

从活塞启动到行程终了的时间称为行程时间 $t_m$,$t_m$ 可在上述节流阀流量特性系数比 $B$,活塞的位置系数 $Z$,惯性质量系数 $J_0$ 及负载 $G_t$ 确定的情况下,由理论计算求得。图2-17及图2-18为气缸行程时间曲线,分别以 $B$ 和 $Z$ 为自变量。图中实点表示理论计算值,圆圈表示实验值。由图可知,随 $B$ 和 $Z$ 值增大,$t_m/t_0$ 接近于1,即 $t_m$ 趋近于 $t_0$。

如果 $B$ 值变小,即 $c_{v1}$ 变小,则供入左腔的压缩空气量不足,使压力 $p_1$ 显著减小,活塞加速度变小,从而使活塞达到平衡速度的时间变长。如果 $Z$ 值变大,即进气腔(左腔)$V_1$ 增大,活塞实际位移变小,可产生 $B$ 值增大同样的效果,使行程时间 $t_m$ 缩短至接近于基准速度时的基准时间 $t_0$。另外,负载 $G_t$,惯性系数 $J_0$ 的变化对行程时间 $t_m$ 影响不大。

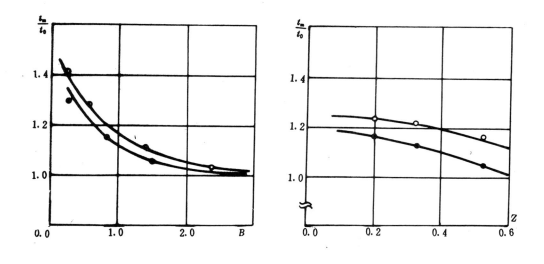

图2-17 节流阀流量系数比与行程时间关系　　图2-18 启动位置与行程时间关系

4.气缸的缓冲特性

进行气缸速度的调节时,因为气体是可压缩的,所以预先很难设定,为了防止活塞到缸的端部产生冲击,需设置缓冲机构。

图2-19是装有逆止阀的气缸缓冲装置。缓冲部分的长度为0.15～0.04m,当活塞达到缸的端部时,封入部分气体一经活塞继续压缩,具有一定背压,这样既缓冲了活塞对端盖的撞击又吸收了活塞运动的能量。

对于设有缓冲装置的气缸,能否吸收由于活塞运动产生的冲击能量,要通过分析计算。

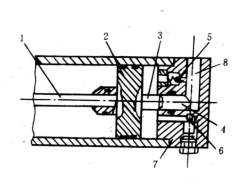

图2-19 具有缓冲装置的气缸
①活塞杆②活塞③缓冲柱塞④柱塞孔
⑤单向阀⑥节流阀⑦端盖⑧进排气口

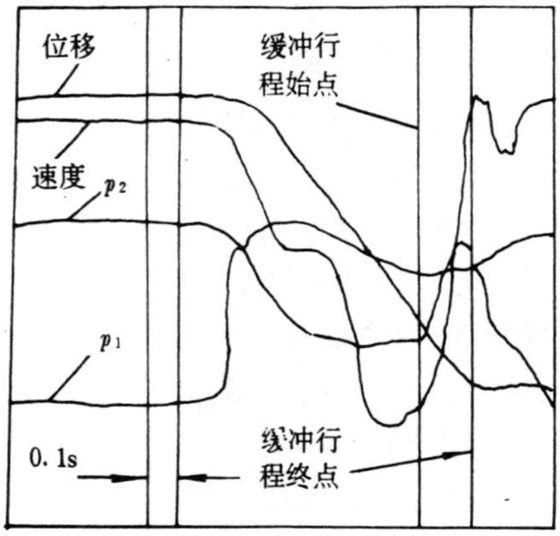

图2-20 气缸的缓冲特性

设计计算的出发点是使活塞等运动部件产生的全部机械能 $E_1$ 小于缓冲装置所能吸收的能量 $E_2$。

下面对 $E_1$ 及 $E_2$ 进行计算

$$E_1 = E_d + E_m \pm E_g - E_f \tag{2-9}$$

式中 $E_d$ ——气源压力作用在活塞上产生的气压能,即：$E_d = p_1 A_1 S_1 10^6$ (J);

$p_1$ ——气缸工作压力(MPa)

$A_1$ ——活塞的有效面积($m^2$);

$S_1$ ——缓冲行程长度(m);

$E_m$ ——惯性力产生的运动部件动能,即：$E_m = \frac{1}{2}mu^2 = \frac{1}{2}\frac{G}{g}u^2$ (J)

$m$ ——运动部件总质量(kg);

$G$ ——运动部件总重量(N);

$g$ ——重力加速度($m/s^2$);

$E_g$ ——运动部件重力产生正向或反向能量,即 $E_g = G_1 S_1$ (J)

$G_1$ ——气缸水平安装时,运动部件总重量在缸轴线方向上的分力,计算下方缓冲时

取 $+E_g$，计算上方缓冲时取 $-E_g$，气缸水平安装时 $E_g=0$；

$E_f$——与运动方向相反的摩擦能，此值总为负，即 $E_f=F_1S_1$(J)

$F_1$——总摩擦力(N)

缓冲装置借助缓冲柱塞堵住柱塞孔4(见图2-19)，气缸只能通过节流阀6排气时，使密封的环形气室内的气体被压缩，从而吸收所需缓冲的能量。由于压缩过程时间短，故可认为是绝热过程，其缓冲特性见图2-20所示。

缓冲装置所能吸收的能量大小，要根据气缸的强度而定。在绝热过程中，缓冲装置的缓冲气室容许吸收的能量为

$$E_2 = \int_{p_2}^{p_3} v \mathrm{d}p = p_2^{\frac{1}{k}} v_2 \int_{p_2}^{p_3} \frac{1}{p^{\frac{1}{k}}} \mathrm{d}p$$

$$= \frac{p_2^{\frac{1}{k}} v_2}{1-\frac{1}{k}} (p_3^{1-\frac{1}{k}} - p_2^{1-\frac{1}{k}}) \tag{2-10}$$

$$= \frac{k(p_2 v_2)}{k-1} \left[ \left(\frac{p_3}{p_2}\right)^{\frac{k-1}{k}} - 1 \right] \quad (J)$$

$$E_2 = 3.5 p_2 v_2 \left[ \left(\frac{p_3}{p_2}\right)^{.286} - 1 \right] \quad (J) \tag{2-11}$$

式中 $p_2$——气缸排气侧背压(绝对压力)(MPa)；

$p_3$——缓冲气室内最后达到的气体压力(MPa)；

$v_2$——缓冲柱塞堵死柱塞孔时，环形缓冲气室的容积(m³)；

$k$——气体绝热指数，对空气 k=1.4。

缓冲装置满足工作的条件是：

$$E_1 \leqslant E_2$$

即
$$E_d + E_m \pm E_g - E_f \leqslant E_2 \tag{2-12}$$

由于气缸强度的限制，而且不应使气缸过于笨重。因而，用缓冲气室吸收的能量是有限的，尤其对于高速、大运动能量的负载应采取其它有效方法进行缓冲。

### 三、几种常用气缸的设计计算

1. 单作用气缸的设计计算

如图2-21所示，根据力平衡原理，气压作用于气缸活塞上的总推力必须克服弹簧反作用力，摩擦副的摩擦阻力和活塞杆工作时的总阻力(负载)，即

$$F_1 = 10^6 \cdot \frac{\pi}{4} D^2 p - F_{摩} - F_{反} \tag{2-13}$$

式中 $F_1$——作用在活塞杆上的负载力(N)；

$p$——气缸内工作压力(MPa)；

$D$——活塞直径(m)；

$F_{摩}$——摩擦副之间的摩擦力(N)；

$F_{反}$——弹簧的反作用力(N)；即 $F_{反}=C(x_o+S)$；

$C$ —— 弹簧刚度(N/m);

$x_o$ —— 弹簧预压缩量(m);

$S$ —— 活塞行程(m)。

如果把摩擦力用效率 $\eta$ 考虑则

$$F_1 = \frac{\pi}{4}D^2 p \cdot \eta \cdot 10^6 - F_{反} (\text{N}) \tag{2-14}$$

式中 $\eta$ —— 考虑摩擦阻力的效率。

由式(2-14)可导出单作用气缸的内径为:

$$D = \sqrt{\frac{4(F_1 + F_{反})}{\pi \cdot p \cdot \eta} \times 10^{-6}} (\text{m}) \tag{2-15}$$

计算出缸径后,按表2-5取标准直径。

表2-5 缸筒内径系列

| $D$(mm) | 8 | 10 | 12 | 16 | 20 | 25 | 32 | 40 | 50 | 63 | 80 | (90) | 100 |
|---|---|---|---|---|---|---|---|---|---|---|---|---|---|
| | (110) | 125 | (140) | 160 | (180) | 200 | (220) | 250 | 320 | 400 | 500 | 630 | |

注:无括号的数值为优先选用值。

2. 单出杆双作用气缸的设计计算

单出杆双作用气缸是一种最常用的普通气缸,如图2-22所示。

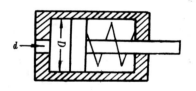

图2-21 单作用气缸

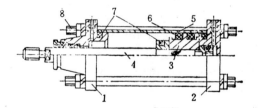

图2-22 单出杆双作用气缸
①前盖②后盖③活塞④活塞杆
⑤缸体⑥、⑦密封圈⑧紧固螺栓

(1)输出力的计算

根据力的平衡原理,活塞杆上的输出力必须克服活塞杆工作时的总阻力,因只有一端出杆,所以压缩空气作用在活塞两侧的有效面积是不相等的。活塞杆产生推力 $F_{推}$,活塞右行时,产生拉力 $F_{拉}$,其值分别为:

$$F_{推} = 10^6 \frac{\pi}{4}D^2 \cdot p \cdot \eta \quad (\text{N}) \tag{2-16}$$

$$F_{拉} = 10^6 \frac{\pi}{4}(D^2 - d^2) \cdot p \cdot \eta \quad (\text{N}) \tag{2-17}$$

式中 $d$ —— 活塞杆直径(m);

其他符号同前。

(2)活塞直径 $D$ 的计算

由前两式可求得活塞直径。

当推力作功时，
$$D = \sqrt{\frac{4F_{推}}{\pi \cdot p \cdot \eta} \times 10^{-6}} \quad (m) \tag{2-18}$$

当拉力作功时，
$$D = \sqrt{\frac{4F_{拉}}{\pi \cdot p \cdot \eta} \times 10^{-6} + d^2} \quad (m) \tag{2-19}$$

(3) 活塞运动速度的计算
$$u = \frac{Q}{60A} \quad (m/s) \tag{2-20}$$

式中 $Q$——输入的压缩空气量($m^3/min$)；
$A$——活塞有效受力面积($m^2$)；
$u$——活塞运动速度(m/s)。

如两端供气量相等，即 $Q = Q_1 = Q_2$ 则
$$u_1 A_1 = u_2 A_2$$

$$\frac{u_1}{u_2} = \frac{A_2}{A_1} \tag{2-21}$$

即活塞运动速度与有效面积成反比。

则于 $A_1 = \frac{\pi}{4} D^2; A_2 = \frac{\pi}{4}(D^2 - d^2)$；

则 $\frac{u_1}{u_2} = \frac{D^2 - d^2}{D^2} = 1 - (\frac{d}{D})^2$ \hfill (2-22)

因此，对同样供气量，活塞杆伸出慢，退回快。

(4) 气缸耗气量计算

根据式(2-8)计算
$$Q_{自} = 10^3 ASn(p + 0.1013)/0.1013$$

式中 $A = A_1 + A_2$

$A = \frac{\pi}{4} D^2 + \frac{\pi}{4}(D^2 - d^2) = \frac{\pi}{4}(2D^2 - d^2)$

$Q_{自} = 10^3 \frac{\pi}{4}(2D^2 - d^2) S \cdot n(p + 0.1013)/0.1013 (l/min)$

上式为每分钟耗自由空气量，这里是理论值，实际值应考虑漏损等，即为
$$Q_{实} = Q_{自}(1.2 \sim 1.5) \tag{2-33}$$

(5) 缸筒计算

主要计算缸筒的壁厚，同一般气缸工作压力较低，壁厚与内径之比往往小于1∶15（$\frac{\delta}{D} \leqslant \frac{1}{10}$）所以气缸壁厚可按下面的薄壁筒计算

$$\delta = \frac{Dp}{2[\sigma]} \times 10^6 \tag{2-24}$$

式中　$\delta$ ——气缸筒壁厚(m);

　　　$[\sigma]$ ——缸筒材料的许用应力(Pa);

　　　$D$ ——气缸内径(m);

　　　$p$ ——气缸工作压力(MPa)。

计算出的壁厚可能很薄,应根据工艺要求适当加厚,并参考已有同类气缸壁厚确定。表2-6中所列数值仅供计算和选取气缸壁厚时参考。

表2-6　气缸缸筒壁厚与内径

| 材料 | 气缸直径 (mm) | | | | | | |
|---|---|---|---|---|---|---|---|
| | 50 | 80 | 100 | 125 | 160 | 200 | 250 | 320 |
| | 缸筒壁厚 (mm) | | | | | | |
| 铸铁 HT15-33 | 7 | 8 | 10 | 10 | 12 | 14 | 16 | 16 |
| 钢 A345* | 5 | 7 | 8 | 8 | 9 | 9 | 11 | 12 |
| 铝合金 ZL3 | 8～12 | | 12～14 | | | 14～17 | | |

(6)活塞杆计算

在气缸工作过程中,活塞杆最好受拉力,但在很多场合,活塞杆是承受推力负载,对细长杆件受压往往会产生弯曲变形,因此除需进行强度校验外,有时还要进行稳定性校验。

(a)强度检验

使活塞杆所承受的应力小于材料的许用应力,即

$$\frac{F_1}{\frac{\pi}{4}d^2} \leqslant [\sigma] \qquad (2\text{-}25)$$

式中　$F_1$ ——活塞杆上总推力(N);

　　　$[\sigma]$ ——活塞杆材料的许用应力($N/m^2$)。

则

$$d \geqslant \sqrt{\frac{4F_1}{\pi[\sigma]}} \quad (\text{m}) \qquad (2\text{-}26)$$

(b)稳定性校验

杆长 $L > 10d$ 时为细长杆,应进行稳定性校验,按下式进行

$$\frac{p_k}{A} \leqslant \frac{m\pi^2 E d^2}{16L^2 n} \qquad (2\text{-}27)$$

式中　$p_k$ ——稳定极限轴向力(N);

　　　$A$ ——活塞杆断面积($m^2$);

　　　$E$ ——材料的弹性模数($N/m^2$);

　　　$L$ ——活塞杆的计算长度(m);

　　　$m$ ——活塞杆的安装系数(0.25～4)与安装形式有关;

　　　$n$ ——安全系数(一般取2-4)。

由(2-27)式可以确定 $L$ 和 $d$ 的关系,符合这个关系式的活塞杆是稳定的。

3.双出杆双作用气缸的设计计算

双出杆双作用气缸如图2-23所示,它的特点是:

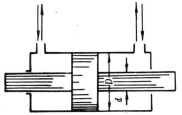
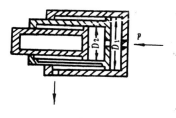

图2-23 双出杆双作用气缸　　　　　图2-24 伸缩气缸

①如两端出杆直径相等,则两端活塞上的输出力的相等,它的推力(或拉力)为:

$$F = \frac{\pi}{4}(D^2 - d^2) \cdot p \cdot \eta \times 10^6 \quad (N) \tag{2-28}$$

②左右运动速度相同,即

$$u_1 = u_2 = \frac{Q}{60A} \quad (m/s) \tag{2-29}$$

$$A = \frac{\pi}{4}(D^2 - d^2) \quad (m^2)$$

$$u_1 = \frac{4Q}{\pi(D^2 - d^2)} = u_2 (m/s)$$

③双向耗气量也相同

$$Q_1 = Q_2 = \frac{10^3 \pi}{4} Sn(D^2 - d^2) \frac{p + 0.1013}{0.1013} \quad (l/min) \tag{2-30}$$

4. 伸缩气缸

如图2-24所示,这种气缸特点是行程长,径向尺寸大,轴向尺寸小,推力和速度随工作行程变化而变化。

起动初始行程时推力和速度为:

$$F_1 = \frac{\pi}{4}D_1^2 \cdot p \cdot \eta \times 10^6 \quad (N) \tag{2-31}$$

此时,因 $D_1$ 大,所以 $F_1$ 大。

而

$$u_1 = \frac{Q}{60A_1} = \frac{Q}{15\pi D_1^2} \quad (m/s) \tag{2-32}$$

因 $D_1$ 大,所以 $u_1$ 小

第二段行程时,推力和速度为

$$F_2 = \frac{\pi}{4}D_2^2 \cdot p \cdot \eta \times 10^6 \quad (N) \tag{2-33}$$

因 $D_2$ 小,所以 $F_2$ 小。

$$u_2 = \frac{Q}{60A_2} = \frac{Q}{15\pi D_2^2} \quad \text{(m/s)} \tag{2-34}$$

因 $D_2$ 小,所以 $u_2$ 大。

从这种气缸的输出力和速度随行程变化的规律看,恰好适合用于翻斗车的翻斗力矩及速度要求,所以常用这种气缸作翻斗缸。

5. 摆动气缸

这种气缸能进行有限角度的摆动。摆动气缸有单叶片和双叶片两种,单叶片其摆动角小于360°,双叶片摆动缸的摆动角小于180°。在叶片两侧交替供、排压缩空气,使输出轴作有限角的摇摆运动。这种气缸的结构简单,但密封较为困难,仅在部分小型、高速、低压的执行机构上具有一定的使用价值。图2-25为摆动气缸结构示意图,根据此图可进行下述各项计算。① 作用在叶片上的扭转力矩

$$\begin{aligned} T &= 10^6 \eta_m (p_1 - p_2) b \int_{R_1}^{R_2} r \, dr \\ &= \frac{10^6}{2} \eta_m (p_1 - p_2)(R_2^2 - R_1^2) b \quad \text{(N·m)} \end{aligned} \tag{2-35}$$

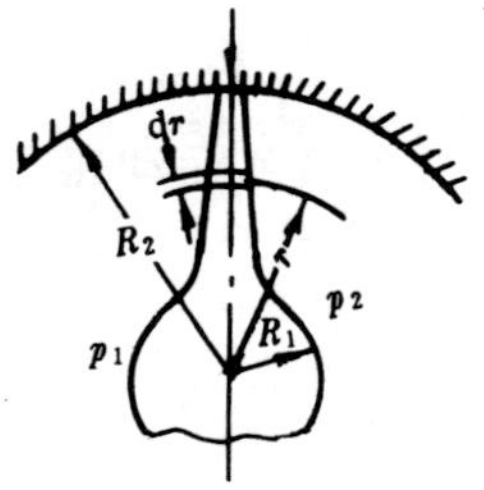

式中　$R_1, R_2$ —— 叶片的内外半径(m);
　　　$p_1, p_2$ —— 排、供气腔压力(MPa);
　　　$\eta_m$ —— 摆动缸的机械效率;
　　　$b$ —— 叶片轴向宽度(m)。

图2-25 单叶片摆动缸

② 耗气量 $Q$

输入压缩空气量

$$Q = \frac{\pi(D_2^2 - D_1^2)}{4\eta_v} \cdot n \cdot b \cdot 10^3 \quad \text{(l/min)} \tag{2-36}$$

式中　$\eta_v$ —— 摆动气动缸的容积效率;
　　　$n$ —— 每分钟叶片摆动次数。

③ 摆动角速度 $\omega$

$$\omega = 2\pi \frac{n}{60} \quad \text{(rad/s)} \tag{2-37}$$

由于

$$n = \frac{4Q\eta_v}{\pi(D_2^2 - D_1^2) \cdot b \cdot 10^3}$$

所以

$$\begin{aligned} \omega &= \frac{4Q\eta_v}{\pi(D_2^2 - D_1^2) b \cdot 10^3} \cdot \frac{2\pi}{60} \\ &= \frac{2Q\eta_v}{15(D_2^2 - D_1^2) b \cdot 10^3} \text{(rad/s)} \end{aligned} \tag{2-38}$$

由此可知,摆动角速度随输入流量减小而减小。

④ 摆动一次所需的时间

设摆角为 $\varphi$ 弧度,则摆动一次所需的时间为

$$t = \frac{\varphi}{\omega} \quad \text{(s)} \tag{2-39}$$

### 四、气缸的设计步骤

(1)根据工作任务对机构运动要求,选择气缸的结构形式及安装固定方式。

(2)根据工作机构对工作力的要求,确定活塞杆的推力或拉力的大小,选择气源供给压力,计算气缸直径和活塞杆直径。

(3)根据工作机构任务的要求,确定行程,活塞杆长度及缸筒长度。

(4)根据执行机构对活塞运动速度的要求,求出耗气量。

(5)根据工作压力选择气缸材质及工艺,并进行气缸的结构设计,计算缸筒壁厚尺寸,紧固螺栓尺寸,缓冲装置及各主要零部件尺寸。

(6)根据气源压力及工作速度要求,选择适当的密封装置。

(7)如选择标准缸,只需确定了类型,安装形式,输出力及行程之后,便可从有关厂家样本选取。

### 五、气缸使用的注意事项

(1)正常工作条件

环境温度在-5~50℃之间,工作压力在0.2~0.7MPa之间。当温度在零下时,应充分除水,以防水分结冻损坏元件。当温度过高时,密封的寿命会缩短。

(2)装配后要在高于工作压力情况下,进行耐压实验,检查漏气情况。

(3)装配前,所有密封元件的相对运动工作表面应涂以润滑剂,如不是无给油气动缸,应在气源进口处应安装油雾器。

(4)活塞杆不允许承受径向载荷及偏载,特殊情况也应使偏心力小于最大载荷的1/20为宜,安装位置应选择在接管及调节缓冲方便的地方。

(5)在行程中载荷经常变动时,应使用输出力充裕的气缸,并要附加缓冲装置。缓冲装置的适用范围如图2-26所示。

由图可知,当在活塞运动速度较高,载荷较大时,只使用内部缓冲,但在速度<0.05m/s时,基本上不需加缓冲。

(6)一般不使用满行程,特别是当活塞杆伸出时,不要使活塞与缸盖相碰,否则容易引起活塞杆和外部连接处的载荷集中。

(7)当缸的出力很大时,必须使缸体与台架保持刚性联结。

(8)使用净化的压缩空气,并掌握润滑油的给油原则,即使是无给油气缸给油也会延长寿命。

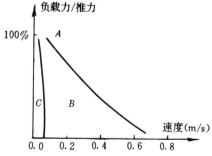

图2-26 缓冲装置的适用范围
A、在缸内设缓冲装置不能吸收冲击的范围。
B、在缸内设缓冲装置可以吸收冲击的范围
C、可不使用缓冲装置的范围

## §2-3 气动马达

气动马达和气缸同样,也是一种常用的执行机构。它是把压缩空气的压力能转换为机械能的能量转换装置。输出力矩驱动负载作旋转运动。气动马达与和它起同样作用的电动机相比,其特点是壳体轻,输送方便。又因其工作介质是空气,不必担心引起火灾。气动马达过载时能自动停转,而与供给压力保持平衡状态。气动马达转动后,阻力减小,这种阻力变化往往具有很大柔性。在矿山机械用的原动机以及旋紧螺帽用的气动工具等采用较多。

气动马达与液压马达相比,除有很多共同点外,也有不同点。

优点:
(1)可长时间满载工作,而温升较小。
(2)功率范围大,可实现几分之一马力到几十马力。
(3)转速范围大,可实现每分钟几转到上万转。
(4)工作安全可靠,适用于易燃、易爆场所,且不受高温及振动影响。
(5)具有较高的启动力矩,可直接带负载启动。
(6)加速性能好,出力惯性小,失速力矩一定。
(7)结构简单,容易实现正反转,维修性好,成本低。
(8)适用于变负载,变转速的场合。因过载能自动停转,所以不致于被破坏和烧毁。

缺点:
(1)难于控制稳定速度。
(2)耗气量大,效率低。

常用的气动马达有滑片式和活塞式两种,此外还有薄膜式气动马达。上述三种气动马达如图2-27所示。它们的特点和应用范围见表2-7。

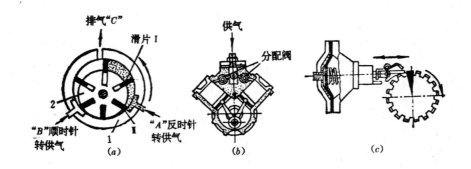

图2-27 气动马达
(a)滑片式 (b)活塞式 (c)薄膜式

表2-7 各种气动马达的特点及应用范围

| 型式 | 转矩 | 速度 | 功率 | 每马力耗气量 m³/min | 特点及应用范围 |
|---|---|---|---|---|---|
| 滑片式 | 低转矩 | 高速度 | 由零点几马力到18马力 | 小型1.3～1.7 大型0.7～1.0 | 制造简单、结构紧凑，但低速起动扭矩小，低速性能不好 适用于要求低或中功率的机械，如手提工具，复合工具传送带，升降机、泵、拖拉机等 |
| 活塞式 | 中高转矩 | 低速和中速 | 由零点几马力到25马力 | 小型：1.4～1.7 大型：0.7～1.0 | 在低速时，有较大的功率输出和较好的转矩特性。起动准确，且起动和停止特性均较叶片式好 适用载荷较大和要求低速转矩较高的机械。如手提工具、起重机、绞车、绞盘、拉管机等 |
| 薄膜式 | 高转矩 | 低速度 | 小于1马力 | 0.85～1.0 | 适用于控制要求很精确、起动转矩极高和速度低的机械 |

## 一、滑片式气动马达的工作原理

滑片式气动马达如图2-27(a)所示，叶片数目一般在3—10片，安装在一个偏心轴2的径向沟槽中，当压缩空气从 A 口进入定子腔后，会使转子带动滑片反时针旋转，转子周围径向分布的滑片由于偏心而受力不平衡，产生旋转力矩。当压缩空气经 A 口进气时，射向滑片 I 时，促使滑片带动转子按逆时针方向旋转，废气从排气口 C 排出，而定子1腔内的残余气体则经 B 口排除。如需改变马达旋转方向，则只需改变进，排气口即可。

马达的有效转矩和滑片伸出的面积与其供气压力成正比，滑片数愈多，输出转矩越均匀，压缩空气的内泄漏也越少，但却减少了有效的工作腔容积，所以滑片数应选择适当。为了增强密封性，在滑片马达起动时，滑片通常靠弹簧或压缩空气顶出，使其紧贴在定子1的内壁上。随着马达转动，滑片的转动速度增加，滑片依靠离心力紧贴在定子1的内壁上。单向滑片式气动马达其滑片安放应向前有一倾角，以防止卡死并保证良好的密封性。

## 二、滑片式气动马达的特性

图2-28是滑片式气动马达的特性曲线，此曲线是在一定工作压力下作出的。若压力变化，特性曲线也随着会有较大变化。当气压不变时，它的转速、转矩、功率均随外负载变化而变化，这种特性曲线最大特点是具有软特性。

当外加力矩为零（即空载）时，转速最大，以 $n_{max}$ 表示。此时马达输出的功率为零。

当外加阻抗转矩等于气动马达的最大转矩 $M_{max}$ 时，气动马达停转（ $n=0$ ），此时输出功率也等于零。

当外加阻抗转矩等气动马达最大转矩的一半（$\frac{1}{2}M_{max}$）时，其转速为 $\frac{1}{2}n_{max}$，此时功

率 $N$ 达到最大值 $N_{max}$，一般地说这就是所要求的气动马达的额定功率。

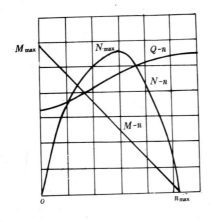
图2-28 滑片式马达特性曲线

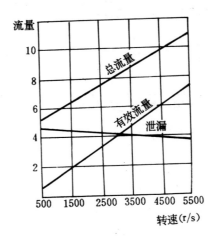
图2-29 转速与流量关系曲线

在没有泄漏的情况下，气动马达的转速与流量成正比，但实际上总是有泄漏，故速度势必受其影响。在供气压力一定时，转速愈大（即外加负载转矩愈大），流量愈小，进口压力损失愈小，滑片间工作腔压力较高，泄漏就大。因此低转速时的泄漏损失比高转速时更大些。如图2-29所示。

### 三、气动马达的示功图

气缸一般是作直线往复运动的执行元件，气动马达通常是作回转运动的执行元件。但它们的工作原理是相同的，都是将压缩空气的压力能转换成机械能的一种装置。下面研究气缸（或气动马达）的理论 $p$-$v$ 图，也称为示功图。

图2-30是气缸（或气动马达）的理论示功图。图中 $A$ 点是供气阀打开，压力为 $p_1$ 的压缩空气流入气缸，气缸开始运动。$B$ 点是活塞运动到行程中途供气阀关闭，切断了空气的来路，$B$ 点以后的行程是靠空气膨胀而使活塞前进的，以后压力逐渐下降到 $C$ 点压力 $p_2$ 与排气压力相同，此时排气阀打开排气，活塞又回到 $D$ 点（和 $A$ 点活塞位置相同）。当再给压缩气体时，压力上升到 $A$ 点，完成一个理论循环得出 $p$-$v$ 图上 $ABCDA$ 线图，活塞式气动马达每个气缸动作原理和单气缸动作原理相同。

在这个循环过程中，压缩空气所作的功由示功图得知：

$$\begin{aligned}W &= p_1 v_1 + \int_{v_1}^{v_2} p\mathrm{d}v - p_2 v_2 \\ &= 面积\ OABG + 面积\ BCFG - 面积\ DCFD \\ &= 面积\ ABCD\end{aligned} \qquad (2\text{-}40)$$

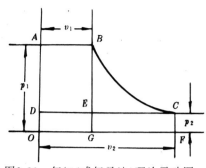
图2-30 气缸(或气马达)理论示功图

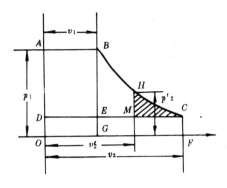
图2-31 气缸的理论 $p$-$v$ 图

$p$-$v$ 曲线中，$BC$ 段是由于气体膨胀而形成的，$BC$ 段大小随气体的膨胀过程不同而不同。

等温膨胀时，

$$W_{等温BC} = p_1 v_1 \ln \frac{p_1}{p_2} \tag{2-41}$$

绝热膨胀时，

$$W_{绝热BC} = p_1 v_1 \frac{k}{k-1}\left[1-\left(\frac{p_2}{p_1}\right)^{\frac{k-1}{k}}\right] \tag{2-42}$$

当 $k=1.4$ 时，

$$W_{绝热BC} = 3.5 p_1 v_1 \left[1-\left(\frac{p_2}{p_1}\right)^{0.286}\right] \tag{2-43}$$

以上叙述的是使压缩空气在缸内尽量膨胀把压缩空气的能量全部利用，这是我们所希望的。但行程变长，机器变大，变重，成本也相应提高，机械效率降低。从这些考虑，不应使缸内压缩空气尽量膨胀，而让其在 $BC$ 的途中，例如到达 $H$ 点时，就打开排气阀，令其排气，活塞回程。这样活塞的行程长度就缩短了。此时与示功图面积 $HCM$ 相当的这部分能量没有被利用(见图2-31)。

压缩空气在缸内作的功为

$$\begin{aligned} W &= p_1 v_1 + \int_{v_1}^{v_2} p dv - p_2 v_2 - \left[\int_{v_2'}^{v_2} p dv - p(v_2 - v_2')\right] \\ &= 面积\ ABCD - 面积\ HCM \\ &= 面积\ ABHMD \end{aligned} \tag{2-44}$$

虽然作功减少了，但活塞的行程长度缩短了。最极端的情况是一点也不利用压缩空气的膨胀能，无膨胀或者排气阀在行程中全开，曲线便没有膨胀段，此时压缩空气所作的功为

$$W = p_1 v_1 - p_2 v_2 = 面积\ ABED \tag{2-45}$$

说明在气缸容积一定时，膨胀比例小的作功多，因此，如图2-32所示那样，如果气缸容积 $v_2$ 一定。供气阀处于关闭的位置，从 $B$ 点移到 $S$ 点。排气阀打开时，排气压力比外界压力还高时就排掉了。这种情况表明作功虽然增加了，但耗气量也增大了。实际的气动马达

中,向气缸供气和排气是有阻力损失的,再加上摩擦副处的漏损及间隙容积的影响,马达的实际功率都会比前面讲的理论功率还要小。考虑其他的机械损失,输出功会更小。

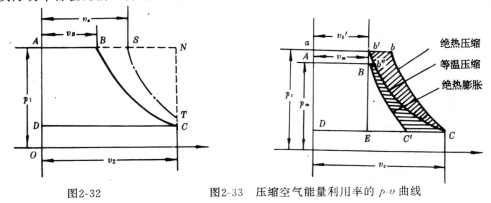

图2-32　　　　　图2-33　压缩空气能量利用率的 $p\text{-}v$ 曲线

### 四、压缩空气能量的利用率

压缩空气在气动系统中的流程是:空气压缩机→气罐→管路→控制阀→气动马达。在这一流程中,气体在不断地进行能量变换。在气动马达中,使用膨胀型的较多,但它不可避免的效率低。此外空气通过压缩机进行绝热加压,而在气动系统中又冷却到室温,一方面气体体积变小,再加上管路及元件阻力损失,压力也降低。下面用图2-33所示 $p\text{-}v$ 曲线进行说明。

在图2-33中,压缩机使空气绝热压缩,此时的理论功为:

$$W_c = \text{面积 } CbaD \tag{2-46}$$

再使其冷却,其体积是 $v_b'$,由于管路和元件的各项阻力损失,压力由 $b'$ 降到 $b''$ 成为 $p_m$ 流入气动马达。假定沿途漏损量为 $b''B$,其体积则变成 $v_m$。因此,若采用完全膨胀形气动马达其所作的功为:

$$W_m = \text{面积 } ABCD \tag{2-47}$$

若采用无膨胀型气动马达所作的功为

$$W_m = \text{面积 } ABED$$

从以上分析可知,气动机械有这样许多损失,效率不能太高。想提高它们的效率,即提高压缩空气的利用率仍是很困难的。

# 第三章 气动控制元件

气动控制元件是指在气动系统中,控制气流流动状态的各种元件,它们控制着气流的压力,流量和流动方向,是保证气动执行元件或机构按规定程序正常工作的各类控制阀。控制和调节压缩空气压力的元件称为压力控制阀,控制和调节压缩空气流量的元件称为流量控制阀。改变气体的流动方向和控制气流通断的元件称为方向控制阀。除上述三类控制阀外,还有无相对运动部件的射流元件和有内部可动部件逻辑元件,它们都是能实现一定逻辑功能的流体控制元件。

## §3-1 压力控制阀

气动与液压不同,液压是每套系统上大都装有能源装置(液压站),而在气动系统中则不然,通常都是统一建立空气压缩机站,输出压缩空气,供给多套气动装置使用。气动压力比液压压力低,其压力值波动也较大。经常是将压力气体存放在储气罐内,同时需要调压阀将储气罐内的压力气体调节到每套装置实际需要的压力,并保持该压力值的稳定。对于经常移动和不适合使用固定压缩空气源的气动设备,也有在单台设备上装设气源装置。

压力阀主要有如将储气罐内的压力气体减压到每套装置实际需要的压力的减压阀,有限制和保证储气罐和管道压力在某一定值上的溢流阀,有根据回路中压力变化控制执行元件顺序动作的顺序阀。

**一、调压阀**

调压阀是为了调整输出压力的阀,但经它调定后的输出压力值总是低于输入压力的,它实际上是起到了减压作用,所以也叫减压阀,调压阀有直动式和先导式两种。

1. 直动式调压阀

直动式调压阀是直接用手柄操纵调节调压弹簧来调整输出压力的。

直动式调压阀可分为:

①溢流式调压阀;

②恒量排气式调压阀;

③非溢流式调压阀。

(1)溢流式调压阀

溢流式调压阀的特点是在调压过程中经常从调压孔排出部分多余气体以维持气体压力在某一定值上。

直动式调压阀的工作原理如图3-1所示。

阀在工作状态时,压缩空气由左侧入口流入,经阀口11后再从阀出口流出。当顺时针旋转手柄1,压缩弹簧2椎动膜片5下移,膜片又推动阀杆7下移,使阀口11开度增大,输出气流增多压力上升。与此同时,输出气流经阻尼口6进入膜片室,膜片室内气体增多,压力上升,则作用在膜片下方的推力增加,推动膜片5向上运动,阀杆也跟着上升,使阀口11开度减小,流量减少,压力下降。当作用在膜片5下方的气体推力与膜片上方的弹簧力互相平衡时,调压阀便有一个新的调定压力输出,此时输出压力比顺时针旋转手柄前增高了。

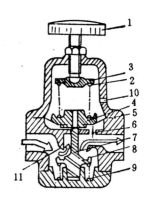

图3-1 直动式调压阀工作原理图    图3-2 调压阀阀座结构
1.调压手柄 2.调压弹簧 3.弹簧座
4.阀座 5.膜片 6.阻尼口 7.阀杆
8.阀芯 9.复位弹簧 10.排气孔

若输入压力发生波动时,如压力瞬时升高,输出压力也随之增高,作用在膜片下方的推力增大,破坏了原来平衡,膜片向上移,压缩调压弹簧2,复位弹簧9也推动阀芯8上移,使阀口11的开度减小,节流阻力增加,输出压力下降,直到达到新的平衡位置为止,反之输入压力瞬时下降,输出压力也随之下降,膜片5向下移动,阀口11开度增大,节流作用减小,输出压力回升,基本上维持在某一调定压力值上,这就是调压阀的调压原理。

若逆时针旋转手柄1,使弹簧2放松,膜片下方的推力大于弹簧的作用力,膜片上移,依靠复位弹簧9的作用,使阀口11开度减小,直至完全关闭,此时阀杆7顶端已于溢流阀座4脱离,从溢流孔溢流,使膜片腔内的压缩空气从排气孔10排出,从而实现输出压力下降或回零状态。

从上述可知,溢流式直动调压阀主要靠阀口处节流作用减压,根据作用在膜片上的力平衡和溢流口来维持调定输出压力,调定压力值是靠旋转手柄改变弹簧压缩量来设定的。

(2)恒量排气式调压阀

恒量排气式调压阀是靠不断排出多余空气,更准确地调整输出压力的一种装置,其结构与图3-1相比,仅在溢流阀座部分略有不同。或在溢流阀座上开有小孔(如图3-2(a)),或在溢流阀座与阀杆7配合的锥面上开有三条细沟,使输出侧的空气经常少量地排入大气,并依靠经常从输入侧通过阀门向输出侧补充一部分气体来维持调定压力,所以这种阀略呈开启状态。故有经常耗气的缺点,用于输出压力要求调节精度较高的场合。

(3)非溢流式调压阀

溢流式调压阀在使用过程中,常常从溢流孔排除少量气体,在工作介质为有毒气体的气路中,为防止大气污染,则应选用非溢流式调压阀,即在溢流中,调压阀的零件4是不带中心孔的阀座,即为非溢流式调压阀阀座,见图3-2(b)所示。

非溢流式调压阀要降低其输出压力,仅仅调整手柄是不行的,还必须在调压阀输出侧装设一个放气阀(见图3-3),把输出侧的部分气体放至指定处,这种阀只使用在工作介质为有害气体的回路中,如图3-3所示。

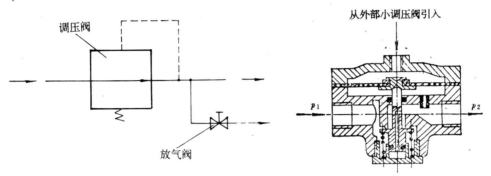

图3-3 有害气体放气回路　　　图3-4 外调先导式调压阀

2. 先导式调压阀

当调压阀的输出压力较高或者配管口径很大时,相应的膜片等尺寸增大,若仍用弹簧调压,弹簧刚度必定较大,当要求输出流量变化时,输出压力波动过大。因此,当配管口径在200mm以上,而调整压力在0.7MPa以上的调压阀时,一般宜采用先导式结构。

先导式调压阀工作原理和结构形式与直动式调压阀基本相同,所不同的是,先导式调压阀调压气体,一般由小型的直动式调压阀供给的。用调压气体代替调压弹簧,调整输出压力。

先导式调压阀分为内部先导和外部先导两种。

(1)内部先导式调压阀是将小型直动式调压阀装在主阀内部,来控制主调压阀输出压力气体。

(2)外部先导式调压阀其主阀没有弹簧。而作用在膜片上的力是靠主阀外面的另一小型直动式调压阀供给压缩气体来控制膜片上下移动,实现调整输出压力的目的,如图3-4所示。

此类阀通常运用于20mm以上通经,要求远距离(30m内)的调压场合。

3. 调压阀的基本性能

调压阀的基本特性主要是指调压范围、额定流量、流量特性和压力特性。

要求调压阀在比较宽的调压范围内都能保证输出压力的稳定精度。

(1)调压范围:指调压阀输出压力 $p_2$ 的可调范围。在此压力范围内,要求达到规定的调节精度,调压范围主要与调压弹簧的刚度有关。一般调压阀的调压范围分为四个类型,如表3-1所示。

表3-1 调压范围

| 类　别 | 压力范围 |
|---|---|
| 微压 | 0.0～0.01MPa |
| 低压 | 0.0～0.3MPa |
| 普通 | 0.0～0.7MPa |
| 高压 | 0.0～1.6MPa |

（2）额定流量：为限制气体流过调压阀所造成的压力损失过大，规定气体流过阀通道内的流速在15～25m/s范围内，计算各通径阀允许通过的流量，并对这些值规范化而得的流量值称其为额定流量，表3-2是不同通经阀的额定流量。

表3-2 QTY型调压阀的额定流量

| 型号 | QTY-8-S₁ | QTY-10-S₁ | QTY-15-Q₁ | QTY-20-S₁ | QTY-25-S₁ | QTY-40-S₁ |
|---|---|---|---|---|---|---|
| 接管通径(mm) | 8 | 10 | 15 | 2 | 25 | 40 |
| 额定流量(m³/n) | 5 | 7 | 10 | 20 | 30 | 70 |

（3）压力特性：压力特性是使流量保持为某一恒定值，由于输入压力的波动而引起输出压力的波动，压力特性表征了调压阀的输出压力波动情况。输出压力波动越小，调压阀的压力特性越好。理想的压力特性是不管输入压力怎样变化，输出压力 $p_2$ 应保持不变。实际上输出压力 $p_2$ 低于输入压 $p_1$ 为某定值时，输出压力才基本上不随输入压力变化而变化，压力特性曲线见图3-5所示。

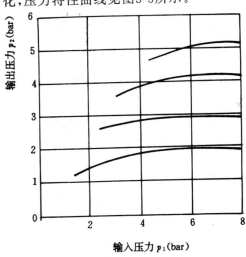

图3-5 压力特性曲线

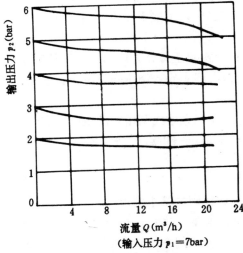

图3-6 流量特性曲线

（4）流量特性：流量特性是指输入压力 $p_1$ 为一定值，调压阀输出压力 $p_2$ 随输出流量变化的特性，调压阀性能的好坏，就要看当要求输出流量有变化时，所调定的输出压力 $p_2$ 是否在允许的范围内变化。要求输出流量由零变化到额定流量，输出压力 $p_2$ 随输出流量的波动最多不得大于0.05MPa，从图3-6所示，输出压力 $p_2$ 越低，它随输出流量的波动越

· 52 ·

小。流量特性和压力特性是调压阀的两个重要特性。它们是选择和使用调压阀的重要依据。

(5)调压阀的压力特性和流量特性分析：调压阀的结构直接影响调压阀的稳定精度。下面介绍两种溢流式调压阀的特性分析。

a)背压式调压阀的特性分析：图3-7是背压式调压阀的受力情况。背压式调压阀是指主阀底部与输入压力 $p_1$ 相通，当转动手柄1将弹簧压缩后，通过阀杆使阀门开启。此时，输入的压缩空气通过阀门经膜片下面流向输出侧，而输出压力从膜片下边通过弹簧座将弹簧顶起，使阀门关闭，阀门关闭后，输出压力的合力与当时的弹簧力相平衡，因此，最初弹簧压缩量越小，则输出压力越低。增大弹簧压缩量，可使输出压力增高。

在阀门关闭状态下，阀芯与阀座之间存在密封接触力 $F_M$，但阀门在即将打开的瞬间，密封接触应力消失，则作用在阀芯上的向上力和向下力分别为：

$$向下力 = F_1 + A_2 p_2$$

$$向上力 = A_1 p_2 + A_2 p_1 + F_2$$

式中　$F_1$ —— 调压弹簧预紧力；
　　　$F_2$ —— 复位弹簧预紧力；
　　　$A_1$ —— 膜片有效面积；
　　　$A_2$ —— 阀通口有效面积；
　　　$p_1$ —— 输入压力；
　　　$p_2$ —— 输出压力。

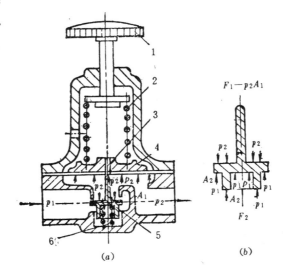

图3-7　背压式调压阀的受力分析
(a)动作原理 (b)受力分析：①旋钮 ②调压弹簧 ③弹簧座 ④膜片 ⑤阀芯 ⑥复位弹簧

根据力的平衡，当阀门将开启瞬时，有

$$向下力 = 向上力 \qquad F_1 + p_2 A_2 = A_1 p_2 + A_2 p_1 + F_2 \qquad (3-1)$$

若 $p_2$ 降低，因 $A_1 \gg A_2$ 向下力比向上力降低的值小，所以

$$F_1 + p_2 A_2 > A_1 p_2 + A_2 p_1 + F_2 \tag{3-2}$$

即 向下力＞向上力

阀门便开启,使调压弹簧伸长,复位弹簧被压缩,即 $F_1$ 减弱了,$F_2$ 增强,其增强程度取决于弹簧刚度。设 $c_1$ 是调压弹簧刚度,$c_2$ 是复位弹簧刚度,当 $p_2$ 下降至 $p_2'$ 时,阀口开度为 $\delta$,并达到新的平衡,则有,

$$(F - \delta c_1) + A_1 p_2' = A_1 p_2' + A_2 p_1 + (F_2 + \delta c_2) \tag{3-3}$$

从式(3-2)减去(3-3),得

$$\delta = \frac{(A_1 - A_2)(p_2 - p_2')}{c_1 + c_2} \tag{3-4}$$

式(3-4)说明,输力压力 $p_1$ 不变,若保持同样压力降,则弹簧刚度越小,阀门的开度就越大,即从输入侧流入更多的流量,表示阀的流量特性好。

若改变 $p_1$,如 $p_1$ 降至 $p_1'$,同样因向下力大于向上力而使阀门开启,空气流入输出侧,当压力 $p_2$ 上升至 $p_2''$,又使阀门重新关小,达到新的平衡,此时有

$$F_1 + A_2 p_2'' = A_1 p_2'' + A_2 p_2' + F_2 \tag{3-5}$$

用式(3-5)减去式(3-2)得,

$$\frac{p_2'' - p_2}{p_1 - p_1'} = \frac{1}{\frac{A_1}{A_2} - 1}$$

如设

$$x = \frac{A_1}{A_2}$$

则

$$\frac{p_2'' - p_2}{p_1 - p_1'} = \frac{1}{x - 1} \tag{3-6}$$

式(3-6)说明 $x$ 值越小,则等式右边值越大,输出压力的波动随输入压力的波动也越大,即阀的调压特性不好。为提高调压特性则要求 $x$ 值越大越好,即膜片的有效面积比阀的通口面积大得越多越好。然而,要保持调压范围不变,加大膜片的有效面积,则相应地调

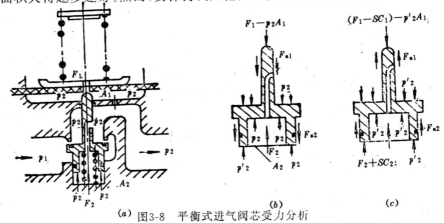

图3-8 平衡式进气阀芯受力分析
(a)动作原理 (b)阀口微开时的受力分析 (c)阀口大开时的受力分析

压弹簧刚度也要增大,这将导致流量特性的恶化,为解决此矛盾,可采用平衡式进气的调

压阀阀芯。

b)平衡式进气阀芯的特性分析:图3-8为平衡式进气阀芯受力分析图。

平衡式进气阀芯是指阀芯底部和阀板上部都承受输出压力 $p_2$,因两力互相平衡故称为平衡式进气阀芯。当阀门将关闭的瞬时,阀芯上移,建立力平衡方程式为

$$向下力 = F_1 + A_2 p_2 + F_{n1} + F_{n2}$$

$$向上力 = A_1 p_2 + A_2 p_2 + F_2$$

式中　$F_{n1}$——阀杆上O型密封圈产生的摩擦力;
　　　$F_{n2}$——阀芯上O型密封圈产生的摩擦力。

摩擦力是有方向的,它总是和运动方向相反,关闭过程是开启力,开启过程它是关闭力

此时力平衡式为

$$F_1 + F_{n1} + F_{n2} = A_1 p_2 + F_2 \tag{3-7}$$

式(3-7)和式(3-1)比较,发现式(3-7)中不包含 $p_1$ 和 $A_2$,这表示输入压力及阀通路有效面积与平衡无关。也就是说,即使改变输入压力,输出压力并不变化。这是平衡式阀芯结构调压阀的重要特性。

若输出压力 $p_2$ 降到 $p_2'$,则作用在阀芯上的向下力大于向上力,破坏原平衡,使阀门开启(阀芯下移)。调压弹簧伸长复位弹簧被压缩而达到新的平衡,设平衡时阀门开度为 $\delta$,则

$$向下力 = (F_1 - \delta c_1) + A_2 p_2'$$

$$向上力 = A_1 p_2' + F_{n1} + A_2 p_2' + F_{n2} + (F + \delta c_2)$$

于是

$$F_1 - \delta c_1 = A_1 p_2' + F_{n1} + F_{n2} + F_2 + \delta c_2 \tag{3-8}$$

将式(3-7)减去式(3-8)经整理后可得

$$\delta = \frac{(p_1 - p_2')A_1}{c_1 + c_2} - \frac{2(F_{n1} + F_{n2})}{c_1 + c_2} \tag{3-9}$$

比较式(3-4)与式(3-9)可知,相同的弹簧,使输出压力下降相同,式(3-9)右边的第一项大于式(3-4)右边值。由此可知,平衡式结构比背压式结构好,即阀门开度更大,流量特性更好些。但式(3-9)右边第二项却意味着阀门开度的减小。因而,要想改善平衡式结构的调压阀的流量特性,除减小弹簧刚度,加大膜片有效面积外,还要在保证密封性能的前提下,应尽量减小阀杆和阀芯上的O形密封圈所产生的摩擦力。

4.调压阀的选择和使用

(1)调压阀的选择应注意以下几点:

a)根据气动系统对调压精度的要求,选择各种型式的调压阀。

b)根据气动系统控制要求,如需远控应选择外接先导式调压阀。

c)确定阀的类型后,由所需最大输出流量选择阀的通径,决定阀的气源压力时,应使其大于最高输出压力0.1MPa。

d）根据系统调压幅度的需要，选择合适的调压阀。并要稍高于实际使用范围。

（2）调压阀的使用应注意以下几点：

a）调压阀安装方向应以便于操作为原则，并按输入和输出端标记接好管。

b）调压阀一般按装在分水滤气器之后，油雾器之前。

c）调压阀不用时，应使手柄松开旋钮回零，避免膜片长期受压变形，影响调压精度。

d）装配前，应把管道中的铁屑及杂物吹洗干净，以免影响阀的正常工作。

## 二、顺序阀

顺序阀是根据回路中气体压力的大小来控制各种执行机构按顺序动作的压力控制阀。顺序阀常与单向阀组装成一体，称为单向顺序阀，它是一种常用的顺序阀。

### 1.顺序阀的工作原理

图3-9是顺序阀和单向顺序阀的工作原理图，它们都是直接用弹簧来平衡压缩空气压力的压力控制阀，即靠调压弹簧压缩量来控制其开启压力的大小。

当压缩空气进入进气腔4作用在阀板3上，若此力小于弹簧2的压力时，阀处于关闭状态。而当作用于阀板上的力大于弹簧2的压力时，阀板被顶起，阀成为开启状态，压缩空气经4腔流入5腔由 $A$ 口流出。然后进入其它控制元件或执行元件。

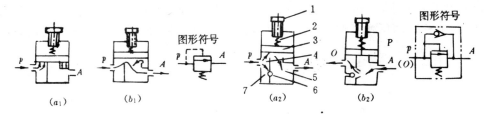

图3-9 顺序阀与单向顺序阀的工作原理

单向顺序阀的工作原理是：在阀开启状态时，单向阀关闭。切换气源时，由于腔4内压力迅速下降，顺序阀关闭，此时腔5内压力高于腔4内压力，当此压力差可以克服弹簧7的弹力时，单向阀开启，压缩空气由腔5经单向阀6流入腔4向外排出气体。

### 2.顺序阀的应用

（a）控制两个气缸顺序工作

图3-10为应用顺序阀控制两个气缸顺序动作原理图。压缩空气先进入气缸1，待建立

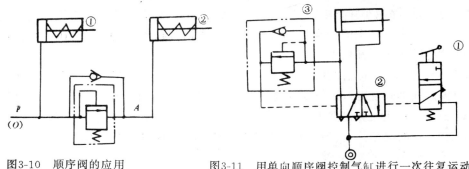

图3-10 顺序阀的应用　　　　图3-11 用单向顺序阀控制气缸进行一次往复运动

一定压力后,打开顺序阀,压缩空气才开始进入气缸2。切断气源,气缸2活塞返回时的气体经单向阀从排气孔 $O$ 排空。

(b)控制气缸自动进行一次往复运动

图3-11为应用顺序阀控制气缸自动进行一次往复运动工作原理图。手动阀1动作后,换向阀2换向,活塞杆伸出,待活塞杆左腔压力增高到某一定值时,单向顺序阀动作,输出压缩气体控制换向阀2换向,活塞回程,阀2换向后,其换向信号压缩气体径单向顺序阀中的单向阀和阀2的排气口排空。

实现气缸往复动作和多缸顺序动作可用机控行程阀代替单向顺序阀工作,但在有些不便安装机控行程阀的场合,应采用顺序阀控制。

3.单向顺序阀的结构

单向顺序阀的结构如图3-12所示,单向顺序阀内部通道口的开闭密封件是嵌有橡胶件的阀板,单向阀部分采用平垫软密封,密封性能好,调节手柄可改变顺序阀的开启压力。

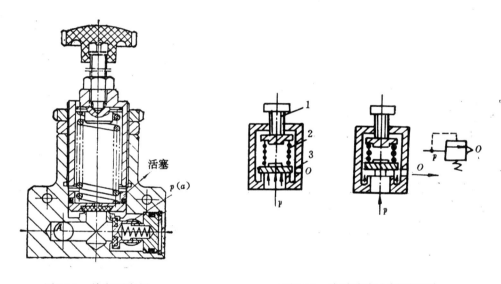

图3-12 单向顺序阀　　　　图3-13 直动式安全阀原理图

### 三、安全阀(溢流阀)

安全阀主要用在储气罐或气动回路中,在系统中起过压保护作用。

1.安全阀的原理和结构

安全阀也和调压阀一样有直动式和先导式两种,结构上有活塞式和膜片式两种。

(a)直动式安全阀

图3-13是直动式安全阀工作原理图。它由调压弹簧、调节机构、阀板及壳体等组成。

当旋动螺旋压缩调压弹簧时,阀板因受弹簧力 $F$ 的作用而向关闭阀门的方向运动,从进口流进的压缩空气作用在截面上,推动阀板向上运动,克服弹簧力,打开阀门,压缩空气由排气孔排出,实现溢流。阀门即将开启的瞬时,作用在阀板上的力平衡方程为:

$$F = p \cdot B \tag{3-10}$$

式中　$F$——弹簧在调定压力下的弹性力；
　　　$p$——阀门即将开启时的压缩空气压力；
　　　$B$——阀口通道的有效面积。

当气压进一步升高，使阀完全开启而进行溢流时，力平衡方程为
$$F + \delta c = p' A \tag{3-11}$$

式中　$\delta$——阀口开度；
　　　$c$——弹簧刚度；
　　　$p'$——阀开启后压力；
　　　$A$——阀开启后的有效面积。

在溢流的过程中，压力下降，阀门又重新关闭，当即将关闭的瞬间，$\delta$ 几乎为零，于是力平衡方程为
$$F = p'' A \tag{3-12}$$

式中　$p''$——阀门即将关闭时的压力。

安全阀的溢流特性是以压力 $p$、$p'$、$p''$ 来评价的，其中 $p' > p > p''$，一台安全阀的溢流特性好，是它们的差值小。联立式(3-10)和式(3-11)可得
$$\frac{p'}{p} = \frac{F + \delta c}{F} \cdot \frac{B}{A} \tag{3-13}$$

设在调定力下其弹簧力为 $F$，相应的弹簧压缩量为 $s$，则有
$$F = sc \tag{3-14}$$

成立。将其代入式(3-13)中得
$$\frac{p'}{p} = (1 + \frac{\delta}{s}) \frac{B}{A} \tag{3-15}$$

式中 $\frac{B}{A}$ 为阀固有值，$\frac{\delta}{s}$ 值随调定压力变化而变化，为提高溢流特性，希望 $p \approx p'$，即有
$$1 = \frac{B}{A}(1 + \frac{\delta}{s})$$

或
$$\frac{A - B}{B} = \frac{\delta}{s} \tag{3-16}$$

阀门即将开启力与阀门即将关闭力之比，可由式(3-10)和式(3-12)联立求得
$$\frac{p}{p''} = \frac{A}{B} \tag{3-17}$$

要使 $p''$ 值接近于 $p$，应使 $A/B \to 1$。由式(3-16)可知，要提高安全阀的溢流特性，一方面应减小调压弹簧刚度 $c$ 来增大调压弹簧压缩量 $s$，另一方应减小阀口开度 $\delta$。也就说应采用软弹簧长压缩量小开度的安全阀，其溢流特性好。

(b) 先导式安全阀

先导阀式安全阀如图3-14所示，安全阀的先导阀为调压阀，用它调整后的压缩空气导入阀内，以代替直动式弹簧控制安全阀，这种阀门的结构形式能在阀门开闭过程中，使控制压力保持不变，故阀的流量特性好，它适合应用于管道直径比较大及远距离控制的场合。

2. 安全阀的使用方法

安全阀能够维持回路系统压力值为常值,而当回路中压力超过设定值时,可使压缩空气溢流,降低回路中压力至设定压力。安全阀是保证储气罐安全储气不可缺少的控制元件。

图3-15为配有溢流阀的控制回路。在图3-15中,由于气缸行程长,运动速度快,如单靠减压阀的溢流孔排气的作用,难于保持缸的右腔压力恒定。为此在回路中装有溢流阀,并使减压阀的调定压力低于溢流阀的设定压力,缸的右腔在行程中由减压阀供给减压后的压力空气,左腔经换向阀排气。溢流阀在回路中配合减压阀控制缸内压力并保持恒定的作用。

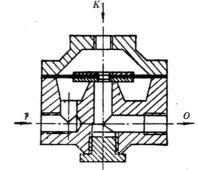

图3-14 先导式安全阀

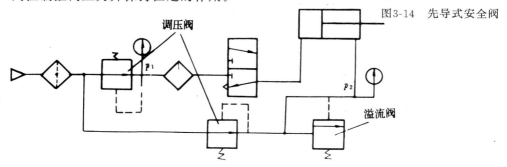

图3-15 配有溢流阀的控制回路

## §3—2 流量控制阀

流量控制阀是通过改变阀的流道面积来实现流量控制的元件。

当压缩空气在管道中流动时,改变流通面积来改变气体的流动阻力,气体流动状态发生变化(如流速、流量),把这种设在管道中具有阻力的机构称为节流机构,用来进行节流的阀称为节流阀。节流阀是流量控制阀中最常用的一种。

流量控制阀主要是控制流体的流量以达到改变执行机构运动速度的目的。

实现流量控制有固定节流控制和可调节流控制,一般节流阀都是可调的,只有固定节流孔才是不可调的。

节流阀要求的调节特性是,调节流量范围大,且阀芯的位移与通过流量成线性关系,调节精度高。

**一、节流阀的特性分析**

下面用锥阀来研究节流阀的特性,一般锥阀结构如图3-16所示。

设锥阀阀杆垂直移动为 $H$,则 $H = ns$,式中 $n$ 为阀杆转动圈数,$s$ 为阀杆上螺纹螺距,由三角关系得

$$\frac{L}{H} = \sin\alpha$$

或
$$L = H\sin\alpha$$

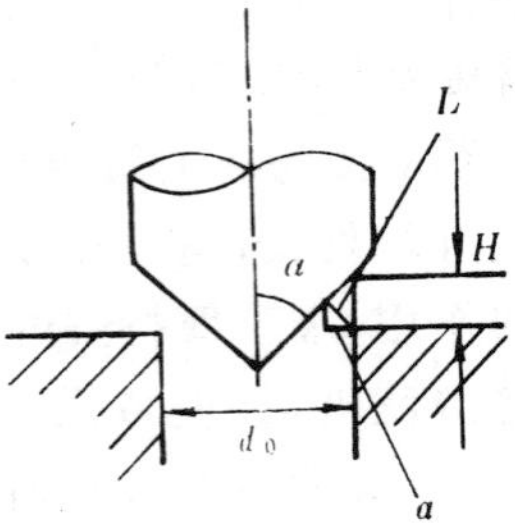

式中 $L$ —— 过流断面截锥的一条母线；
$\alpha$ —— 顶锥角之半角（一般令 $\alpha < 15°$）。

由于
$$a = L \cdot \cos\alpha = H\sin\alpha \cdot \cos\alpha$$
$$= n \cdot s\sin\alpha \cdot \cos\alpha$$

式中 $a$ —— $L$ 在水平方向上的投影长度，

且
$$d_{平均} = d_o - 2 \times \frac{a}{2} = d_o - H\sin\alpha \cdot \cos\alpha$$

式中 $d_{平均}$ —— 过流断面截锥的平均直径；
$d_o$ —— 阀座孔直径；

图3-16 锥阀过流断面

则
$$c_{平均} = \pi(d_o - H\sin\alpha \cdot \cos\alpha)$$

式中 $c_{平均}$ —— 过流断面平均直径处之周长；最后得过流断面积公式为

$$A = c_{平均} \cdot L = \pi(d_o - H\sin\alpha \cdot \cos\alpha) \cdot H\sin\alpha \tag{3-18}$$
$$= \pi H\sin\alpha(d_o - H\sin\alpha \cdot \cos\alpha)$$

或
$$A = \pi H\sin\alpha(d_o - H\sin\alpha \cdot \cos\alpha) \tag{3-19}$$

在工程上可把锥阀节流口当作一个薄壁小孔，则通过节流孔的气体流量和节流阀两端压差 $\Delta p$ 存在如下关系

$$Q = KA\sqrt{\Delta p} \tag{3-20}$$

式中 $K$ —— 与节流阀形状及流体性质有关的系数，通常由实验确定。

将式(3-19)代入式(3-20)中得

$$Q = Kns\pi\sin\alpha(d_o - ns\sin\alpha \cdot \cos\alpha)\sqrt{\Delta p} \tag{3-21}$$

式中 $\sin\alpha \cdot \cos\alpha = \frac{1}{2}\sin 2\alpha$，则有

$$Q = Kns\pi\sin\alpha\left(d_o - \frac{ns}{2}\sin 2\alpha\right)\sqrt{\Delta p} \tag{3-22}$$
$$= \left(kns\pi d_o\sin\alpha - \frac{k\pi n^2 s^2}{2}\sin\alpha \cdot \cos\alpha\right)\sqrt{\Delta p}$$

式(3-22)为计算锥阀的流量公式，改变螺杆旋转圈数 $n(H=ns, s=$ 常数$)$，$Q$ 随之变化实现控制流量的目的。

故可以改变调节杆旋转圈数 $n$，得出不同的输出流量值，图3-17为节流阀的流量特性。节流阀的流量特性表征了节流阀的灵敏度和线性度，它直接反映了节流阀的节流控制性能，一个好的节流阀，应该有较高的灵敏度和较好的线性度。由图3-17可知，节流阀开始调节时，其线性度和灵敏都很高，但当节流阀阀口开度超过某一定值后，其线性度和灵敏度都变差了。为了实现微量调节，在加工工艺上，要求将调节螺杆作成细牙螺纹，并要求锥阀与阀座之间的配合而要进行磨加工。

**二、单向节流阀**

单向节流阀是由单向阀和节流阀并联组合而成的组合式流量控制阀。

单向节流阀是最常用的节流阀之一,在气缸的速度控制上,经常使用它。

图3-18为单向节流阀的工作原理图。

当压力气体从 $p$ 口输入时,单向阀在弹簧和气体压力的作用下,处于关闭状态,气流只能通过节流通道自 $A$ 口输出。反之当压缩空气从 $A$ 口输入时,单向阀被打开,大部分气体从阻力较小、通道面积较大的单向阀中排出。

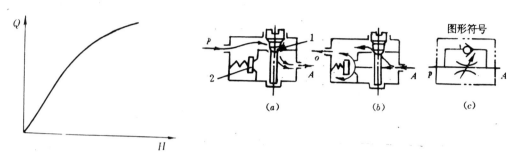

图3—17　节流阀流量特性　　　　　　　图3-18　单向节流阀原理图

由于它经常用在气缸的速度控制回路上,因而又称它为速度控制阀。图3-19为应用单向节流阀控制气缸运动速度的气动回路。在换向阀和气缸之间反向串联两个单向节流阀,阀①控制气缸活塞伸出速度,阀②控制气缸活塞回程速度。

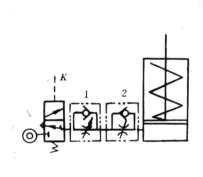
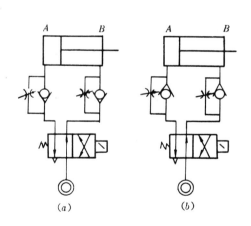

图3-19　气缸速度控制回路　　　　　　图3-20　双作用气缸的速度控制回路

在双作用气缸速度控制回路中,通常采用如图3-20所示的两种连接方式。

图3-20中($a$)为排气节流,($b$)为进气节流。

在排气节流的情况下,当换向阀左位工作气缸 $B$ 腔进入压缩空气,$A$ 腔接大气,但排气受到节流,控制气缸向左运动速度。换向阀右位工作,$A$ 腔进压缩空气,$B$ 腔接大气,排气时同样受到节流作用,控制气缸向右运动速度。

在进气节流的情况下,当换向阀右位工作,$A$ 腔进压缩空气,因被单向节流阀节流,$A$ 腔压力上升较慢,而 $B$ 腔气流通过单向阀快速排气,迅速降为大气压力。结果使活塞运动呈现不稳定状态,这样就不能形成速度控制。当 $A$ 腔压力升高推动活塞时,$B$ 腔的压力早已降为大气压力,这时活塞是在克服静摩擦阻力之后的惯性力作用下运动。随着活塞运动,A 腔容积增大,其压力下降,可能出现活塞停止运动,待压力升高后,活塞又开始运动,这种现象称为"爬行"现象。进气节流回路容易产生这种现象。因而,在速度控制回路中,通常采用排气节流方式,但由于摩擦阻力很大,输出力相对降低,也可能出现"爬行"现象。为提高速度控制性能,应尽量减小活塞摩擦阻力。

当外负载变化很大时,也不能用单向节流阀控制气缸的运动速度。这是因为外负载决定气缸的内部压力,而气缸的进排气路是固定的,为达到适应外负载变化的新平衡,只能依靠气体的膨胀和压缩来实现,这种现象叫气缸的"自走"现象。这是因为空气压缩性造成的。为避免"自走"现象的出现,可采用气液联合控制方案。

### 三、快速排气阀

当气缸或压力容器需短时间排气时,用换向阀,排气节流阀以及单向节流阀等都不能达到此目的,这时需要在换向阀和气缸间加上快速排气阀。这样气缸中的气体就不再通过换向阀而直接通过快速排气阀排气,加快气缸运动速度。尤其当换向阀距离气缸较远,在距气缸较近处设置快速排气阀,气缸内气体可迅速排入大气。

图3-21为应用快速排气阀加快气缸运动的回路,气缸往复排气都直接通过快速排气阀而不通过换向阀。

如需要气缸活塞以慢速度前进,快速度后退时,也可通过快速排气阀实现,图3-22为利用快速排气阀实现慢进快退的控制回路。这种控制回路常用于机械加工中。

图3-21　应用快速排气阀使气缸加速的回路 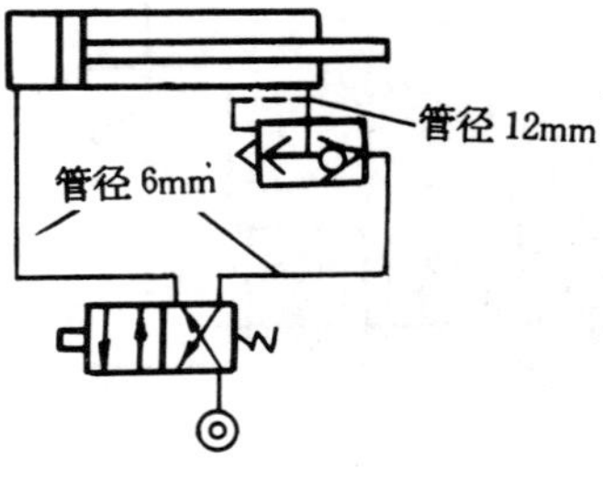　　图3-22　快速排气阀应用举例

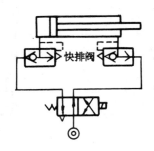

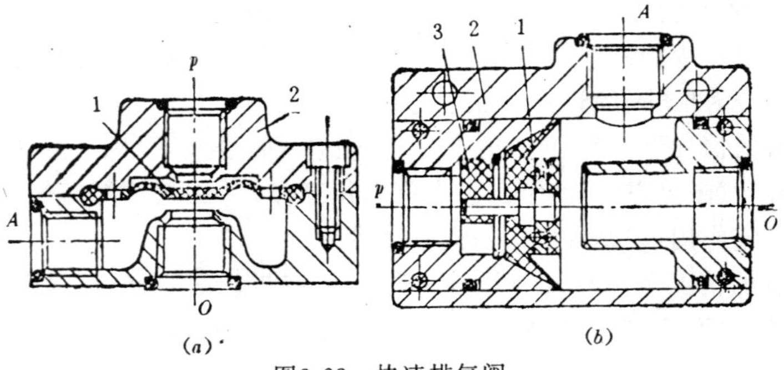

图3-23　快速排气阀

图3-23为快速排气阀的一种结构形式,当 $p$ 腔有压缩气体输入时,膜片1被压下,堵住排气口 $O$,气流经膜片1四周小孔流向 $A$ 腔。当 $p$ 腔排空时,$A$ 腔压力将膜片顶起,封死 $p$ 与 $A$ 通路,接通 $A$ 与 $O$ 通路,$A$ 腔气体可快速排掉。此种阀结构简单,适用于小型快速排气系统。

图3-24为快速排气阀工作原理图,图($a$)为 $p$ 腔进气,阀板向上运动,封住 $O$ 口,$p$ 与 $A$ 通,图($b$)是 $p$ 腔排空,在 $A$ 腔与 $p$ 腔压差作用下,阀板堵死 $p$ 口,$A$ 与 $O$ 口相道,实现快速排气。

排气条件是:

$$\frac{\pi}{4}(D^2-d^2) \cdot p^2 > \frac{\pi}{4}D^2 \cdot p_1 \quad (3-23)$$

快速排气阀安装时,应尽量靠近排气装置。衡量快速排气阀性能好坏的标准是切换排气阀的压差(快速排气阀入口和出口压差),一般需0.5bar,快速排气阀的动作压差大小是选择快速排气阀的重要依据。

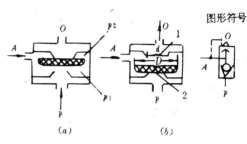

图3-24 快速排气阀工作原理
(a)P口进气P—A通 (b)A口排气A—O通

**四、使用流量控制阀时应注意事项**

用控制压缩气体流量的办法控制气缸及其气动执行机构的运动速度,比液压控制执行机构的运动速度要难得多,特别在低速运动中,想使执行机构在中途变速就更难实现。不过在使用过程中,注意以下几点就会达到满意的控制效果。

(1)严格防止管道中的漏损,因为漏损严重影响速度控制精度,特别在低速系统中这种影响更为严重。

(2)提高摩擦副表面光洁度和加工精度,以减小摩擦力。

(3)可借助液压或其他机械装置来补偿由于外负载变动而引起的速度变化。

(4)提高气动系统中的润滑性,保证各摩擦表面具有良好润滑,以利降低摩擦力,增强速度控制的稳定性。

(5)应充分注意流量控制阀的安装位置。使阀尽量靠近需要调速的执行机构。

## §3-3 方向控制阀

方向控制阀是用来控制管道内气流的通断和气流的流动方向。由于方向阀串联在管道中,因而它对气流的流动产生一定阻力。为减少能源损失和提高气动系统工作效率,在使用中要求换向阀的阻力尽量小,换向速度尽量快。也就是要求阀内通道面积等于或大于管道截面积,要求阀内可动部分重量轻,运动距离短。此外还要示操作容易,检查和维修方便。

### 一、方向控制阀的分类

方向控制阀的种类很多,用途很广,是控制阀中最重要的一种阀。对方向控制阀进行分类,有助于合理地选择它。

1. 按阀芯种类分类

按阀芯结构形式进行分类,可分成为:提动式、滑阀式、滑动式、膜片式等。

2. 按切换位置和通口数分类

按切换位置和通口数目分类可分成如二位四通阀,三位四通阀等。

阀的切换位置称为"位",在一个阀中有几个切换位置就称为"几"位,阀的每个切换位置具有几个接口(包括排气口)就称为"几通",对一个阀而言,每个切换位置的接口是相同的。

根据阀的切换位置和接口数目,便可叫出阀的名称。现将常用的二位阀和三位阀的图形符号列于表3-3中。

表3-3 二位和三位阀的图形符号

| 位数 \ 通口数 | 二通 | 三通 | 四通 | 五通 |
|---|---|---|---|---|
| 二位 | 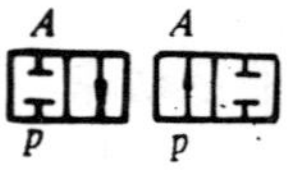 (图) | 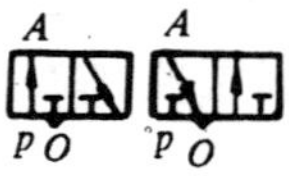 (图) |  (图) |  (图) |
| 三位 中间封闭型 | |  (图) |  (图) | 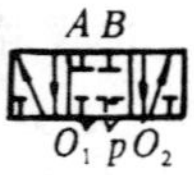 (图) |
| 三位 中间泄压型 | | |  (图) |  (图) |
| 三位 中间加压型 | | |  (图) |  (图) |

3. 按控制方式分类

按控制方式对方向阀进行分类可分成:气压控制、人工控制、机械控制和电磁控制四种。

### 二、换向阀的控制

下面对换向阀的控制方式进行简要说明。

1. 气压控制换向阀

气压控制有加压控制,泄压控制、差压控制等。

(1)加压控制

加压控制又可分为单气控和双气控两种。

(a)单气控制向阀

图3-25是单气控换向阀工作原理图,图中(a)为没有控制信号K时的状态,阀芯在弹簧与p腔气压作用下,p、A断开,A、O接通,阀处于排气状态,图中(b)为加压控制信号K存在时的状态,阀芯在加压控制信号K的作用下向下运动,使A、O断开,P、A接通,阀处于工作状态,输出压力气体。

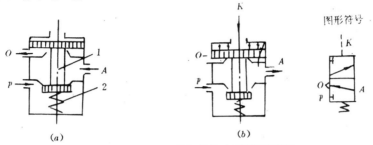

图3-25 单气控换向阀信号状态

(b)双气控换向阀

双气控换向阀两端都由气压信号控制,如图3-26所示。图中(a)为$K_1$信号存在、$K_2$

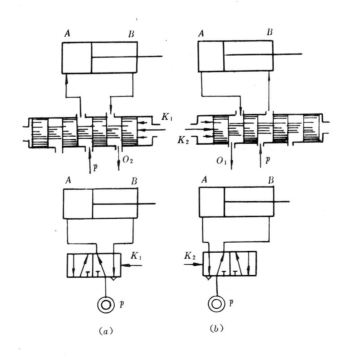

图3-26 双气控换向阀控制双作用气缸

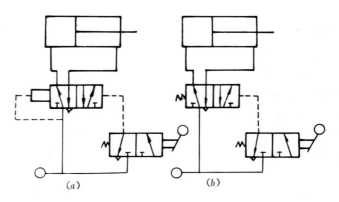

图3-27 差压阀与单气控弹簧复位阀应用回路

信号不存在时的状态,此时阀芯停在左位,压缩气体由 $p$ 口进入 $A$ 口流入气缸左腔,$B$ 口回气由 $O_2$ 口排出,活塞杆向右移动。(b)为 $K_2$ 信号存在,$K_1$ 信号不存在时的状态,此时阀芯停在右位,压缩空气由 $p$ 口进入 $B$ 口到气缸右腔,$A$ 口回气由 $O_1$ 排出。活塞杆向左运动。

(2) 泄压控制换向阀

泄压控制是指加在换向阀开闭控制件上的气压逐渐减弱,当控制信号气压降低到某一值时引起换向阀换向的一种控制方式。用这种方式控制的阀叫泄压控制阀,这种阀一般为双气控制阀。

(3) 差压控制换向阀

差压控制也是一种双气控换向阀,两端换向活塞面积不等,作用于小活塞端的信号与气源连通,当另一端不加控制信号时,阀芯始终靠向大活塞一端(见图3-27(a))。当大活塞端加上控制信号 $K$ 时,由于两端面积差,把阀芯推向小活塞端。一旦这个信号撤掉,阀芯又在小活塞端的气压作用下复位,所以这种阀都是两位阀。应用回路如图3-27所示。

差压式阀在气动回路中与弹簧复位单气控作用相同。图3-27(a)为差压控制阀的应用回路,(b)为弹簧复位单气控换向阀应用回路。

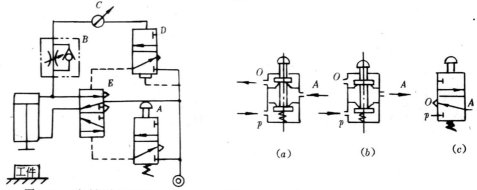

图3-28 延时阀应用回路

图3-29 二位三通手动换向阀动作原理图

(4) 延时控制阀

延时控制就是使某一信号延迟后,输入到气阀或逻辑元件,使被控制机构的某动作比另一动作滞后发生。延时时间有几分之一秒到几分钟。气压延时控制阀应用在不允许使用时间继电器的场合,例如易燃、易爆、粉尘大的场合。

图3-28为应用延时阀,实现压注机的控制回路。$A$为手动换向阀,$B$为单向节流阀,$C$为可变气容,$E$为二位五通双气控阀,$D$为差压阀。其中$B$、$C$、$D$阀组成延时控制阀。

按下手动控制阀$A$,气缸向下移动,压紧工件,工件受压时间长度,是靠$B$、$C$、$D$组成的延时阀来实现。

2、手动控制换向阀

手动控制换向阀是指阀的换向是由人工操作来实现的,和手动换向阀原理一致的还有脚踏方式的换向阀。

手动换向阀的主体部分与气控换向阀类似,而其操作方式可以是多种多样的,其中有按钮式,锁式,推拉式,长手柄式等。

图3-29为二位三通阀常断截止式手动控制换向阀的动作原理图。

当气源$p$进气后,在弹簧及气压作用下,进气阀门关闭,此时$A$与$O$口接通。当按下按钮时,上阀门被关闭,并打开进气阀门,接通$p$与$A$口,气体从$A$口输出。放手后,阀靠弹簧自动复位。

脚踏控制换向阀的工作原理与手动式完全一致。在有些场合,使用脚踏式更为方便,例如半自动气控冲床。由于两手需要装卸工件,利用脚踏式换向阀,可进一步提高工作效率。

3. 机械控制换向阀

机械控制换向阀又称为行程阀,主要用于行程程序控制系统中,常作为信号阀使用。机械控制换向阀是依靠和活塞杆连接在一起的机械凸轮或撞块,直接推动阀杆头部或滚轮,实现换向阀切换。

图3-30为直动滚轮式行程阀结构原理图,行程阀顶端加设一个滚轮,当活塞杆端的凸轮或撞块直接与滚轮接触地,滚轮把力传递给阀杆,完成阀换向。

图3-30是一个二位三通换向阀,当气源$p$供给压缩空气后,阀杆在弹簧和气压作用下,向上移动,关闭阀口,使$p$与$A$断路,$A$与$O$相通处于排气状态。当行程挡块撞上并压下滚轮后,阀杆压下,开启阀门并堵住$A$与$O$口通道,压缩气体由$p$口通过阀门从$A$口输出,发出气控信号。

行程阀在行程程序中,得到广泛的应用,图3-31为应用行程阀控制双作用气缸进行连续往复运动的回路。图3-31(a)中,当手动换向阀打开后,二位二通阀①给主控阀③加压力控制信号,使主控阀换向。压缩空气

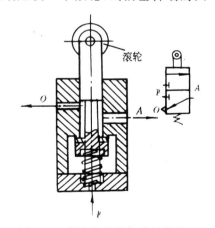

图3-30 带滚轮的滑柱式行程阀

通过主控阀进入气缸左腔,气缸活塞伸出。当撞块压下行程阀②时,主控阀③控制信号排空,弹簧复位,压缩空气通过主控阀进入气缸右腔,气缸活塞回程。如此下去,若手动阀不关闭,则气缸一直作往复运动。图3-31(b)是应用两个二位三通机控行程阀控制气缸往复

运动。在这个回路中,主控换向阀是双气控二位四通阀。

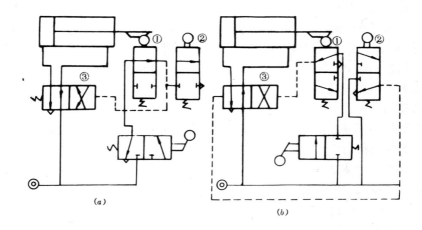

图3-31 双作用气缸连续往复运动

4. 电磁控制换向阀

电磁控制换向阀是依靠电信号,经电磁铁产生的电磁吸力来实现阀的切换,控制气流的流动方向。由于它适合应用于长距离遥控,因而在生产自动化领域中得到普遍应用。

电磁控制换向阀主要由电磁控制部分和换向阀两部分组成。电磁控制换向阀通常分为直动式和先导式两种。

(a) 直动式单控电磁换向阀

直动式单控电磁换向阀只有一端受电磁控制,而另一端是靠弹簧复位,其工作原理如图3-32所示。

图3-32(a)是电磁控制端的电磁铁不通电状态。此时,在弹簧的作用下,阀芯上移,切断 $p$、$A$ 通道,接通 $A$、$O$ 通道。即电磁铁断电时,$A$ 口无压缩空气输出,回路气体由 $O$ 口排出。图3-32(b)是电磁铁通电时,电磁力克服弹簧力推动阀芯向下移动,接通 $p$、$A$ 通道,切断 $A$、$O$ 通道,压缩气体由 $A$ 口输出。

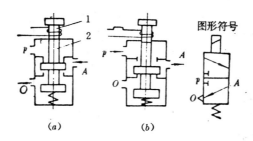

图3-32 单控电磁阀工作原理图

(b) 直动式双电控换向阀

直动式双电控换向阀是指换向阀的切换和复位都靠电磁力控制,在电磁阀中有两个电磁铁。

图3-33是直动式双电控换向阀工作原理图。图中(a)是1通电时,电磁1把滑阀3推向右端,此时 $p$、$A$ 口接通,压缩空气由 $A$ 口输出。工作口 $B$ 与回气口 $O_2$ 接通,$B$ 腔气体由 $O_2$ 口排出。图中(b)是电磁铁1断电,电磁铁2通电时的状态,电磁力把滑阀3推向左端,接通 $p$、$B$ 口,压缩空气由 $B$ 口输出到系统中,系统中的回程气体通过 $A$ 口与 $O_1$ 口排向大气。当两端都断电时,滑阀停留在原控制的位置上,所以可实现逻辑控制中的双稳程序控制。

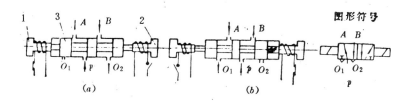

图3-33 双电控换向阀工作原理图

(2)先导式电磁控制换向阀

当电磁控制阀通径较大时,再用直动式必然要加大电磁控制部分的尺寸。为此可采用先导式电磁控制方式,借助气体压力控制通径较大的滑阀运动。

先导式电磁控制换向阀的先导级实际上是一个直动式电磁控制换向阀,以控制较小的气流,产生先导气体压力,再由此气体压力控制主阀阀芯换向。先导式电磁控制换向阀也可分为单电控和双电控两种。

(a)单电控先导式电磁换向阀

图3-34为单电控先导式电磁换向阀工作原理图。图中(a)为先导阀断电时状态。先导阀阀芯在弹簧作用下向上移动,切断 $p_1$、$A_1$ 通路,使 $A_1$ 腔与排气口 $O_1$ 连通。主阀芯在弹簧作用下靠向右端,$p$、$A$ 切断,$A$、$O$ 接通,$A$ 腔内气体由排气口 $O$ 排出。先导阀电磁铁通电,导阀芯在电磁力作用下向下移动,接通 $p_1$、$A_1$,$A_1$ 腔内进压力气体,推动主阀芯向左运动,$p$、$A$ 口接通,由 $A$ 口输出压缩气体。

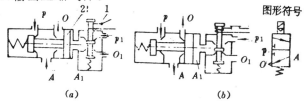

图3-34 单电控先导式电磁阀工作原理

(b)双控先导式电磁换向阀

图3-35是双控先导式电磁换向阀工作原理图。在图3-35(a)中,先导阀电磁铁1通电,2断电时的状态,导阀芯1下移,$p_1$ 和 $K_1$ 连通,滑阀3的阀芯右移,使 $A$、$p$ 连通,压缩气体由 $A$ 口输出,回程气体由 $B$ 口、$O_2$ 口排出。图3-35(b)为电磁铁1断电,2通电时的状态,导阀芯2向下移动,$p_2$ 和 $K_2$ 连通,推动滑阀3的阀芯左移,接通 $p$、$B$ 口,压缩气体由 $B$ 口输出。返程气体通过 $A$ 腔、$O_1$ 口排出。先导阀电磁铁断电,主滑阀仍保持原位,这种功能通常称为记忆性能,可用来作为双稳元件使用。

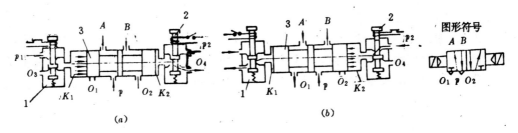

图3-35 双控先导式电磁换向阀工作原理

### 三、单向型控制阀

#### 1. 单向阀

单向阀是使气流只能朝一个方向流动,而不能反向流动的二位二通阀。单向阀常与节流阀组合,用来控制执行元件的速度。

工作原理图见图3-36,图中(a)为$A$向$p$流通时处于关闭状态,(b)为$p$向$A$流通时处于开启状态。

单向阀特性包括最低动作压力,关闭压降和流量特性等。因单向阀是在压缩空气作用下开启的,因此在阀内会产生压降。在阀开启时,必须满足最低开启压力,否则不能开启。即使阀处在全开状态也会产生压降,因此在精密的压力调节系统中使用单向阀时,需预先了解阀的开启压力和压降值。一般最低开启压力在$10^5 \times (0.1 \sim 0.4)$Pa,关闭压降在$10^5 \times (0.06 \sim 0.1)$Pa。

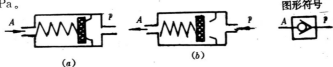

图3—36 单向阀工作原理

#### 2. 梭阀

在气动回路中,可应用梭阀实现两个通路$p_1$或$p_2$均可与通路$A$相通,而不允许$p_1$,$p_2$互相通气的功能。梭阀实际上相当于两个单向阀组合,其工作原理如图3-37所示。

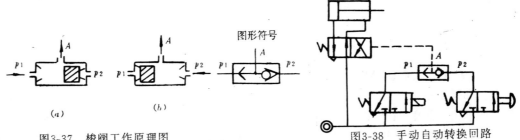

图3-37 梭阀工作原理图　　图3-38 手动自动转换回路

梭阀具有逻辑"或"门功能,在逻辑回路和程序控制回路中被广泛采用。此外,在手动—自动回路的转换上常应用梭阀,见图3-38。

因梭阀在换向过程中存在路路通过程,因此当某一接口进气量非常小的时候,阀的前后不能产生足以使阀正常换向的压力差,使阀不能完全换向而中途停止,造成阀动作失灵。所以在使用时应注意,不要在某一接口处采用变径接头,以免通路过小。

3. 双压阀

双压阀有两个输入口($A$、$B$)和一个输出口($C$)。只有当 $A$、$B$ 都有输入时,$C$ 才有输出,相当于逻辑"与"门元件。

双压阀的应用很广泛,图3-39是一个互锁回路的应用实例,它实际上是一个钻床控制回路,行程阀1为工件定位信号,行程阀2是夹紧工件信号,当两个信号同时存在时,双压阀3才有输出,使换向阀4换向,钻孔缸5进给,钻孔开始。

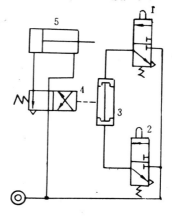

图3-39 双压阀应用回路

## §3-4 控制阀的选择和安装

### 一、控制阀的选择

1. 根据使用条件和环境要求,选择技术规格与其相适应的阀。其中包括工件条件,工作压力范围,环境温度,腐蚀情况,润滑条件,粉尘等。
2. 根据任务需要,选择阀的机理。
3. 根据执行元件需要的流量,选择通径及连结管径的尺寸。
4. 根据使用条件,选择阀的结构形式。
5. 尽量减少阀的种类并选择标准阀,通用阀。

### 二、控制阀的安装

1. 安装前应彻底清理管道内的粉尘及杂物。
2. 应注意阀的推荐安装位置和标明安装方向。
3. 接管时,在调压阀前应安装分水滤气器,在调压阀后安装油雾器。换向阀的各接管要准确。
4. 接管时要充分注意密封性,防止漏气,特别对速度控制阀的接管更应注意。

# 第四章 气源装置及气动辅助元件

压缩空气是气压传动与控制系统中的工作介质,是气动装置正常工作不可缺少的动力源。而压缩空气是由空气压缩机产生的。要想使气动系统理想地工作,还需对压缩空气进行净化、稳压及供给油雾等。

## §4-1 气源装置概述

### 一、对压缩空气的要求

1. 要求压缩空气具有一定的压力和足够的流量

因为压缩空气是气动装置的动力源,没有一定的压力不但不能保证执行机构产生足够的动力,甚至连控制机构也难以正确动作,没有足够的流量就无法保证执行机构动作速度和程序的要求。也就是说,压缩空气不具备一定的压力和足够的流量,气动装置的一切功能将无法实现。

2. 要求压缩空气有一定的清洁度和干燥度

清洁度是指气源中含有油污量、含灰尘杂质量及颗粒大小的程度,一般要控制在很低的范围内。一般的气动元件,例如气缸、膜片式气动元件、截止式气动元件都要求杂质颗粒平均直径小于$50\mu m$。气动马达,硬配滑阀要求杂质颗粒平均直径不大于$25\mu m$。气动仪表要求杂质颗粒小于$20\mu m$。射流元件要求杂质颗粒直径小于$10\mu m$。

干燥度是指压缩空气中含水分多少的程度。气动装置要求压缩空气的含水量越小越好。

如果不对气源质量提出要求,就会造成元件腐蚀、磨损、变形老化、堵塞管道,影响气动装置工作寿命和动作的准确性,甚至会使装置失灵产生故障。因此,为提高压缩空气的质量,气源装置应设置除油污、除尘、除水分、干燥等净化辅助设备。

### 二、压缩空气站的设备

1. 空气压缩机

空气压缩机是产生压缩空气的主机,它是将原动机的机械能转变成气体的压力能的一种能量转换装置,是气动系统的动力源。其安装台数根据用户的用气量而定。

2. 气源净化辅助设备

(1)空气过滤器:空气过滤器安装在空气压缩机第一级气缸进气阀入口处,用来减少进入压缩机中的含灰尘量。

(2)后冷却器:后冷却器安装在压缩机出口管道上,使压缩机出口处压缩气体温度由

140～170℃降低到40～50℃左右。使压缩气体中的水汽油雾汽凝结成水滴和油滴经油水分离器分离出来。

（3）油水分离器：油水分离器安装在后冷却器后面，用来分离出油滴、水滴、杂质等。

（4）储气罐：储气罐是辅助能源装置，用来稳定能源压力消除压力脉动，并可储存压缩气体，以备急需用。

（5）干燥器：它可吸收或排除压缩空气中的水分及油分，使湿空气变成干空气。

压缩空气站内设备布置示意图示于图4-1。

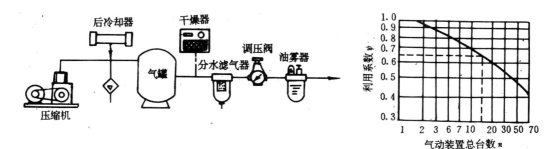

图4-1 压缩空气站内设备布置示意图　　图4-2 气动设备利用系数

除上述压缩机站内设备外，还应有下面一些设备：

(a)管道系统（管道、弯头、三通、接头等）。
(b)每台气动装置前应设小型油水分离器、调压阀、油雾器等。
(c)消声器、检测器、转换器等。

### 三、气动装置的耗气量及压气机站机组容量的选择

多数气动装置是断续工作的，而且其负荷波动性也较大，只有正确地确定空气消耗量，才能合理地选择压气机机组的容量。

下面计算一下压气机站应提供的压缩空气量。

对每台气动装置来讲，执行元件通常是断续工作的，因而所需的耗气量也是断续的，并且每个耗气元件的耗气量多少也不同，因此在供气系统中，把所有气动元件和装置在一定时间内的平均最大耗气量作为确定压气机站供气量的依据。

由于每台气动装置所需工作压力不同，计算用气量应有一个统一的压力标准。一般将不同压力下的压缩空气量转换为一个大气压力下的流量来计量，在大气压力下的空气称为自由空气。压缩空气与自由空气的体积流量之间的转换关系为

$$Q_z = Q_y \frac{p + 0.1013}{0.1013} \tag{4-1}$$

式中　$Q_z$ ——自由空气的体积流量（m³/min）；

　　　$Q_y$ ——压缩空气的体积流量（m³/min）；

　　　$p$ ——压缩空气的压力（MPa）。

也可简化成

$$Q_z = Q_y(p + 1) \tag{4-2}$$

如果单台气动设备需要的平均耗气量为 $Q_z$,则 $n$ 台气动装置同时工作耗气量应为

$$Q = \sum_{i=1}^{n} Q_{zi} \tag{4-3}$$

当一个压气机站带动多台气动装置时,往往不会同时耗气,有的设备还可能没有使用,因此要把同时工作时耗气量乘上一个系数 $\psi$,这个系数称为利用系数,利用系数的大小与 $n$ 有关,台数越多,则同时使用的情况越少,$\psi$ 值也越小。利用系数 $\psi$ 的选取可根据图4-2进行。

此外,还要考虑气缸和管接头等处的漏气,以及风动工具由于摩损产生的漏气,因此压缩机的供气量应增加15%～50%,用漏损系数 $K_1$ 表示,即 $K_1 = 1.15 \sim 1.5$。

再考虑可能会增加新的气动装置耗气,因此要使气量再增加20%～60%,用备用系数 $K_2$ 表示,即 $K_2 = 1.2 \sim 1.6$。

在有的情况下,如工作时间用气量的不平衡,为保证其最大用气量,应考虑不均匀系数 $K_3 = 1.2 \sim 1.4$。

总括以上压缩机站的供气量应为:

$$Q = \psi K_1 K_2 K_3 \sum_{i=1}^{n} Q_{zi} \tag{4-4}$$

如气动装置均为连续工作,且在工作时间用气量都是较平衡的,则供气量应为

$$Q = K_1 K_2 \sum_{i=1}^{n} Q_{zi}$$

## §4-2 空气净化设备

### 一、后冷却器

由于压缩机输出的压缩气体通常温度是较高的,在工作压力为0.8MPa的压缩机输出的气体的温度往往达到140～170℃,若将温度这样高的气体直接输入贮气罐及管路,会给气动装置带来很多害处。因为此时的压缩空气中含有的水、油均为汽态,成为易燃易爆的气源,并且它们的腐蚀作用很强,会损坏气动元件影响气动装置工作。因此必须在压缩机出口之后,安装后冷却器来吸收压缩空气中的热量,使压缩空气降温至40～50℃,促使压缩空气中的水汽,油汽大部分凝聚成水滴和油滴,以便通过油水分离器析出。

后冷却器的冷却方法通常是水冷法。用水冷式换热器进行冷却,推荐冷却水放出温度应比入口水温高10℃左右来计算散热面积,其结构型式有:列管式、蛇管式、套管式、散热片式和板式等。

热空气经过冷却器的冷却效果如示意图4-3所示。

列管式水冷却器,一般是水在管内流动,空气在管间流动,在管内流动的冷却水多次单程或双程流动,也可为三程或四程流动,而管间的压缩空气可以为自由流动,也可在管间配置隔板,使压缩空气呈多程的曲折前进,以增加和冷却水管接触的机会加大散热量。这种型式适用于低中压,大容量的压缩空气冷却。

蛇管式冷却器是压缩空气在管内流动,冷却水在管外流动,结构简单,检修及清洗方便,适用于排气量较小的任何压力范围,是目前压缩机站使用较多的一种。

套管式冷却器:压缩空气在内管中流动,冷却水在套管中流动,由于水的流通截面小,容易达到高速流动,有利于热变换,管间清洗也方便。但管材用量大,结构较笨重,因此主要应用于4-15 MPa的压力范围,而其排气量却在不大的范围内使用。

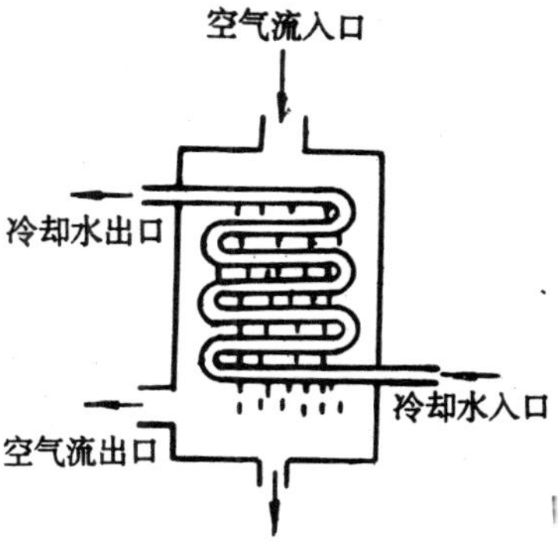

## 二、油水分离器及空气过滤器

油水分离的作用是分离压缩空气中的凝结的水分和油分等杂质,使压缩空气得到初步净化。其结构形式有:环形回转式、撞击并折回式、离心旋转式和水浴式等。

### 1.离心旋转式油水分离器

图4-4为离心旋转式油水分离器结构原理图。从输入口输入的压缩气体经旋风叶子1沿存水杯向下作螺旋回转,由于旋转产生离心力,把气体中质量较大的水滴和油污分离出来,并沉殿于存水杯底部。而当气体通过滤芯2时,又在过滤器作用下将气体中微粒污物及雾状水分滤下沿挡水板4流入存水杯。挡水板4可防止杯中的积水被气流卷起。当存水较多时,应打开底阀5放水。通过滤芯后的气体经输出口输出。这种油水分离器的效率取决于旋风叶子的形状及气流通过旋风叶子的流速以及滤芯的情况。一般分水效率大于75%,滤灰效率大于95%,这种分离器具有体积小、效率较高的特点,通常将其安装在气动系统的气源入口处,应用范围很广。

图4-3 冷却器的冷却效果示意图

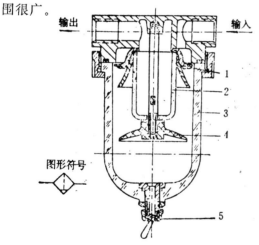

图4-4 离心旋转式油水分滤器
1—旋风叶子 2—滤芯 3—存水杯
4—挡水板 5—手动排水阀

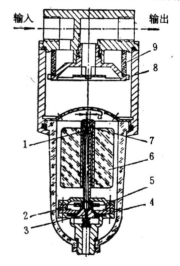

图4-5 自动排水式分水滤气器
1,3—节流孔 2—进水孔 4—排水阀
5,7—膜片 6—浮筒 8—旋风叶片 9—过滤片

### 2.自动排水式分水滤气器

图4-5为自动排水式分水滤气器,它可用于人工放水或观察水位不方便的场合。这种滤气器在存水杯中的水位升到一定高度时,能自动开启放水阀把污水排掉。

压缩气体经输入口进入,经过滤片9,旋风叶片8,而叶片上有很多切向缺口,迫使气体经过它时,按切线方向流动,从而发生了强烈旋转,这样气体中夹杂的杂质,水滴和油污,中心压套从输出口输出。当存水杯内积水达到一定水位高度时,浮筒6被托起,膜片7随着一起上移开启中心管节流孔1,压缩气体经节流孔1进入膜盒,由于孔1大于孔3,进气多于排气,使膜片5下移,克服弹簧力推动放水阀芯4下移打开放水阀,污水经放水孔排出杯外。

当水一开始排出,水位下降浮筒会随着下移,膜片7又重新封住节流孔1。这时膜片5上方的气体从节流孔3缓缓排出,使放水阀门关闭缓慢,到它完全关闭时水已排完。当污水再次使浮筒浮起时,它又按上述循环工作。

小孔3应经常保持畅通,否则一经排水后,排水阀便不能立即关闭,会出现分水滤气器排水孔漏气现象。为了防止小孔3被堵死,最好在该孔前面加一过滤片。

此种滤气器只能垂直安装,否则排出机构不能正常工作。

3.过滤器的性能

过滤器的性能主要是流量特性,水分分离能力,过滤精度及耐压强度等几项指标。

(1)流量特性

它是衡量滤器阻力大小的标准,表示在额定流量下输入压力与输出压力差的大小,这个压力差是滤器的阻力。在满足过滤精度的条件下,希望阻力越小越好,图4-6为15mm分水滤气器的流量特性曲线。

由曲线可知,在额定流量($10m^3/h$)下,输入压力为0.6MPa时,输出压力为0.595MPa,即压力损失为0.005MPa。

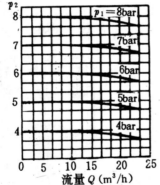

图4-6 分水滤气器的流量特性曲线

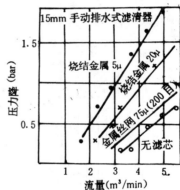

图4-7 过滤精度—流量阻力曲线

(2)分水效率

分水效率是衡量分水滤气器分离水分能力的指标,测量分水效率的方法是将一定比例的水加入气流中,通过分离器实测能够分离的水量。将分离出的水量与加入的水量的百分比称为分水效率。一般要求分水效率大于80%。

分水效率也可以用输入空气的相对湿度和输出相对湿度表示,即

$$\eta_{cs} = \frac{\varphi_1 - \varphi_2}{\varphi_1} 100\% \tag{4-5}$$

式中　$\eta_{cs}$——分水效率;

　　　$\varphi_1$——输入气体的相对湿度;

　　　$\varphi_2$——输出气体的相对湿度。

(3)过滤精度

(3) 过滤精度

过滤精度表示能够阻档灰尘最小颗粒的极限值。过滤精度的高低与滤芯的通气孔大小有直接关系。孔经越大,过滤精度越低。但阻力损失也低(即压力损失小)。这一点可用图4-7来说明。

(4) 滤灰效率

滤灰效率是指过滤器收集到杂质重量与进入过滤器杂质的总重量之比,即

$$\eta_{ch} = \frac{W_1}{W}$$

式中 $W_1$ —— 过滤器收集到的杂质重量;
$W$ —— 进入过滤器杂质的总重量;
$\eta_{ch}$ —— 滤灰效率。

### 三、干燥器

干燥器是吸收和排除压缩空气中的水分和部分油分与杂质,使湿空气变成干空气的装置。从压缩机输出的压缩空气经后冷却器,油水分离器,贮气罐的初步净化处理后已能满足一般气动装置对介质净化的要求。但因其中仍有一定的水分和少量油气等杂质,对要求高度干燥、洁净的气动装置(如气动仪表、射流装置等)还要经过干燥和过滤装置等进一步处理。

干燥器有潮解式,加热式,冷冻式和再生式干燥剂的干燥器等。图4-8所示为冷冻式干燥器。

冷冻式干燥器是使空气冷却到露点析出水滴后,再升高空气温度,使它以不饱和状态输送出去,所以输出端的空气如不冷却到低于这种干燥器的冷却温度就不会产生水滴。

湿空气首先进入空气热交换器1冷却,然后再进入空气制冷剂热交换器2,在这里使空气进一步冷却到接近2—5℃。通过这种冷却作用,使空气中含有的水分超过饱和点而析出,然后通过自动排水式滤清器3自动向外排出。再使经这样冷却后的空气进入空气热交换器加热而输送出去。在制冷剂回路中,制冷剂经压缩机7压缩而升高压力,通过冷凝器8冷却,使气态的制冷剂变成液态制冷剂,然后经过滤器9,制冷剂热交换器5冷却,用膨胀阀减压调整制冷剂压力,使制冷剂沸点下降到2—5℃,最后,气化冷却后的制冷剂进入空气制冷剂热交换器,冷却空气。

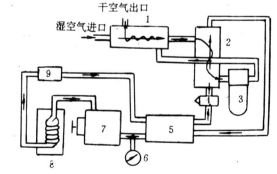

图4-8 冷冻式干燥器回路图
1—空气—空气热交换器 2—空气—制冷剂热交换器
3—自动排水式滤清器 4—膨胀阀
5—制冷剂—制冷剂热交换器 6—压力表
7—制冷剂压缩机 8—制冷剂冷凝器 9—过滤器

# §4-3 油雾器

气动系统中应用的各种气动元件,例如气阀、气缸、气马达等,其可动部分都需要润滑。若没有润滑剂润滑,就会摩擦力增大,密封圈很快被磨损,造成密封失效,使系统不能正常工作。然而以压缩气体为动力的气动元件都是密封气室,不能用一般方法去注油。只能以某种方法将润滑油混入气流中,带到需要润滑的地方。油雾器就是这样一种特殊的注油装置,它使润滑油雾化,变成油雾,随着气流进入到需要润滑的部件上,实现润滑。用这种方法加油,具有润滑均匀,稳定,耗油量少和无需大的贮油设备等特点。

**一、油雾器工作原理**

油雾器是利用压缩空气的流动,把润滑油输送到所需的地方。它先根据引射和雾化原理将润滑油进行雾化,再凭借压缩空气的流动,把雾化后的润滑油送到各摩擦副处。一般微小粒子油的直径约为 $1\sim 5\mu m$,微粒较大的迅速沉降,而较小的附着在机械的必要润滑部分,其颗粒直径和润滑特性有直接关系,为此必须选定适当的油雾器。

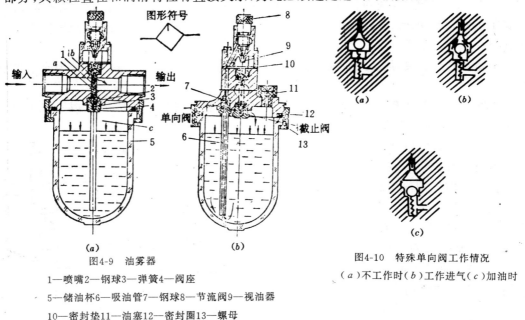

图4-9 油雾器
1—喷嘴 2—钢球 3—弹簧 4—阀座
5—储油杯 6—吸油管 7—钢球 8—节流阀 9—视油器
10—密封垫 11—油塞 12—密封圈 13—螺母

图4-10 特殊单向阀工作情况
(a)不工作时 (b)工作进气 (c)加油时

图4-9为油雾器结构原理图,压缩空气由输入口进入后,通过喷嘴1上正对着气流方向的小孔 $a$ 进入阀座4的腔内,阀座4与钢球2、弹簧3组成一个特殊的单向阀,此单向阀工作情况见图4-10。在压缩空气刚刚进入阀座4的最初一瞬间,钢球被压在阀座上,如图4-10(c),但此单向阀密封不严有所泄漏,压缩空气会漏入油杯5的上腔 $c$ 中,$c$ 腔处于密封状态,故 $c$ 腔压力逐渐上升,其结果使钢球处于中间位置,见图4-10(b),这样压缩空气即通过阀座4上的孔进入储油杯5的上腔 $c$,油面受压,使油经吸油管6将单向阀的钢球7顶起,钢球上部管口为一个边长小于钢球直径的四方孔,所以钢球不可能将上部管口封死,油能

不断经节流8的阀口流入视油器9,再滴入喷嘴1中,被主管道中的气流从小孔 $b$ 引射出来,雾化后从输出口输出。

用视油器9上部的节流阀8可调节滴油量,滴油量可在0～200滴/分内变化。

油雾器可在不停气状态加油。拧松油塞11,油杯中的压缩空气逐渐排空(由于油塞上所开半截小孔的作用),因 $c$ 腔已通大气,钢球2上下表面的压差增大,钢球2被压缩空气压在阀座上,见图4-10$c$,基本上切断了压缩空气进入 $c$ 腔的通路。又由于单向阀钢球7的作用,封住吸油管6,压缩空气也不会从吸油管6倒灌到储油杯中,所以即可在不停气状态下从油塞口加油。加油后,拧紧油塞,特殊单向阀又恢复工作状态(图4-10$b$),油雾器又重新工作。

### 二、油雾器的性能指标

**1. 流量特性**

流量特性也称为流量-压力特性,它是描述流量和压力降之间的关系。油雾器要求相对流动阻力越小越好。压力降是指在额定流量下输入压力与输出压力之差。图4-11为15mm油雾器的流量特性曲线。15mm的油雾器的额定流量为10m³/h,在此流量下,输入压力为0.5MPa,输出压力为0.49MPa,其压力降为0.01MPa。

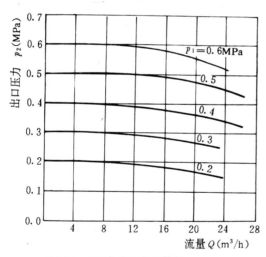

图4-11 油雾器的流量特性

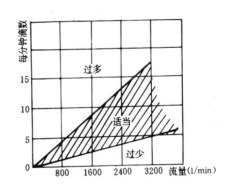

图4-12 油雾器标准给油量

**2. 喷雾特性**

流量特性好,说明流动阻力小,但如果油量不足,也还是达不到使用目的,把能供给油雾的流量范围叫喷雾特性。以油雾器喷出的油量5滴/分作为最低限度,并把这时的空气流量称之为最低工作流量。希望油雾器的流量特性好,且最小工作流量低说明喷雾特性好。图4-12为油雾器的标准给油量,可供参考。

**3. 反应速度**

一个理想的油雾器应该是空气一开始流动,便有油雾产生。而实际的油雾器是为空气开始流动时,先产生压差,而当压差超过输出油的阻力后,才使油喷出。也就是说,从空气开始流动到油雾喷出,是有一定的时间过程,希望这个时间越短越好。

4. 油雾粒度

油雾粒度大小是油雾器的一个重要性能指标。油雾粒度过大或过小,都会导致润滑或冷却效果下降。油雾粒径规定在试验压力0.5MPa,额定流量时输油量为30滴/分的情况下,其粒径不大于50μm。

5. 不停气加油的泄气特性

当不停气加油打开油塞后,还有少量气体从油塞口漏出,这个泄漏量的大小,表示油雾器的泄气特性。泄漏量太大,则不能在不停气状态下加油,泄漏太小,则在油塞拧紧后,油雾器起雾困难。泄漏量大小,主要和截止阀座的沟漕深浅和截止阀弹簧刚度有关。

### 三、油雾器的使用方法

使用油雾器的要求是:安装位置尽量靠近使用端,并且尺寸大小合适。

由于机器安装位置及地点不同,统一表示向气动系统供油量较困难,但一般考虑在空气量为10m³加入1ml油作为基础,而每滴油约为1/30ml。

安装位置原则上要求安装在分水滤气器和调压阀之后,在换向阀之前。和阀的距离应尽量短,而高度应和气动机器处在同一平面或在气动机器上方,这样润滑效果较好。

换向阀和油雾器距离一般应为5m以内,同时也应考虑管路粗细,转弯多少。有一点必须注意,油雾器绝不能安装在换向阀和气缸之间。这因为在换向阀和气缸间,气体压力是在工作压力和大气压力之间反复变化,这会造成油白白浪费的后果。

其次应注意油雾器的安装方向,反向安装,则油雾器不喷油,即使有油流出也不会产生雾化。

## §4-4 储气罐

储气罐主要用来调节气流,减少输出气流的压力脉动,使输出气流具有流量连续和气压稳定的性能。必要时,还可以作为应急气源使用。也能分离部分油污和水分。储气罐一般采用焊接结构,有立式和卧式两种。其中立式储气罐应用较多,它的高度为其直径的2—3倍,进气管在下,出气管在上,并尽可能加大进、出气管口之间的距离。以利于进一步分离空气中的油污和水分。贮气罐应装有安全阀,用于调节罐中压力,通常罐中压力为正常工作的1.1倍。气罐中压力通常用压力表显示。

储气罐的容积 $V_c$ 可按下述经验公式确定。

(1) 当已知空气压缩机的排气流量 $Q$ 时,则可根据压缩机排气量大小选择:

$$Q < 6(m^3/min) \text{ 时}, V_c = 0.2Q(m^3)$$

$$Q = 6 \sim 30(m^3/min) \text{ 时}, V_c = 0.15Q(m^3)$$

$$Q > 30(m^3/min) \text{ 时}, V_c = 0.1Q(m^3)$$

(2)当已知空气压缩机的吸气压力 $p_c$ 和排气压力 $p$ 及排气流量 $Q$ 时,则

$$V_c = Q \frac{p_c}{p_c + p} \quad (\text{m}^3)$$

储气罐的高度 $H$ 可由充气容积求得

$$H = \frac{4V_c}{\pi D^2} \quad (\text{m})$$

式中　$D$ —— 储气罐直径(m)。

为了简化压缩空气站的辅助设备,常将冷却器,油水分离器和储气罐作成一体。

## §4-5　消声器

在气动控制系统中,消声器是不可缺少的元件。由于换向阀等气动元件,排出的气体速度较高,在排向大气的过程中,高速压缩气体急速膨胀,引起气体振荡,产生强烈的排气噪声。噪声的强弱随排气速度,排气量和换向阀前后空气通道形状而变化。一般高达100dB。这种噪声严重恶化工作环境,危害人体健康,使工作效率大为降低。为保护工作人员的身体健康,提高工作效率,必须设法降低噪声。

降低气动系统的排气噪声最有效的办法是在换向阀排气口处安装消声器。消声器是通过加大阻尼、增大排气截面积等方法降低排气速度,达到降低噪声之目的。对气动元件上使用的消声器的要求是:

(a)消声效果好。

(b)排气阻力相对小,排气阻力的增加不会影响气动元件的性能,在长期使用后,阻力变化应很小。

(c)消声器容易清洗,使用性能不变。

(d)结构简单,不易损坏。

**一、消声器的种类**

气动系统中常用的消声器有下列几种:

1. 吸收型消声器

这种消声器是依靠吸音材料来消声的。吸音材料有粉末烧结材料、玻璃纤维、毛毡、泡沫塑料等,常把吸音材料贴附在管道内壁,或按一定方式排列在管道中,当声波沿管道传播时,一部分声波被吸收转化成热能,从而降低了噪声。这种消声器可降低气流噪声约20分贝。这种消声器结构简单,吸音材料孔眼不易堵塞,具有良好的消除中、高频噪声。很适合用来消除气动装置的排气噪声。

2. 膨胀干涉型消声器

这种消声器的直径比排气孔径大得多,气流在里面扩散,碰壁反射,互相干涉,减弱了噪声强度。最后经过非吸音材料制成的开孔较大的多孔外壳排入大气。这种型式的特点是排气阻力小,消声效果好,但结构不紧凑。主要用于消除中、低频噪声,尤其是低频噪声。

3. 膨胀干涉吸收型消声器

图4-13为膨胀干涉吸收型消声器,也叫混合型消声器。在消声器内表面敷设吸音材料,或者用聚苯乙烯或铜珠烧结而成。除由吸音材料吸音外,还使气流在里面膨胀和干涉。其工作原理是:在消声器入口处开了许多中心对称的斜孔,孔的大小和斜度是精心设计加工的。当气流进入消声器后,在输入口处被分成许多小的流束进入无障碍的扩张室,在那里气流被极大地减速,并且在碰壁后反射回消声器中心互相冲击、干涉而使噪声减弱。然后气流又经吸音材料的多孔侧壁排入大孔,噪声又一次被消弱。这种消声器的消声效果更好,低频时可降低20dB,高频时可降低40dB。

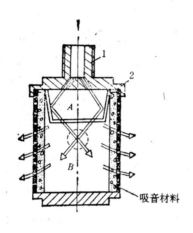

图4-13　膨胀干涉吸收型消声器　　　　　图4-14

## 二、消声效果及消声器的选择

### 1.消声效果

图4-14为消声效果曲线,曲线 $A$ 表示不使用消声器的噪声状态,曲线 $B$ 为噪声的允许界限,曲线 $C$ 表示使用消声器后的噪声状态。由图可知,未加消声器时,当频率超过300赫时,噪声就超允许值了。加了消声器后,噪声在整个频率范围内都低于允许值。

### 2.消声器的选择

使用消声器主要根据不同的口径来选取,吸收型消声器主要用在中、高频噪声场合,膨胀干涉型用在中、低频噪声场合,要求更高的应选择膨胀干涉吸收型消声器。而膨胀干涉和膨胀干涉吸收型消声器国内尚无定型产品,需要时需自行设计制造。

# 第五章 气动转换元件及比例控制

## §5-1 气动传感器

气动传感器的工作原理是根据流场的变化,即利用流场中流体流速和压力的改变,使传感器输出相应的变化信号。常用的气动传感器有背压式传感器和遮断式传感器两种。背压式传感器是利用喷嘴-挡板结构原理,描述流量和压力的变化规律。遮断式传感器是根据层流和紊流的不同流场情况,输出相应的不同压力信号。为了能适应更多的测量场合,配合计算装置,实现后续系统的各种要求。一般要求传感器应有足够的灵敏度、精确度和有较强的抗干扰能力。

### 一、喷嘴-挡板式气动传感器

图 5-1(a) 所示为气动测量系统中经常碰到的喷嘴-挡板式气动传感器原理图,它的特性可用图 5-1(b) 所示的曲线表示。

喷嘴-挡板式气动传感器是由固定节流孔、喷嘴、气室等主要部分组成,设:

$p_s$—气源压力;$p$—气室内压力,又称背压力;

$D$—喷嘴直径;$d$—固定节流孔直径;$x$—喷嘴与挡板间的距离。

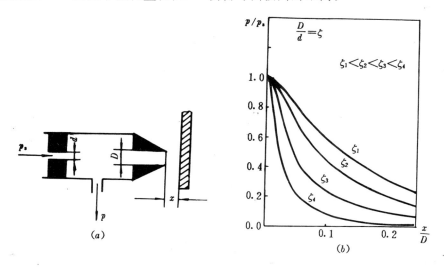

图 5-1 喷嘴-挡板式传感器及其特性曲线

气体经固定节流孔流入气室,再由喷嘴喷出。由喷嘴-挡板式传感器的特性曲线可知,若进入固定节流孔的气源压力 $p_s$ 保持不变,喷嘴与挡板之间距离 $x$ 由某一定值开始逐渐减小时,开始减小的某范围内,$x$ 的减小并不引起背压 $p$ 的明显变化,而当距离 $x$ 减小到某一数值时,背压 $p$ 开始发生了较明显的变化,继续减小 $x$,则 $p$ 迅速上升,一旦挡板完全靠上喷嘴($x = 0$)时,$p$ 值达到最大值,且等于供给压为 $p_s$。它们之间的关系可用下式描述。

$$\frac{p}{p_s} = \frac{1}{1 + \frac{16^2}{d^4}\frac{c_2}{c_1}x^2} \tag{5-1}$$

式中

$c_1$——固定节流孔流量系数;$c_2$——喷嘴-挡板间(可变节流口)的流量系数。

当气源压力 $p_s$,固定节流孔直径 $d$,喷嘴直径 $D$ 及流量系数 $c_1$,$c_2$ 为已知时,则式(5-1)描述了背压 $p$ 与喷嘴-挡板间距离 $x$ 的关系。

(1)当挡板完全靠上喷嘴时,此时 $x = 0$,$p$ 达到最大值($p = p_s$)。随距离 $x$ 的加大,背压 $p$ 逐渐下降,而当 $x$ 达到某一定值时,即流体流经喷嘴和挡板间的环状间隙的流通面积等于喷嘴内经面积时,再增大 $x$ 值已对 $p$ 影响不大,这时 $x$ 可按下式求出:

$$x = D/4 \tag{5-2}$$

(2)当 $D/d = \zeta$ 较大时,特性曲线较陡,灵敏度较高,而当 $\zeta$ 较小时,特性曲线较平坦,灵敏度较低。但当挡板全开时,即 $x \geq D/4$ 时,$p$ 值达不到零值,这是由于喷嘴对气流阻力作用所造成的。

(3)当流量系数 $c_1 = c_2$ 时,由式(5-1)可得当

$$x/D = 0.144(d/D)^2 \tag{5-3}$$

时,喷嘴-挡板式传感器具有最高的灵敏度,即在特性曲线上斜率最大,此时 $P = 0.75 p_s$。

由上述分析可知,喷嘴-挡板式传感器实际上是位移-压力转换元件,当改变喷嘴和挡板之间距离 $x$,可得变化的输出压力 $p$。在设计喷嘴-挡板传感器时,应根据灵敏度,耗气量,信号压力等要求适当加以选择。

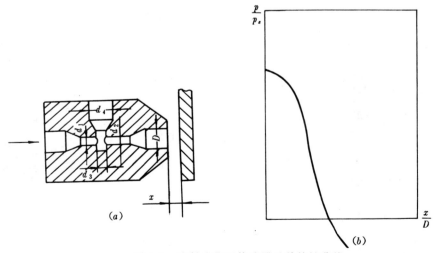

图 5-2 喷射式背压传感器及其特性曲线

在测量工件尺寸时,喷嘴-挡板传感器可作为背压探头,它对距离 $x$ 的变化极为敏感,其分辨率为 $0.1\mu m$,有效探测距离为喷嘴直径 $D$ 的 $1/4$。由于喷嘴-挡板传感器的特性曲线的线性度较差,当作为比例输出元件时,应取线性度较好的部分,即喷嘴-挡板传感器特性曲线的中间部分。

图 5-2(a) 为一种喷射式背压传感器,其结构特点是,直径为 $d_1$ 的节流孔之后有一段直径为 $d_2$($d_2 > d_1$)的同心孔道,当气流由 $d_1$ 经空腔射向 $d_2$ 孔再由喷嘴 $D$ 喷出时,由于空腔内气流的卷吸作用而产生负压,从而改善了其特性。这种传感器的特性曲线示于图 5-2(b) 上,其灵敏度和线性度较典型的喷嘴-挡板式传感器好,因此常用于位置和尺寸测量。

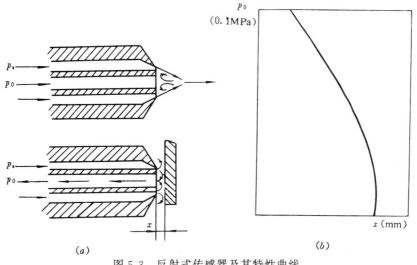

图 5-3 反射式传感器及其特性曲线

## 二、反射式传感器

反射式传感器基本结构如图 5-3 所示,其工作原理为:挡板(或被测对象)将气流反射到中间输管,根据反射回来的气压变化以判断被测对象的距离或存在。无挡板存在时,喷嘴出口处有低压旋涡区。挡板靠近时,气流被挡板反射回来,进入中间输出管输出。反射式传感器有多种形式,其测量距离较背压式传感器大,特性曲线的线性度也较好,抗干扰能力强。适当地选择其结构尺寸,可得到较好的开关特性,常用于数字输出。

## 三、动量交换式传感器

图 5-4 为用动量交换原理测量气体流速的方法。它由发射喷嘴和接收喷嘴组成。当由发射喷嘴喷射出来的紊流射流在没有外界气流干扰时,两个接收喷嘴所接受到的气流相等,此时,二者的压力差 $\triangle p = 0$,而当外界气流(被测气流)干扰时,使紊流射流发生偏转(如虚线所示),两个接收喷嘴产生了压差信号 $\triangle P$,干扰流速越大,其偏转越严重,偏差压力 $\triangle P$ 越大,用这种方法能测出其他方法无法测量的极慢的气流流动。

图 5-5 为利用这种动量交换原理测量运输带上各种物体的结构示意图。起控制作用

的被测射流装在运输带左侧,右侧同心装设发射喷嘴和接收喷嘴,发射射流与被测流的方向互为垂直,当被测射流不作用在发射射流上时,接收管道中压力最高,当有被测射流作用时,发射射流在其动量作用下发生偏移。接收管压力下降。压力下降值 $\triangle p$ 与两个射流的动量比 $M_c / M_s$ 有关,其中 $M_c$ 为被测射流动量, $M_s$ 为发射射流动量,分别与 $v_c^2$ 和 $v_s^2$ 成正比, $v_c, v_s$ 分别为被测射流和发射射流流速。

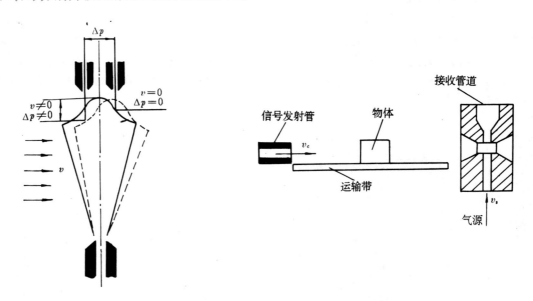

图 5-4 动量交换原理测量流速　　　　图 5-5 测量物体示意图

应用这种装置测量物体的存在时,应适当选取 $V_s$ 和 $V_c$ 使 $\triangle p$ 尽可能大,这样当物体挡住被测射流时,可以获得最大的信号输出。

### 四、遮断式传感器

遮断式传感器由发射管、接收管组成,主要用以测量物体的存在,其原理如图 5-6 所示。

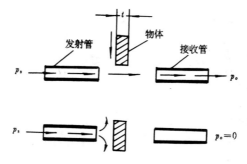

图 5-6 遮断式传感器

当发射管细长且内壁光滑,气源压力较低时,气流在管内流动状态为层流流动,并保持层流流动射出发射管。在其同心轴线上装有接收管,可接受到高压力的恢复气流。

层流流动在干扰的作用下,容易产生不稳定,因此,在进行物体测量时,具有很高的灵敏度,亦即很小的物体位置变化就能得到很大的输出压力变化信号。

物体厚度对遮断式传感器的特性有一定的影响,这是因为气流在较厚的物体上形成附壁现象,而较薄的物体就没有这种现象,气流易被板料截断。

发射管与接收管之间的距离越大越易受外界干扰(如噪声、振动等)而变成紊流。有时发射管和接收管距离较大时,气流经物体遮断后再离开也较难立即恢复为层流。因此用这种方法测量时,发射管与接受管之间距离不能太大。一般限在 20mm 之内。

遮断式传感器缺点是不能在有灰尘的环境中工作,以免灰尘进入接收管道、造成工作管道堵塞产生故障,因此防尘、防噪声干扰是这种传感器必须注意的问题。

图 5-7(a)为一种结合紊流和对冲放大器原理的压力测量装置,它可以防止灰尘污染。压力为 $p_s$ 的气流分成两路,一路通发射管直接进入空腔,形成层流流动,另一路经节流孔及文丘利管截面射入空腔,调节两股射流,使在靠近后一股射流的出口处产生相互冲击,此时文丘利管的后部有正压 $p_o$ 输出,灰尘不能进入接收管,当另一股控制射流(压力为 $p_c$)射向靠近发射管的层流流速时,层流即变成紊流,使原先在接收管口处建立的冲击面消失,输出压力下降。控制压力 $p_c$ 和输出压力 $p_o$ 之间的静态特性如图 5-7(b) 所示。

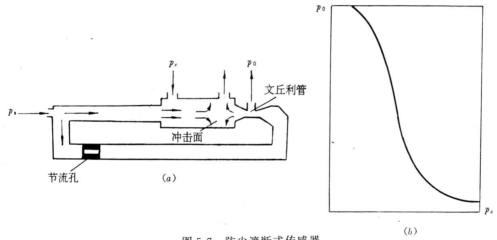

图 5-7 防尘遮断式传感器

为了增加遮断式探头的测量距离,可对准发射管的出口处装一控制射流通道,如图 5-8 所示。接收管输出压力的有无,要看物体是否挡住控制流束而定,而控制射流通道可离发射管相当远,测量距离可达 100～1000mm。当接收信号装置对噪声敏感时,应采取必要措施防止干扰。另外,由于控制射流要经过较长的距离,所以信号有一定的延迟。

钢厂酸洗塔内带钢跑偏控制的检测,采用了图 5-7 和图 5-8 相结合的装置,在酸雾条件下,连续测量带钢边缘位置取得了显著效果。其原理如图 5-9 所示。为得到带钢位置的比例输出信号,可安装若干这样的装置,并在接收管之后加入数/模转换,可实现连续测量。

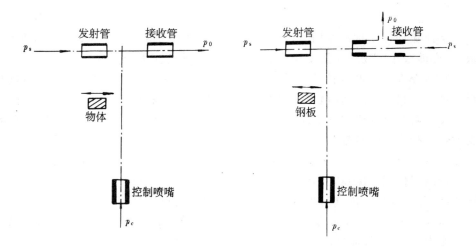

图 5-8 远距离测量传感器　　　　　　　图 5-9 酸雾下工作的传感器

### 五、超声波传感器

超声波传感器主要是由声波发射器和声波接收器两部分组成,它是一种利用声波触发的紊流放大器。图 5-10(a) 是超声波直接触发声波接收器,使原来为层流的气流变为紊流气流。图 5-10(b) 是超声波经反射后触发声波接收器。

超声波传感器的测量距离与气源压力有关,且和声波发射器及声波接收器的喇叭形状有关。声波接收器的输出压力也与气源压力有关,一般较弱,需经过放大后进入逻辑元件或气阀,其测量距离可达 5m。

声波发射器一般采用气流冲击尖劈一类的发声器。图 5-11(a) 是它的结构示意图,气源经过喷嘴形成射流冲击在尖劈上,在尖劈的两侧形成方向相反、间距一定的涡流返回喷嘴方向,使原为直线的射流产生横向波动。其频率决定于共振室的几何形状。共振室的长度为波长的一半,即 $\lambda/2$,射流方向与共振室垂直,尖劈有两个,对射流振动产生推挽作用。共振室的一端如被堵塞,可以增强单端发射声波的强度。

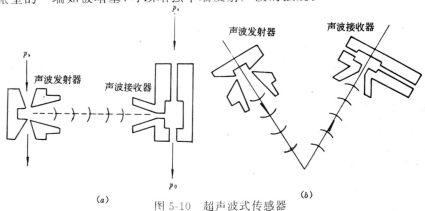

图 5-10 超声波式传感器

为了避免环境噪声对声波接收的干扰,声波接收器的敏感频率必须是环境噪声以外的一个很窄的频带,一般采用 $50kH_z$ 左右的声波接收频带。图 5-11(b) 是一种声波接收示意图,气源从输入孔进入,经细长管后形成一股抛物线形速度分布的层流附于相互作用室上壁,进入输出孔。在无干扰的情况下,输出压力较高。超声波经喇叭口输入后,和发射喷管与相互作用室之间的射流相遇,形成紊流,并大部分从排气孔排出,输出压力迅速下降。图 5-11(c)为接收器对超声波频率响应特性曲线。图中表明这一结构形式的声波接收器对频率响应是有选择的,一般在 50kHz 左右最为敏感。故要求声波发射器的输出频率应在 50kHz 左右。

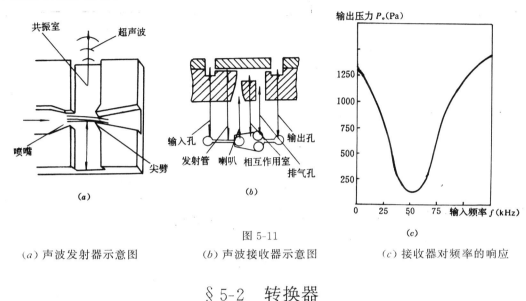

图 5-11

(a)声波发射器示意图　　(b)声波接收器示意图　　(c)接收器对频率的响应

## §5-2　转换器

### 一、气-电转换器

气-电转换器是利用气流信号来接通或关闭电路的控制元件,其功能是将气信号转换成电信号。气-电转换器的输入信号是气信号,输出信号是电信号。按照输入气流压力的大小可分成低压气-电转换器和高压气-电转换器两种。

1)低压气-电转换器

低压气-电转换器所接受的气压较低,一般小于 $0.1Mp_a$,它通常被应用于指示灯,显示气信号的存在,也可将输出的电信号通过功率放大后带动其他的控制元件或电执行机构。图 5-12 为它的结构原理图。低压气-电转换器是通过输入压力气体使膜片变形,断开或接通电触点实现气-电转换。

2)压力继电器

当需输入较高的气压信号($\geqslant 0.1Mp_a$)才能动作的气-电转换器称为高压气-电转换器,在系统中起信号的转换作用。图 5-13 所示为一种高压气-电转换器。当气信号输入后,膜片受压而变形,推动顶杆克服弹簧力向上运动,启动微动开关发出电信号。

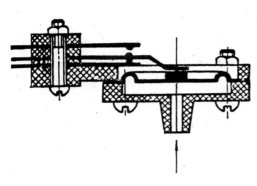 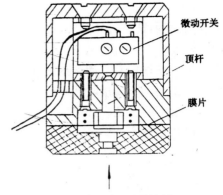

图 5-12　低压气-电转换器　　　　　　图 5-13　高压气-电转换器

压力继电器是一种信号压力可调的高压气-电转换器,在控制系统中,根据系统工作气压高于或低于预定压力值开闭电触点,输出相应电控信号,它不仅完成气-电信号的转换作用,还起到了继动控制作用。

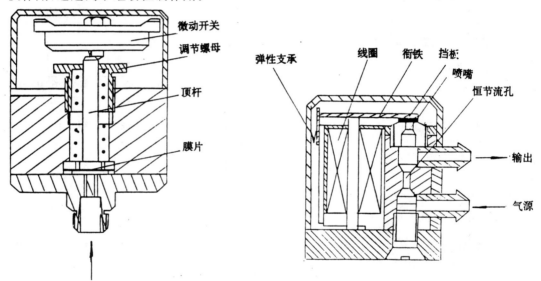

图 5-14　压力继电器　　　　　　　　　图 5-15　电-气转换器示意图

例如某焊机工作时,首先需用气缸夹紧工件,当气压建立并夹紧工件后,使电路接通进行焊接。此时压力继电器是担负感受气缸内气体压力并向控制电路发出电信号的任务。又如在两个电控气动回路中,要求一个回路压力达到某规定压力值时,另一个回路才能开始工作。这时可用继电器感受第一个回路的压力值并转换成电信号,控制另一个回路的电磁换向阀换向开始工作。另外压力继电器还可起安全保护作用。例如当系统气体压力由于某种原因突然降低时,如低于气动夹具工作压力时,压力继电器就会使回路立时断电,停止工作中的电机转动,保证安全。

图 5-14 为压力继电器工作原理图,其工作原理基本与高压气-电转换器相同,不同之点是 压力继电器带有可调螺帽,可调节使膜片动作的压力值。

压力继电器的基本结构可分为:

1)感受压力部分;

2)电触点部分；

3)压力调节部分。

感受压力部分通常采用膜片式结构和波纹管结构,膜片式结构简单,动作滞后小,但其位移也比较小。波纹管式受压变形位移大,但气容大,动作滞后也较大。

电触点部分一般采用微动开关,这是因为它的开关性能好,使用寿命长。

压力调节部分是靠调节螺帽调节弹簧预压缩量,实现气压信号的改变。

### 二、电-气转换器

与气-电转换器相反,电-气转换器是将电信号转换成气信号的装置。图 5-15 所示为一种电-气转换器结构示意图,它是由电磁铁和喷嘴-挡板机构组成。线圈不通电时,由于弹性支承作用,衔铁带动挡板离开喷嘴,气源来的气体由喷嘴排向大气。输出端无气体输出。当线圈通电时,衔铁吸合橡皮挡板靠上喷嘴,由气源来的气体从输出口输出,实现电-气转换。它的功能犹如一个小型的电磁阀。

## §5-3 气动放大器

### 一、膜片式气动放大器

图 5-16 为膜片气动放大器工作原理图,其工作原理是当气源进入放大器后,一部分气体进入 $F$ 室,另一部分气体经恒定节流孔进入 $C$ 室。当 $A$ 室无控制信号 $p_c$ 输入时,进入 $C$ 室的气体经喷嘴流入 $B$ 室再通过排气孔 $a$ 排向大气,在 $F$ 室内的气体压力作用下,截止阀关闭,输出口 $E$ 无气体输出。当控制信号 $p_c$ 输入 $A$ 室后,$A$,$B$ 室间的膜片在 $p_c$ 的作用下变形,堵住喷嘴,$C$ 室内气体不能排出,压力随之升高,达到一定压力值时推动 $C$ 室下的膜片,打开截止阀,接通 $p$ 与 $E$ 之间通道,高压气流从输出口 $E$ 输出。当控制信号压力 $p_c$ 消失后,截止阀关闭,输出口 $E$ 与排气口 $b$ 接通排气。

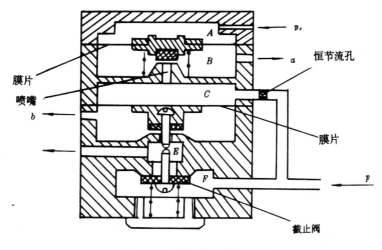

图 5-16 膜片式气动放大器

由上述工作原理分析可知,放大器实际上是一种微压控制阀,即用很小的压力气体作为输入控制信号,以获得压力较高,流量较大的气流输出。

图 5-16 所示的膜片式气动放大器是一个两级放大器,第一级是用膜片-喷嘴式进行压力放大,第二级是功率放大。控制信号为 0.006~0.016bar,输出压力可达 6~8bar。

膜片式气动放大器由于没有摩擦部件和相对机械滑动部分,因此它有较高的灵敏度和较长的使用寿命。但其恒定节流孔小,工作中易被堵塞而失灵。

## 二、滑柱式气动放大器

图 5-17 是滑柱式双控双向气动放大器结构原理图,它由膜片-喷嘴式放大器、二位五通滑阀构成。这种气动放大器可以看成是一个微压控制的二位五通气动控制阀。它的工作原理简述如下:压力气体由气源输入后分成两路,一路直接输出,另一路经导气孔 6 进入滑柱中心通道,再经滑柱两端固定节流孔 2,3 进入 $a$ 腔和 $b$。无控制信号时,$a$,$b$ 腔内的气体分别由喷嘴 1,4 喷出经排气孔排出。有控制信号 $p_c$ 假定作用于左端时,左端的膜片-喷嘴式放大器工作,$a$ 室内的气体压力升高,推动滑柱向右移动,B 口有压力气体输出,A 口接通 $O_1$ 口排气。左端控制信号消失,$a$ 室内压力恢复原来的压力并和 $b$ 腔内的压力相等,滑柱保持不动。当右端有控制信号 $p_c$ 作用时,滑柱被推向左端,输出换向。

如果将上述滑柱式双向气动放大器中的膜片-喷嘴部分换成弹簧,就变成为弹簧复位的单控双向气动放大器。

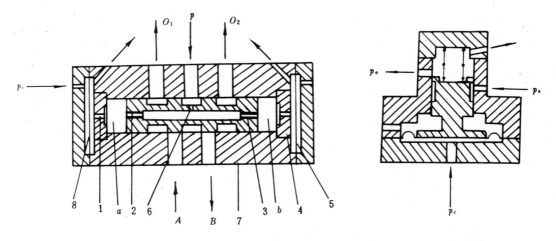

图 5-17 滑柱式气动放大器
1,4-喷嘴　　2,3-固定节流孔　　5,8-膜片
6-导气孔　　7-阀体

图 5-18 膜片-滑阀式气动放大器
结构原理图

滑柱式放大器的主要特点是输出流量大,一个放大器就能控制一个双向作用气动缸,并且有较高的动作频率,是气动系统中比较理想的放大器。其缺点是要求制造精度高,阀体内孔与滑柱需要研配,对气源净化也要求高。但只要合理使用,其工作是可靠的。

## 三、膜片-滑阀式放大器

图 5-18 为膜片-滑阀式气动放大器结构原理图,在无控制信号 $p_c$ 输入时,滑阀在弹簧

力及自重的作用下,使输出口 $p_0$ 与排气孔相通,放大器无输出。当有控制信号 $p_c$ 输入时,膜片在控制信号压力 $p_c$ 的作用下,克服弹簧力、摩擦力及自重,使阀芯向上移动,关闭输出口 $p_0$ 与排气口之间的通道,接通气源与输出口的通道,放大器输出压力气体。它的放大倍数可由气源压力 $p_s$ 与控制信号压力 $p_c$ 来计算,而 $p_c$ 由下式求得:

$$p_c = F/A$$

式中

$F$ —— 作用在滑阀上且与 $p_c$ 方向相反的力;

$A$ —— 膜片有效面积。

由于采用上述结构,控制信号 $p_c$,只需克服弹簧力、摩擦力及滑阀阀芯的自重,因此可获得相当大的放大倍数。

### 四、膜片式比例放大器

图 5-19（$a$）所示的为膜片式比例放大器,其工作原理是用输入信号压力 $p_c$ 来调节控制喷嘴与挡板间距离,实现比例放大的目的。

当控制信号进入 $B$ 室后,膜片 3 受压下移使挡板靠近喷嘴 1,输出压力 $p_0$ 上升,当 $p_c$ 下降时,弹簧 2 和控制压力 $p_c$ 的相互作用下,使挡板离开喷嘴,输出压力 $p_0$ 相应地减少。调节螺钉 6 可改变输出压力 $p_0$ 的初始值。

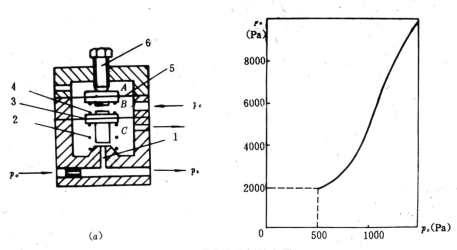

图 5-19 膜片式比例放大器

1-喷嘴　2,4-弹簧　3,5-膜片　6-螺钉

这种放大器的放大倍数决定于膜片的有效面积和弹簧刚度,膜片的有效面积减小,弹簧刚度越小其放大倍数越大。它的输出压力 $p_0$ 与控制压力 $p_c$ 的关系如图 5-19（$b$）所示。这种放大器的特点结构简单,放大倍数高,但线性度较差,抗干扰能力也较差。

### 五、对冲式放大器

1. 差压对冲式放大器

图 5-20(a)为差压对冲式放大器工作原理图,它是利用射流对冲原理实现比例放大。其工作原理简述如下:压力为 $p_1$ 和 $p_2$ 两股射流分别由喷嘴 A 及 C 射出,在气室内靠近 B 孔的附近互相冲击,形成冲击面辐射流场,冲击面产生的位置和向外辐射的强度取决于两股射流 $p_1$ 和 $p_2$ 之间的压差。当 $p_2$ 固定,增大 $p_1$ 时,冲击面将向 B 孔方向移动,汇集在右边气室内的气体压力上升,输出压力 $p_0$ 增大。其特性曲线如图 5-20(b)所示。

差压对冲式放大器适用于 $p_1$ 和 $p_2$ 间微小差压的放大,其线性度好,且无滞后,是气动传感器和测量系统之间一种较好的放大器。

2. 等冲式放大器

图 5-21(a)为等冲式放大器结构原理图,图中有两个由同一气源供气的插孔 $A_1$,$A_2$,两个层流发射孔 $l_1$,$l_2$,两个排空槽 $F_1$,$F_2$,A 为接收屏,F 为输出通道,E 为控制通道。

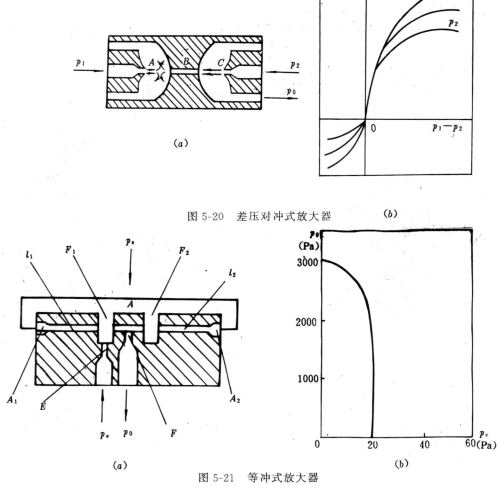

图 5-20 差压对冲式放大器

图 5-21 等冲式放大器

当放大器的控制信号压力为零时,由 $l_1$,$l_2$ 射出的层流流束因动量相等,冲击面处在中间位置而汇合于接收屏 A 的空腔中,经输出通道 F 流向负载,成为输出。由于左右两发射管射流出口至接收屏 A 的距离只有发射直径的 8～18 倍,因而,流束进入接收屏 A 之前,几乎没有散射现象产生,放大器有较高的压力恢复和流量恢复的能力。当进入控制通道 E 有一微小控制信号时,由于控制信号侧向冲击左端层流流束,使这股射流在其下游靠近接收屏 A 处出现散射现象,动量密度减小,造成两股射流的冲击面向左移动到接收屏 A 外的自由空间(或部分移到自由空间),输出通道的压力 $p_0$ 立时迅速下降,此时输出压力消失。

这种等冲放大器的静态特性和图 5-21(b) 所示。当供气压力 $p_s=0.005$ MPa 时,输出压力可达到 $p_0=0.003$ MPa,输入控制信号压力 $p_c=0.00002$ MPa 时,输出压力 $p_0$ 即降为零。

## §5-4 气动变送器

气动变送器的作用是将测得的各种物理参数精确地变换成气动仪表的标准气压信号后,送到显示仪表或调节装置中。它在调节系统中能连续测量各种参数,如压差、流量、温度等物理参数,其测量精度可达 1.0 级(1%),在气动测量系统中被广泛应用。

### 一、差压变送器

1. 工作原理

图 5-22 是差压变送器工作原理图。差压变送器的工作原理是根据力矩平衡原理工作的,即利用由变送器所感受的压差变化所产生的力矩与波纹管所产生的反馈力矩平衡的原理工作的,使得压差 $\Delta p$ 和输出压力 $p_0$ 之间有一定的比例关系。这种结构方案决定了变送器具有较高的灵敏度和精确度。因此它被广泛应用于测量系统中。

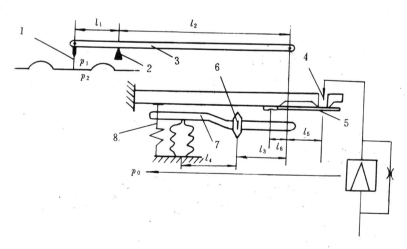

图 5-22 差压变换器工作原理图

在图 5-22 中,$p_1$,$p_2$ 分别为通过某被测对象(例如阻尼器)前后的压力,由于流体的流速与该流体通过的节流装置的前后压力有关,因而可利用变送器来间接测量流体流量。

当被测对象的压力 $p_1$,$p_2$ 被分别引进变送器的正负压腔作用于检测元件上时(参见

图 5-22),在压差的作用下,产生了测量力,这个力通过拉杆 1 带动主杠杆 3 围绕支点 2 转动,使得挡板 5 与喷嘴 4 之间的距离发生变化,从而改变了气流过流面积,喷嘴背压发生变化,气动放大器的输出压力 $p_0$ 也将随之改变。放大器的输出压力气体一部分通过管道输入到显示仪表或调节器中,实现指示、记录或调节作用。另一部分进入反馈波纹管产生反馈力通过杠杆 7 和调节滑块 6 作用在主杠杆 3 上,产生反馈力矩,反馈力矩与测量力作用在主杠杆 3 上产生的测量力矩相平衡。下面将要看到,由于采用了上述结构原理,变送器的输出压力 $p_0$ 与被测压差 $\Delta p = p_1 - p_2$ 之间存在着一定的比例关系。

测量范围的调定是通过移动调节滑块 6,改变反馈力的转换比,即改变反馈力矩,实现测量范围的调节。调节滑块 6 向主杠杆支点 2 方向移动时,量程将减小,远离支点 2 时,量程将加大。最大量程与最小量程之间的比值可达 10 倍。因此,根据需要进行调节,可实现一只变送器具有多量程的要求。

调零弹簧 8 是用来调整零位初始压力,弹簧 8 上装有可调螺钉,当顺时针转动时,初始压力将增加,逆时针转动时,初始压力将减少。被测压差变为零时,变送器的输出为 0.02MPa,此值是通过调零弹簧 8 实现的。其测量范围为万分之零点几 MPa 到几 MPa,此值应视压差计的规格确定。

2. 差压变送器的特性分析

根据差压变送器的结构及其工作原理可作出差压变送器的方块图如图 5-23 所示。

由方块图 5-23 可知,输入压差信号 $\Delta p = p_1 - p_2$ 作用在测量膜盒上产生测量力 $F_m (F_m = A_1 \Delta p)$,$F_m$ 通过主杠杆产生测量力矩 $M_m (M_m = F_m \cdot l_1)$,测量力矩 $M_m$ 与反馈力矩比较后产生偏差力矩信号 $\Delta M$,此偏差力矩克服了杠杆系统刚度(转角刚度)后,使**喷嘴-挡板**间距离发生微小变化,从而引起喷嘴背压的变化,该背压经放大器放大后即成为变送器的输出压力信号。输出压力信号 $p_0$ 通过反馈讯路产生反馈力 $F_f = A_2 \cdot p_0$,反馈力 $F_f$ 通过杠杆 $l_3$,$l_4$ 转化成相互作用力 $F = \frac{l_4}{l_3} F_f$ 作用在主杠杆上产生一个反馈力矩 $M_f = F \cdot l_2$,反馈力矩与测量力矩通过比较元件进行比较产生合力矩 $\Delta M$ 作用于杠杆系统中。

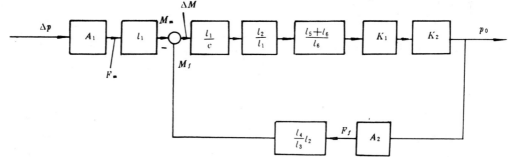

图 5-23 差压变送器方块图

由方块图 5-23 可求得输入为压差 $\Delta p$,输出为 $p_0$ 间的传递函数为:

$$W(s) = \frac{p_0}{\Delta p} = \frac{\dfrac{l_1}{c} \dfrac{l_2}{l_1} \dfrac{l_5 + l_6}{l_6} K_1 K_2 A_1 l_1}{1 + \dfrac{l_1}{c} \dfrac{l_2}{l_1} \dfrac{l_5 + l_6}{l_6} K_1 K_2 \dfrac{l_2 l_4}{l_3} A_2}$$

由于 $\dfrac{l_1}{c} \cdot \dfrac{l_2}{l_1} \cdot \dfrac{l_5+l_6}{l_6} K_1 K_2 \dfrac{l_2 l_4}{l_3} A_2 \gg 1$，可将1忽略掉，则上式可简化为

$$W(s) = \dfrac{l_1 l_3}{l_2 l_4} \dfrac{A_1}{A_2} = K$$

即有

$$p_0 = K \Delta p$$

由上述分析可知：

1）差压变送器的输出压力 $p_0$ 与输入压差 $\Delta p$ 之间呈线性比较关系，并与测量膜盒的膜片面积 $A_1$，反馈波纹管有效面积 $A_2$ 有直接关系，要使 $p_0$ 与 $\Delta p$ 在整个测量范围内呈线性比例关系，应保证在测量范围内膜盒的膜片面积 $A_1$ 与反馈波纹管的有效面积为一常数。如果在测量过程中，上述面积发生变化，则使测量会产生误差。

2）由比例系数 $K$ 的数字表达式可知，增大膜盒膜片面积 $A_1$，变送器的比例系数 $K$ 增大，则使测量范围相应减小。因此，低压变送器的膜盒膜片面积小，而高压变送器的膜盒膜片面积大。反馈波纹管的有效面积对测量范围的影响正好与膜盒膜片面积相反，它的有效面积越大，则其比例系数越小，测量范围越大。

3）改变 $l_3/l_4$ 的比值也可改变测量范围。对于一台差压变送器而言，它的测量膜盒和反馈波纹管已被确定，杠杆 $l_1$，$l_2$ 的长度也是固定的。因此，可通过改变量程支点的相对位置（即改变 $l_3/l_4$ 的比值）来改变测量范围。

4）测量力 $F_m = A_1 \Delta p$ 只有当正、负压腔有效面积相等时才成立。因此，正负压腔的膜片应予选配，使它们的刚度和有效面积相等，这样可减小环境温度所产生的附加误差和静态误差。在保证强度的条件下，希望膜片的厚度小些，这样刚度相应减小，以利减小测量系统刚度，提高变送器精度。

### 二、压力变送器

压力变送器由测量部分和气动转换部分组成，转换部分与差压式相同。在测量系统中，压力变送器是用来测量各种流体的压力，并将其比例也转换成气动仪表的标准气压信号（$0.02 \sim 0.1 MB$），也可根据系统的需要送到有关的环节中。

图 5-24 为波纹管式压力变送器测量部分结构原理图，当被测压力 $p$ 进入测量部分后，推动波纹管1产生一个测量力，通过推杆2作用在主杠杆3上并传递给气动转换部分。

图 5-25 为绝对压力变送器测量部分结构原理图，它由测量波纹管、补偿波纹管、推杆、主杠杆组成。事先将补偿波纹管抽成真空并加以密封，两波纹管的有效面积相等。

在被测压力 $p$（绝对压力）和环境大气压 $p_0$ 的作用下，测量波纹管端产生推力 $F_1 = pA - p_0 A$，$A$ 为波纹管有效面积。补偿波纹管由于事件先被抽成真空，在其端面也受到大气压力的作用，形成一个压缩力 $F_2 = p_0 A$。那么，$F_1$，$F_2$ 通过推杆作用到主杠杆上的合力 $F$ 应为

$$F = F_1 + F_2 = pA - p_0 A + p_0 A = pA$$

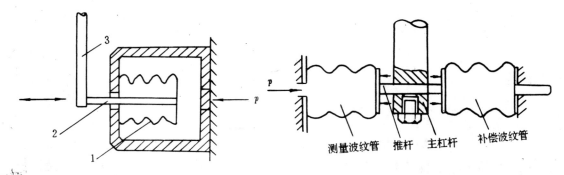

图 5-24 压力变送器测量部分原理图　　　　　图 5-25 绝对压力变送器测量部分原理图
1-波放管　　2-推杆　　3-主杠杆

由上式可知,测量部分所测的力排除了大气压的作用,所测的压力为绝对压力,这是因为两个波纹管的有效面积相等,大气对波纹管的作用力总是相等,方向相反,其结果对主杠杆不产作用,这样就补偿了大气压力的变化引起的测量误差。

## §5-5 气动测量系统

气动测量系统可以分成两大类,即模拟测量系统和数字测量系统。模拟测量系统是将测得参数(例如尺寸)转换成另一种参数(如压差)读出,就可以知道测得参数的数值。数字测量系统并不给出具体的数值,而是以"是"、"非","开"、"关"等定性信号给出。通常以"1"代表是,以"0"代表"非"。

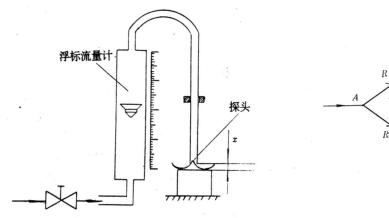

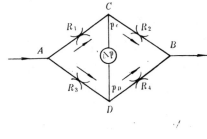

图 5-26　浮标式气动量仪　　　　　图 5-27　气桥测量仪原理图

### 一、模拟测量系统

**1. 浮标式气动量仪**

浮标式气动量仪可以用来测量尺寸,它是尺寸精密测量的一种重要工具,应用较广。图 5-26 是该气动量仪的结构原理图。气体从气源经流量计从测量探头及工件之间的间隙溢出,工件尺寸越大,则间隙 $x$ 越小,流出的气体就越少,浮标下降。因此可根据浮标的位置获知工件尺寸。

### 2. 气桥测量仪

图 5-27 是气桥测量仪原理图,它的工作原理与电工测量电桥相类似,由四个气阻组成。

气流由 $A$ 点分两路流入,一路经气阻 $R_1$、$R_2$ 到在达 $B$ 点,另一路流经 $R_3$、$R_4$ 至 $B$ 点,汇集于 $B$ 点,用差压计来检测 $C$ 点及 $D$ 之间的压差 $\Delta p$。当 $A$ 点的压力不变时,$C$ 点的压力 $p_c$ 只与气阻 $R_1$、$R_2$ 的相对大小有关,$D$ 点的压力 $p_D$ 只与气阻 $R_3$、$R_4$ 有关。那么通过适当地选择气阻 $R_1$、$R_2$、$R_3$、$R_4$,总可以使 $p_c = p_D$,即压差 $\Delta p = 0$,这时气桥处于平衡状态。而当某个气阻发生变化,气桥便失去平衡,压差 $\Delta p \neq 0$,根据压差的符号及其大小,就可以获得该气阻变化量的大小。如果这个气阻对应着一定的某物理量,则差压 $\Delta p$ 就标志着该物理量对原来气桥平衡时的数值的变化量。例如当用气桥测量仪测量工件尺寸时,在某一定基准尺寸工件下调节气桥使其处于平衡状态,换一个工件时,根据压差 $\Delta p > 0$、$\Delta p = 0$ 或 $\Delta p < 0$ 就可以判断出这个工件的尺寸是大于、等于还是小于基准工件尺寸。气桥是一种很重要的比较式测量工具,应用气桥测量仪可以连续测量生产中的纱线,铜丝等的直径,如图 5-28 所示。测量时,将标准线径的工件(例如铜线)送入探头中,调节 $R_1$、$R_2$、$R_3$ 使 $p_c = p_D$,气桥处于平衡,当线径变化时,线和孔之间的间隙也随之变化,使气桥失去平衡,根据 $\Delta p$ 的大小就可以获各所测线径的大小,此压差也可送入后续系统处理,进行自动调节。

### 3. 伺服测量仪

伺服测量仪的工作原理和一般的位置伺服系统一样,它也是一种反馈自动调节系统,调节的目的是使探头和工件的被测面之间保

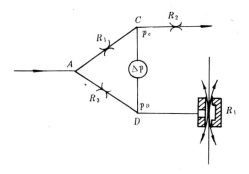

图 5-28 线经测量原理图

持一个固定的间隙,这个间隙的改变将通过系统的反馈作用而自行调节到规定的位置上。

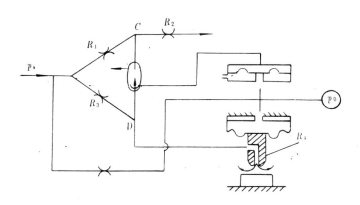

图 5-29 伺服测量仪原理图

图 5-29 为伺服测量仪的原理图。它是由气阻 $R_1$、$R_2$、$R_3$ 及探头($R_4$)组成气桥,探头位置

的变化将使 $C$、$D$ 两点间产生压差 $\Delta p$，通过对冲式放大器及膜片放大器放大后，送入弹性膜盒使探头自动调整，由于弹性膜盒的伸缩与盒内压力大小存在着准确的线性关系，因此盒内压力就可以表示伸缩距离，这个压力 $p_0$ 对应着一定的工件尺寸。

这类测量仪可用于机械加工中的定位，尺寸测量，生产线上板料厚度的测量和控制，工件按尺寸等级进行分选等。

### 二、数字测量系统

#### 1. 气桥双张检测系统

气桥双张检测系统是用于印刷机械上检测双张，有效地防止了两张纸同时进入印刷机而出现白纸现象。图 5-30 为气桥双张检测系统工件原理图。

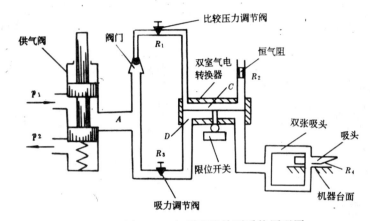

图 5-30 气桥双张检测系统原理图

气桥双张检测系统工作时，供气阀由机器自动压下，检测装置与气泵相接，此时气流分别由 $R_2$ 和吸头吸入。由 $R_2$ 进入的气流经过 $C$ 室 $R_1$、阀门至 $A$，然后进入气泵。由吸头吸入的气流经 $D$ 室、$R_3$ 到达 $A$，然后进入气泵。当吸头中无纸张或只有一张时，吸头上总有一孔通大气，这时吸头阻抗 $R_4$ 较小，而 $R_2$ 为小孔，所以 $D$ 室内的压力比 $C$ 室内的压力大，膜片上升，当双张纸进入吸头时，上下气孔同时被堵死，此时气阻 $R_4$ 变大，造成 $D$ 室内的压力比 $C$ 室低，膜片下降，接通限位开关，发出信号，使双张纸离开印刷机械。

#### 2. 工件尺寸分选装置

在批量生产加工大量零件时，有时需对轴承，滚珠，活塞和缸体的内径和外径等工件尺寸进行测量，并根据这些零件的尺寸大小进行分类。

图 5-31 为对工件进行气动测量后，根据输出压力 $p_0$ 的大小判断工件是否合格的一种装置。表示工件尺寸的输出压力 $p_0$ 同时被送到两个比较器中，其中低值比较器是把 $p_0$ 值与给定的最低比较压力 $p_L$（相当于最小工件尺寸）进行比较，当 $p_0$ 小于 $p_L$ 时，低值比较器有输出。高值比较器是把 $p_0$ 值与给定的最高比较压力 $P_H$（相当于最大工件尺寸）进行比较，当 $p_0$ 值在 $p_H$ 与 $p_L$ 之间时，两个比较器均为零，通过"与非"门，显示器显示"合格"信号。

图 5-31 工件尺寸分选装置原理图

如果将上述三种信号送到相应的执行气缸以推动零件,即可对工件进行自动分选。

对工件的测量也可采用气桥检测方式,这样对气源波动的影响将大大减少,从而提高测量精度。

## §5-6 气动比例阀

气动比例阀是在微电子技术和计算机技术的迅速发展下,为满足现代工业生产自动化的需要而产生的,早在50年代末,人们就开始对气动伺服控制技术进行研究,但由于当时的技术水平以及气体介质的一些固有性质阻碍了这一技术的发展。直至70年代,由于现代控制技术的发展,为这一领域提供了卓有成效的研究方法。1979年,西德 Aachen.R.W 工业大学成功地研制出第一台气动伺服阀,使气动伺服控制进入一个新的阶段。但由于气动伺服阀结构复杂、价格昂贵等因素,使其应用范围受到了一定的限制。为适应工程领域要求,80年代开始,日本、西德等国相继对结构简单、成本低、维护方便的电磁比例气动阀进行研究,并成功地应用于工业自动机械、机械手和生产流水线中。目前,国内已对气动比例、伺服位置控制系统进行

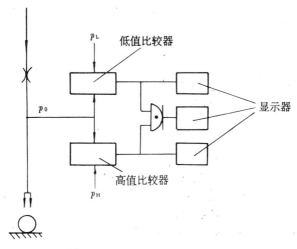

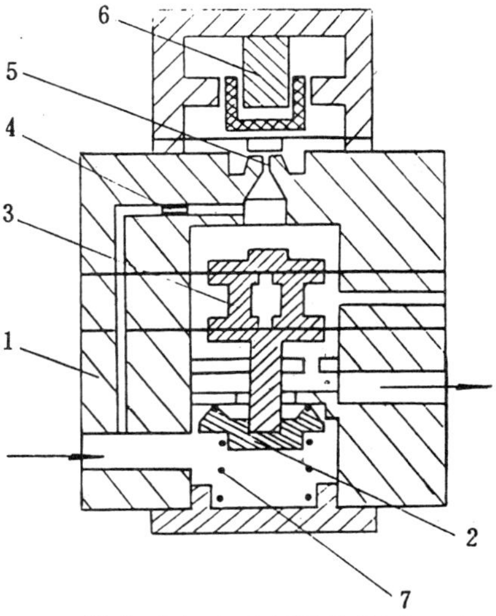

图 5-32 膜片式电-气比例阀结构原理图
1. 通道  2. 圆板阀  3. 膜片组件
4. 节流孔 5. 喷嘴  6. 力马达组件  7. 弹簧

研究,但仍处于开发研究、试制阶段,可望不久将有更多的研制成果出现。

## 一、膜片式电-气比例阀

图 5-32 为膜片式电-气比例阀结构原理图。压力气体进入该阀后分为两路,一路经通道 1 进入前置放大器,另一路从进气口进入圆板阀 2 下面的腔内。当力马达组件 6 不通电时,由通道 1 进入前置放大器的压力气体从喷嘴 5 喷出。由于此时喷嘴背压不能克服作用于圆板阀上的弹簧力,圆板阀 2 没有开度,比例阀无压力气体输出。当力马达组件 6 有控制信号输入时,在控制磁通和极化磁通力的相互作用下,力马达线圈根据输入控制信号的大小作相应的直线运动,喷嘴和挡板之间的间隙也发生了相应的变化,喷嘴背压腔内压力将按比例增高,通过膜片组件 3 克服弹力推动圆板阀 2,并平衡在某一相应的位置上,从而实现了阀的输出压力或输出流量与输入信号之间成比例关系。膜片式电-气比例阀的静态特性示于图 5-33,(a) 为压力特性曲线,(b) 为压力流量特性。

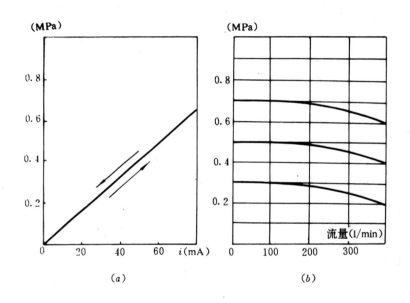

图 5-33 膜片式电-气比例阀静态特性

## 二、电-气比例调节器

图 5-34 为 IT200 系列电-气比例调节器。它由控制器、喷嘴-挡板、膜片组件、压力传感器、内阀等主要部件组成。它可实现输入信号与输出压力成比例关系。它的工作原理是基于压力反馈的原理上工作的。当控制输入信号增大时,由压电晶体构成的挡板 1 靠近喷嘴 2,使喷嘴背压腔 3 内压力上升,作用于膜片 4 上,压下排气阀 5,由于内阀 6 与排气阀连动,输出口被打开,压力气体通过输出口流向负载,成为输出。另外此压力气体通过压力传感器 8 转换成电信号,反馈到控制器 9 中,与控制输入信号进行比较,产生偏差信号,修正输出。这样通过不断的反馈以实现输出气体压力和控制输入信号成比例关系。图 5-35 为 IT200 系列电-气比例调节器静态特性曲线

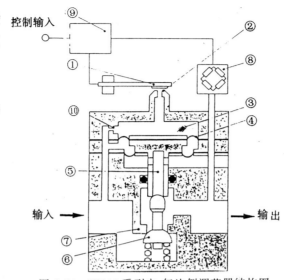

图 5-34 IT200系列电-气比例调节器结构图

1. 挡板　2. 喷嘴　3. 喷嘴背压腔　4. 膜片　5. 排气阀　6. 内阀　7. 阀座
8. 压力传感器　9. 控制器　10. 固定节流孔

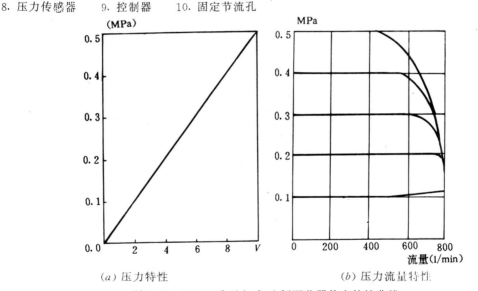

(a) 压力特性　　　　　　　　　(b) 压力流量特性

图 5-35　IT200系列电-气比例调节器静态特性曲线

图 5-36 为 IT400 系列电-气比例调节器,其结构和工作原理大致和 IT200 系列一样,所不同的是,IT400 系列电-气比例调节器内装有一个小型调节器。当压力气体由气源进入调节器时,经小型调节器 2 减压后通过固定节流孔 3 至喷嘴 5。图 5-37 为 IT400 系列电-气比例调节器静态特性曲线。比较图 5-35(b)及图 5-37(b)可知,IT400 系列电-气比例调节器具有更大的流量使用范围,也就是说,在同一控制输入信号下,IT400 系列比例调节器能够在更大的流量变化范围内使调节器的输出气体压力保持在一个相应的恒定值

上。

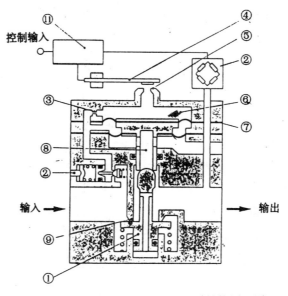

图 5-36 IT400 系列电-气比例调节器结构原理图

1. 内阀　2. 小型调节器　3. 固定节流孔　4. 挡板　5. 喷嘴　6. 背压腔　7. 膜片
8. 排气阀　9. 阀座　10. 压力传感器　11. 控制器

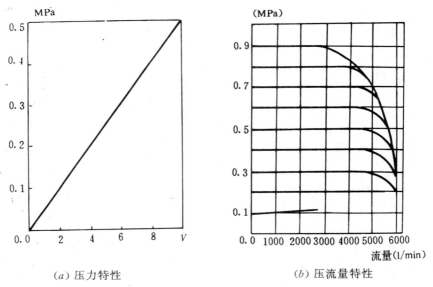

(a) 压力特性　　　　　　　　　　(b) 压流量特性

图 5-37 IT400 系列电-气比例调节器静态特性

### 三、滑柱式电-气比例阀

和膜片式电-气比例阀一样,滑柱式电-气比例阀是通过比例电磁铁的驱动力与输入电信号成比例地变化,控制滑阀的开口量,从而实现电-气比例阀的输出流量或输出压力和控制输入信号成线性比例关系。图 5-38 为滑柱式电-气比例阀,这种结构型式的比例阀有流量型(VEF)和压力型(VEP)两种,从通道数分,又可分为两位两通(VEF2)和两位三通(VEF3,VEP3)两种。电-气流量比例阀和电-气压力比例工作原理可分别简述如下:

1. 电-气流量比例阀

电-气流量比例阀的工作原理是比例电磁铁在控制输入信号的激励下,产生一个吸引力直接驱动阀芯位移,并与作用在阀芯上的弹簧力相平衡,利用阀芯位移与弹簧力和比例电磁铁的吸引力与控制输入信号的线性关系,实现电-气比例阀的输出流量与控制输入信号成线性比例关系。图 5-39 为各型电-气流量比例阀的流量特性曲线。图中所示的是控制输入电流与有效断面积的特性曲线。可按下述计算其输出流量。

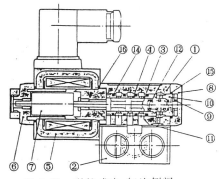

图 5-38 滑柱式电-气比例阀

1. 阀体  2. 辅助板  3. 阀芯  4. 阀套  5. 线圈  6. 线圈帽  7. 可动电磁铁  8. 阀盖 9. 衬套  10. 轴套组件  11. 垫圈  12. 弹簧  14,15,16 O型密封圈

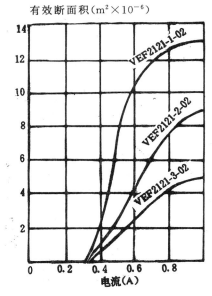

(a) 两位两通流量比例阀

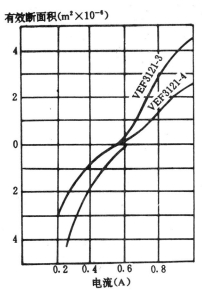

(b) 两位三通流量比例阀

图 5-39 电-气流量比例阀特性曲线

(1) 通过节流口流体流动状态为亚音速时输出流量 $Q$ 与过流有效断面积 $S$ 的关系为

$$Q = 22.2S \sqrt{\Delta p(p_2 + 1.033)} \cdot \sqrt{\frac{273}{273 + \theta}} \quad \text{l/min}$$

式中 $\quad \Delta p = p_1 - p_2$

$p_1$ 为进口绝对压力(0.1MPa);
$p_2$ 为输出绝对压力(0.1MPa);
$S$ 为有效断面积($m^2 \times 10^{-6}$)
$\theta$ 为气体温度(度)。

(2)流动状态为音速时

$$Q = 11.1S(p_1 + 1.033)\sqrt{\frac{273}{273+\theta}} \quad l/min$$

### 2. 电-气压力比例阀

滑柱式电-气压力比例阀阀芯中间设置一压力反馈通道,输出压力通过压力反馈通道作用在阀芯上。比例电磁铁在输入信号的作用下产生一吸引力直接作用在阀芯上并与反馈力相平衡,如果反馈力大于电磁铁的吸引力时,说明输出压力大于所希望的压力值,此时输出口与排气口相通,使输出压力降低,而当反馈力小于电磁铁的吸引力时,说明输出压力小于所希望的压力值,阀芯在吸引力的作用下,使输出口与供气口相通,输出压力上升。而当上述两个力平衡时,此时的输出压力即为所希望的压力值。由于电磁铁的吸引力与控制输入信号是线性的,从而实现了输出压力与控制输入信号成比例关系。图 5-40 为电-气压力比例阀特性曲线,图 5-40 ($a$) 为各型号的压力特性曲线,($b$) 为 VEP3121-1-02 型的压力比例阀在供气压力为 $10 \times 10^{-5}$MPa 下的压力-流量特性曲线。

### 四、先导式电-气比例阀

先导式电-气比例阀是由直动型比例阀作为它的先导阀,控制主阀芯一端的压力,另一端由刚度较大的弹簧(流量形)或由输出压力的反馈力来平衡,实现输出流量或压力与

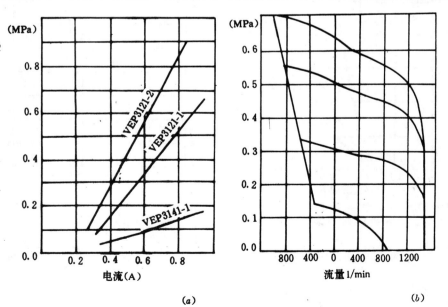

图 5-40 电-气压力比例阀特性曲线

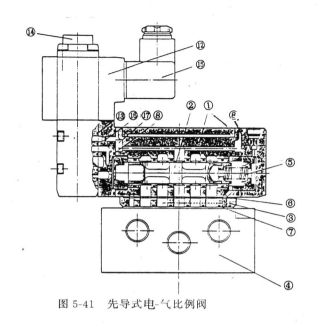

图 5-41 先导式电-气比例阀

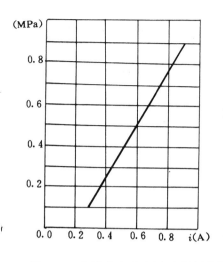

图 5-42 先导式电-气压力比例阀特性

1、阀体　2、阀芯　3、反馈板　4、辅助板　5、弹簧
6、7、8、垫圈　12、先导阀　13、垫圈　14、锁紧螺帽
15、接线柱　16、过滤器　17、衬垫

输入控制信号成比例关系。图 5-41 为 VER4000 二位五通先导式电-气比例阀,由于这种阀的导阀输出压力与输出压力的反馈力及作用在阀芯上的弹簧相平衡,因此它是压力比例阀,它的压力特性曲线如图 5—42 所示。

## §5-7 气动比例控制系统

比例控制技术在液压控制系统中已得到广泛地应用,并已取得了显著的经济效益。而气动控制系统中,由于气体可压缩性大,非线性严重,固有频率低及不易稳定等缺点,使比例控制技术在气动领域上的应用受到了限制,研究进展速度相对缓慢。但由于比例控制阀结构简单,价格便宜,维修方便,它相当于在普通的压力阀,流量阀上装上可以自动地连续控制的比例电磁铁(力马达)以代替原有的电磁控制部分,便可按输入控制信号连续按比例地对输出压力或流量进行控制。它是一种介于普通的开关式控制阀和伺服控制阀之间的控制元件。目前我国气动比例控制系统正处在开发和研究阶段,为尽快发展我国气动控制技术,这里列举些应用实例,供学习时参考。

### 一、气动负载模拟器

图 5-43 为气动负载模拟器工作原理图,它由电-气压力比例阀、控制器、放大器、气动换向阀,执行元件等主要部件组成。根据载荷谱给定控制输入信号,电-气压力比例阀根据

输入信号按比例地控制执行元件的工作压力对被试对象进行加载试验。

## 二、印刷、造纸机械中卷纸张力控制

在印刷、造纸工艺中,卷纸工序是不可缺少的,由于卷纸张力直接影响印刷、造纸质量,所以有必要对它进行控制。卷纸张力的大小往往由印刷工艺、纸的材质等因素来确定,过大的卷纸张力会撕裂纸张,过小的卷纸张力又会引起印刷着色不匀,出皱等不良现象。随着卷筒上纸的直径不断变化,马达驱动轴所承受的力矩也在不断地改变。因此,为保证卷纸张力为一恒定值,驱动力矩应随卷筒上纸的直径成

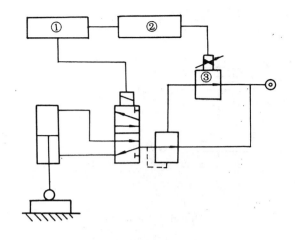

图 5-43 气动负载模拟器原理图
1、控制器　　2、放大器　　3、电-气压力比例阀

比例地改变。图 5-44 为卷纸张力控制原理图。它由电-气压力比例阀,张力传感器和气动马达组成闭环控制。其工作原理可简述为:张力传感器检测出的张力信号反馈到输入端并与给定值进行比较,其差值信号通过放大器再输入到电-气压力比例阀,控制压力比例阀的输出压力,以改变气动马达的输出力矩,保持张力恒定。

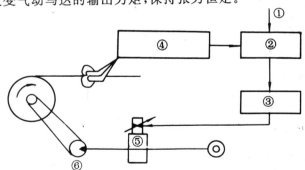

图 5-44 卷纸张力控制原理图
1、给定值　　2、比输器　　3、放大器　　4、张力检测器
5、电-气压力比例阀　　6、气动马达

## 三、高速、高负载搬运装置的冲击控制

图 5-45 为搬运装置的终端冲击控制的气动回路图,它适合应用于高速、高负载搬运装置的冲击控制。其工作原理是:当二位五通电磁换向阀换向时,比例流量阀和电磁换向阀(二位二通)同时打开,气缸快速运动。活塞通过无接触开关 $SW_1$ 时,二位二通电磁换向阀关闭,无接触开关控制流量比例阀开口量,气动缸速度逐渐降低。其输入信号与气缸位移关系如图 5-46 所示。

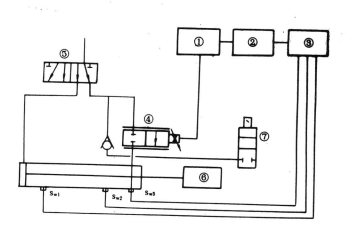
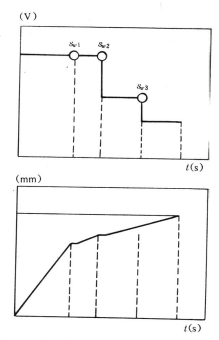

图5-45 搬运装置终端冲击控制的气动回路图
1、放大器  2、运算器  3、控制器  4、流量比例阀
5、二位五通换向阀  6、负载  7、二位二通换向阀

图5-46 输入信号与气动位移的关系曲线

### 四、气动比例力控制系统

1. 工作原理

图5-47为气动比例力控制系统原理图,电-气压力比例阀阀芯由比例电磁铁直接驱动,阀芯将停止在比例电磁铁的推力和弹簧力及输出压力的反馈力平衡的位置上。在静态情况下,一定的比例电磁铁推力对应着一定的比例阀的输出压力,比例电磁铁产生的推力与其输入电流成比例,而此电流又取决于比例放大器的输入电压。整个力控制系统的工作过程如下:若当气动缸内的气体压力偏低,使气动缸的输出力小于给定的要求,通过反馈控制,使控制器的输出电压升高,比例放大器输出电流增大,比例阀阀芯在电磁力的作用下向左移动,高压气体由气源流入气动缸,气动缸输出力加大,直到与给定要求的输出力相等。如果输出力偏高,反馈调节的结果将使输出力下降,这样使系统输出力保持在希望的给定值附近。

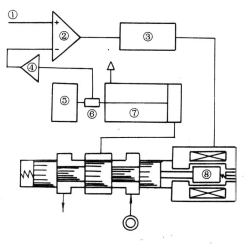

图5-47 气动比例力控制系统
1.给定指令  2.控制器  3.比例放大器  4.放大器 5.负载  6.力传感器
7.加载缸  8.比例电磁铁

2. 电-气比例阀静态特性的改善

比例电磁铁和气动阀一般都存在着较大的滞环,为改善滞环对系统的影响,通常在比例放大器的输出电流中迭加一颤振电流,一旦颤振电流的幅值和频率选择的适当,可使电-气比例阀的静态特性得以大为改善。也就是说,在比例放大器的输出电流中加入颤振电流可以有效地改善滞环对系统的不良影响。

# 第六章 逻辑代数与逻辑控制系统

## §6-1 逻辑代数

逻辑学是研究思维形式和规律的科学。随着工业的发展和实际需要,逻辑学受到了人们的高度重视,1854年英国数学家布尔建立了一门新的数学,即布尔代数,1953年卡诺提出了组合线路逻辑设计图解法,1959年罗南首次完成了流体逻辑控制系统从直观设计到逻辑设计的转变工作。

布尔代数也称为逻辑代数,它是数学方法在逻辑领域中的应用。它是用符号和由符号构成的式子来表示逻辑名词、逻辑判断和逻辑推理。逻辑代数是一种包括与、或、非三种基本运算的代数,从这些基本运算出发可以引出一系列基本定律或定理公式。

学习逻辑代数的目的在于分析和综合研究逻辑线路。分析逻辑控制系统是由已知的线路写出其逻辑函数和相应的真值表、卡诺图或状态图,从而彻底认识该系统的逻辑功能。设计逻辑控制系统是由实际的问题出发,写出真值表,画出卡诺图或状态图,求其逻辑函数,从而设计出合理的逻辑控制系统。

应用逻辑运算规律设计逻辑控制系统,既可使逻辑系统满足逻辑控制要求,又可使系统得到一定的简化,实现采用最少控制元件之目的。

### 一、三种基本逻辑运算及其恒等式

1)逻辑或(加)运算

$$s = a + b \tag{6-1}$$

式中 $s$ —— 因变量也称为逻辑函数,即为逻辑元件输出。

$a$、$b$ —— 自变量,即逻辑元件输入。

它的运算规则是 $a$、$b$ 中有一个为真("1")时,则 $s$ 为真("1")。

其恒等式为

$$a + 0 = a; \qquad a + 1 = 1$$
$$a + a = a$$

数值表示的运算规律为

$$0 + 0 = 0; \qquad 0 + 1 = 1$$
$$1 + 0 = 1; \qquad 1 + 1 = 1$$

2)逻辑与(乘)运算

$$s = a \cdot b$$

它的运算规则是仅当 $a$、$b$ 均为真("1")时，$s$ 才为真("1")。
其恒等式为
$$a \cdot 0 = 0; \qquad a \cdot 1 = a$$
$$a \cdot a = a$$
数值表示的运算规则为
$$0 \cdot 0 = 0; \qquad 0 \cdot 1 = 0$$
$$1 \cdot 0 = 0; \qquad 1 \cdot 1 = 1$$

3) 逻辑非(否)运算
$$s = \bar{a}$$
它的运算规则是 $a$ 为假("0")时，$s$ 为真("1")，$s$ 和 $a$ 值总处于对立状态。
其恒等式为
$$\bar{0} = 1; \qquad \bar{1} = 0$$
$$\bar{\bar{0}} = 0; \qquad \bar{\bar{1}} = 1$$

## 二、基本定律

基本定律共有三个，即结合律、交换律、分配律，它的运算规则与普通代数相同。

1) 交换律
$$\left. \begin{array}{l} a + b = b + a \\ a \cdot b = b \cdot a \end{array} \right\} \tag{6-4}$$

2) 结合律
$$\left. \begin{array}{l} a + (b + c) = (a + b) + c \\ a \cdot (b \cdot c) = (a \cdot b) \cdot c \end{array} \right\} \tag{6-5}$$

3) 分配律
$$\left. \begin{array}{l} a(b + c) = ab + ac \\ (a + b)(c + d) = ac + ad + bc + bd \end{array} \right\} \tag{6-6}$$

## 三、形式定律

形式定律也是逻辑运算中常用的运算定律，可以通过这些形式定律和上述的基本定律化简逻辑函数。为了便于区别和应用，给它们以不同的命名。

1) 吸收律
$$\left. \begin{array}{l} a + (a \cdot b) = a \\ a \cdot (a + b) = a \end{array} \right\} \tag{6-7}$$

2) 展开律
$$\left. \begin{array}{l} (a + b)(a + \bar{b}) = a \\ a \cdot b + a \cdot \bar{b} = a \end{array} \right\} \tag{6-8}$$

3) 反映律
$$\left. \begin{array}{l} a + \bar{a} \cdot b = a + b \\ a \cdot (\bar{a} + b) = a \cdot b \end{array} \right\} \tag{6-9}$$

4)狄·摩根定律

$$\left.\begin{array}{l}\overline{a \cdot b} = \bar{a} + \bar{b} \\ \overline{a + b} = \bar{a} \cdot \bar{b}\end{array}\right\} \quad (6\text{-}10)$$

5)过渡律

$$\left.\begin{array}{l}ab + \bar{a}c + bc = ab + \bar{a}c \\ (a+b)(\bar{a}+c)(b+c) = (a+b)(\bar{a}+c)\end{array}\right\} \quad (6\text{-}11)$$

6)交叉换位律

$$\left.\begin{array}{l}(a+b)(\bar{a}+c) = ac + \bar{a}b \\ a \cdot b + \bar{a} \cdot c = (a+c)(\bar{a}+b)\end{array}\right\} \quad (6\text{-}12)$$

上述形式定律可以通过基本定律及其恒等式得证明,也可通过真值表证明。

**四、逻辑运算规则和对偶定理**

1. 逻辑运算规则

在逻辑代数运算中,运算规则是按非、与、或,先括号内后括号外的顺序进行,不影响运算次序的括号可以去掉。

2. 对偶定理

由上述基本定律和形式定律可知,逻辑代数运算中存在着或与、0,1对偶互换性。也就是说,在某一逻辑公式中进行或、与互换,0,1互换,得到的新的逻辑公式也成立。这种性质称为对偶性。对偶定理可作如下叙述。

对偶定理:若某个由基本定律导出的逻辑公式成立,则其对偶公式也成立。

## §6-2 逻辑函数、真值表和基本逻辑门

逻辑函数:由逻辑变量及其逻辑关系组成的逻辑代数式称为逻辑函数,记作 $s = f(a,b,\cdots)$。其中:

$s$——逻辑函数;

$a,b,\cdots$——逻辑自变量;

$f$——表示逻辑函数与逻辑自变量之间的逻辑关系。

真值表:逻辑函数及其逻辑自变量之间的全部数值罗列在一个表中,称此表为真值表,表6-1为 $f = ab + bc + ac$ 的真值表。

基本逻辑门:具有基本逻辑功能的元器件称为基本逻辑门。每个基本逻辑门都对应有相应的逻辑函数和真值表。任意的逻辑函数都可以用基本逻辑组成的逻辑回路表示。基本逻辑门包括有与门,或门、非门三种。表6-2列出了基本逻辑门的逻辑符号、逻辑关系式、真值表及其运算式之间的关系。

表 6-1

| $a$ | $b$ | $c$ | $f$ |
|---|---|---|---|
| 0 | 0 | 0 | 0 |
| 0 | 0 | 1 | 0 |
| 0 | 1 | 0 | 0 |
| 0 | 1 | 1 | 1 |
| 1 | 0 | 0 | 0 |
| 1 | 0 | 1 | 1 |
| 1 | 1 | 0 | 1 |
| 1 | 1 | 1 | 1 |

表 6-2

| 名 称 | 逻辑符号和逻辑关系 | 气动元件回路图 | 真值表 | 运算式 |
|---|---|---|---|---|
| 逻辑与 | 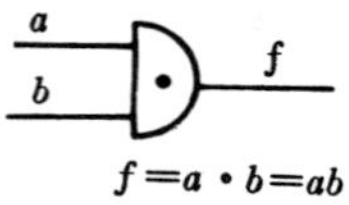 $f=a \cdot b=ab$ | 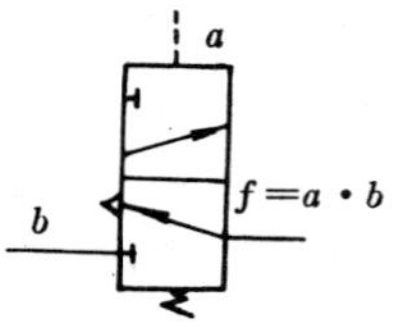 $f=a \cdot b$ | $a$ $b$ $f$ / 0 0 0 / 0 1 0 / 1 0 0 / 1 1 1 | $0 \cdot 0=0$ $0 \cdot 1=0$ $1 \cdot 0=0$ $1 \cdot 1=1$ |
| 逻辑或 | 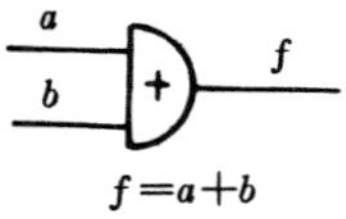 $f=a+b$ | 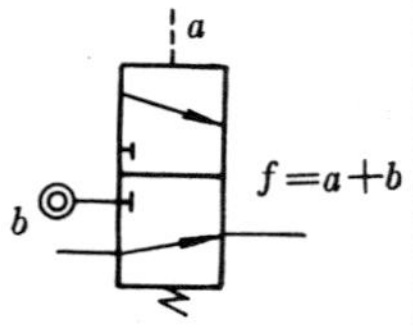 $f=a+b$ | $a$ $b$ $f$ / 0 0 0 / 0 1 1 / 1 0 1 / 1 1 1 | $0+0=0$ $0+1=1$ $1+0=1$ $1+1=0$ |
| 逻辑非 | 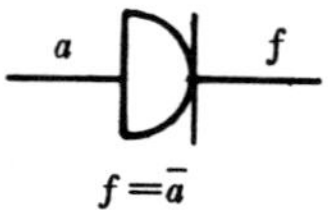 $f=\bar{a}$ | 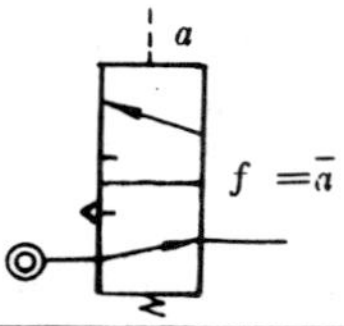 $f=\bar{a}$ | $a$ $f$ / 0 1 / 1 0 | $\bar{0}=1$ $\bar{1}=0$ |

## §6-3  逻辑图

任一逻辑函数,无论多么复杂,都可以用相应的逻辑图表示,表示的方法是将逻辑函数分解成若干基本逻辑门,再按逻辑函数要求构成逻辑图,逻辑函数中每个自变量均为基本逻辑门的输入,基本逻辑门的输出可以是下一个基本逻辑门的输入,最后一个逻辑门的输出是逻辑函数的输出。

**例**、用逻辑图表示函数 $f = \overline{ac} + \overline{bc}$。

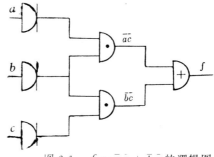

图 6-1  $f = \overline{ac} + \overline{bc}$ 的逻辑图

由逻辑函数 $f = \overline{ac} + \overline{bc}$ 可知,它有三个逻辑自变量 $a, b, c$。它应该由三个非门,两个与门,一个或门组成。图 6-1 为 $f = \overline{ac} + \overline{bc}$ 的逻辑图。

## §6-4  逻辑代数法设计逻辑线路

由与、或、非三种基本逻辑门组成的无反馈联接的线路称为逻辑线路。逻辑线路的设计方法有两种,即代数法和图解法(卡诺图法)。因图解法是建立在代数的理论基础上,所以两种方法实质是相同的。代数法的设计步骤如下:

1. 数学化实际问题,列出输入输出真值表。
2. 由真值表写出逻辑函数关系式。
3. 化简逻辑函数为最简逻辑函数式。
4. 根据化简后的逻辑函数式作逻辑原理图和逻辑线路图。

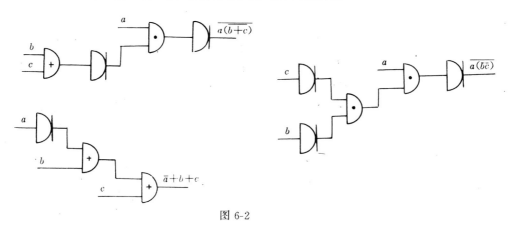

图 6-2

为了说明方便,先研究逻辑函数 $f = \overline{a(b+c)} = \overline{a(\overline{bc})} = \overline{a} + b + c$,表 6-3 是它的真值表。函数 $f$ 的三个不同形式所对应的逻辑原理图如图 6-2 所示,它们是等效的。由此可知,每个函数都唯一地对应着一个真值表,而同一个真值表中却对应着形式不同的若干等效函数。形式不同的相等函数对应着不同的却又是等效的逻辑线路。因此,真值表唯一全面地确立了线路的逻辑功能。

如果变量的数目为 $n$ 个,则在真值表中变量的值只可能有 $2^n$ 个组合。例如,在表 6-3 中,变量的数目 $n = 3$,因此变量值只有 $2^n = 2^3 = 8$ 种组合,而这 8 行恰好是用二进制数码(0,1)表示的 8 个十进制数 $0,1,\cdots,7$。且这 8 个数又恰好是组合的组号。为了研究方便,今后都将这样排列。

表 6-3

| 号 | $a$ | $b$ | $c$ | $f$ | 十进制 | 二进制 | 最小项 | 最大项 |
|---|---|---|---|---|---|---|---|---|
| 0 | 0 | 0 | 0 | 1 | 0 | 000 | $m_0 = m_{000} = \bar{a}\bar{b}\bar{c}$ | $M_7 = M_{111} = a + b + c$ |
| 1 | 0 | 0 | 1 | 1 | 1 | 001 | $m_1 = m_{001} = \bar{a}\bar{b}c$ | $M_6 = M_{110} = a + b + \bar{c}$ |
| 2 | 0 | 1 | 0 | 1 | 2 | 010 | $m_2 = m_{010} = \bar{a}b\bar{c}$ | $M_5 = M_{101} = a + \bar{b} + c$ |
| 3 | 0 | 1 | 1 | 1 | 3 | 011 | $m_3 = m_{011} = \bar{a}bc$ | $M_4 = M_{100} = a + \bar{b} + \bar{c}$ |
| 4 | 1 | 0 | 0 | 0 | 4 | 100 | $m_4 = m_{100} = a\bar{b}\bar{c}$ | $M_3 = M_{111} = \bar{a} + b + c$ |
| 5 | 1 | 0 | 1 | 1 | 5 | 101 | $m_5 = m_{101} = a\bar{b}c$ | $M_2 = M_{010} = \bar{a} + b + \bar{c}$ |
| 6 | 1 | 1 | 0 | 1 | 6 | 110 | $m_6 = m_{110} = ab\bar{c}$ | $M_1 = M_{001} = \bar{a} + \bar{b} + c$ |
| 7 | 1 | 1 | 1 | 1 | 7 | 111 | $m_7 = m_{111} = abc$ | $M_0 = M_{000} = \bar{a} + \bar{b} + \bar{c}$ |

一、逻辑函数的标准形式(与-或式)

由于同一逻辑函数可以有多种的表示形式,因此有必要规定一个标准形式。为此需要先给出最小项和最大项定义。

1. 最小项和最大项

最小项是 $n$ 个变量(或变量非)的积,且每个最小项中各变量只出现一次,$n$ 个变量的函数 $2^n$ 个最小项。

例如变量 $a,b,c$,有三个变量即 $n = 3$,则函数有 8 个最小项,记作

$$m_0 = \bar{a}\bar{b}\bar{c} = m_{000} \qquad m_1 = \bar{a}\bar{b}c = m_{001}$$
$$m_2 = \bar{a}b\bar{c} = m_{010} \qquad m_3 = \bar{a}bc = m_{011}$$
$$m_4 = a\bar{b}\bar{c} = m_{100} \qquad m_5 = a\bar{b}c = m_{101}$$
$$m_6 = ab\bar{c} = m_{110} \qquad m_7 = abc = m_{111}$$

式中最小项 $m$ 的下标为组合的号,也可用二进制形式表示。最小项中的因子按如下规律写出:变量的值为"1"写原变量,变量值为"0"写变量的非,例如 $m_{101} = a\bar{b}c, m_{011} = \bar{a}bc$ 等。

最大项是 $n$ 个变量(或变量非)的和,且每个最大项中,各变量只出现一次,$n$ 个变量的函数有 $2^n$ 个最大项。

最大项 $M$ 的下标按下述规则写出:将最小项的二进制下标作 0,1 对偶变换,例如 $m_{010} \rightarrow M_{101}$ 则得到相应的最大项,例如变量 $a,b,c$,相应的 8 个最大项为:

$$M_7 = M_{111} = a + b + c \qquad M_6 = M_{110} = a + b + \bar{c}$$
$$M_5 = M_{101} = a + \bar{b} + c \qquad M_4 = M_{100} = a + \bar{b} + \bar{c}$$
$$M_3 = M_{011} = \bar{a} + b + c \qquad M_2 = M_{010} = \bar{a} + b + \bar{c}$$
$$M_1 = M_{001} = \bar{a} + \bar{b} + c \qquad M_0 = M_{000} = \bar{a} + \bar{b} + \bar{c}$$

2. 由真值表求逻辑函数（与-或式）的标准形

定理：逻辑函数 $f$ 可唯一地写成它的最小项标准形

$$f = \sum_{i=0}^{2^n-1} f_i m_i \tag{6-13}$$

式中

$n$ —— 变量数目；

$i$ —— 最小项下标；

$m_i$ —— 第 $i$ 的最小项；

$f_i$ —— 第 $i$ 的函数值；

$\Sigma$ —— 求逻辑和的记号。

此定理说明，若已知真值表，则逻辑函数的标准形可写成各函数与相对应的最小项乘积之和。

例：某逻辑函数的真值表如表 6-4 所示，试写出与-或式标准形

表 6-4

| 序号 | $a$ | $b$ | $c$ | $f$ | 最大项 | 最小项 |
|---|---|---|---|---|---|---|
| 0 | 0 | 0 | 0 | 0 | $M_{111}$ | |
| 1 | 0 | 0 | 1 | 1 | | $m_{001}$ |
| 2 | 0 | 1 | 0 | 0 | $M_{101}$ | |
| 3 | 0 | 1 | 1 | 1 | | $m_{011}$ |
| 4 | 1 | 0 | 0 | 0 | $M_{011}$ | |
| 5 | 1 | 0 | 1 | 1 | | $m_{101}$ |
| 6 | 1 | 1 | 0 | 1 | | $m_{110}$ |
| 7 | 1 | 1 | 1 | 1 | | $m_{111}$ |

由定理即式(6-13)可得出逻辑函数的与-或式标准形为：

$$f(a,b,c) = 0 \cdot m_0 + 1 \cdot m_1 + 0 \cdot m_2 + 1 \cdot m_3 + 0 \cdot m_4 + 1 \cdot m_5 + 1 \cdot m_6 + 1 \cdot m_7$$
$$= m_1 + m_3 + m_5 + m_6 + m_7$$
$$= \bar{a}\bar{b}c + \bar{a}bc + a\bar{b}c + ab\bar{c} + abc$$

由此可知，逻辑函数值为 0 时，所对应的最小项实际上是不出现于标准形中。由此，上述定理可改述为：逻辑函数的与-或式标准形等于函数值为 1 的那些最小项之和。

## 二、逻辑函数的化简和逻辑线路图

由上述可知,由于逻辑函数的形式不是唯一的,且在一般情况下,函数的标准形又不是最简形式的。要使函数所包含的基本运算最少,或者说逻辑线路中所用的基本逻辑元件最少,需要通过基本定理和形式定律进一步化简逻辑函数,由化简后的逻辑函数作出的逻辑线路是最简。但这一说法只在实际逻辑线路中只采用与、或、非三个基本元件组成的情况下才是正确的。而在实际连接线路时,情况要得杂的多,一般说来,如果采用串、并联接法或者采用复合逻辑门,则线路将会更为简单,所用的元件将为更少。

**例**:试将上例中得到的标准形

$$f = \bar{a}\bar{b}c + \bar{a}bc + a\bar{b}c + ab\bar{c} + abc$$

化简成最简的与-或式。

$$\begin{aligned}
f &= \bar{a}\bar{b}c + \bar{a}bc + a\bar{b}c + ab\bar{c} + abc \\
  &= \bar{a}\bar{b}c + \bar{a}bc + a\bar{b}c + ab\bar{c} + abc + abc \\
  &= \bar{a}c(\bar{b}+b) + ac(\bar{b}+b) + ab(\bar{c}+c) \\
  &= \bar{a}c + ac + ab \\
  &= c + ab
\end{aligned}$$

由最简与-或式可作逻辑原理图和气动逻辑线路图如图 6-3 所示。

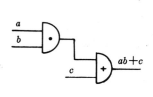 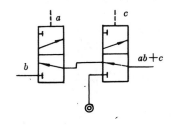

图 6-3

## 三、由真值表求最简或-与式标准形

逻辑函数的或—与式标准形可用下述定理表述。

**定理**:

逻辑函数的或-与式标准形等于对应于函数值为 0 的那些最大项之积。

此定理实际上是求与-或式标准形定理的对偶定理。

**例**:求表 6-4 所示的逻辑函数的最简或-与式。

此例应分为两步进行,即首先求出逻辑函数的或-与式标准形,再通过化简求出逻辑函数的最简或-与式。

由定理及表 6-4 可得

$$\begin{aligned}
f(a,b,c) &= M_7 \cdot M_5 \cdot M_3 \\
&= (a+b+c)(a+\bar{b}+c)(\bar{a}+b+c)
\end{aligned}$$

根据基本定律及形式定律化简可得最简或-与式。

$$f(a,b,c) = [(a+c)+b][(a+c)+\bar{b}][\bar{a}+(b+c)][a+(b+c)]$$

$$= [(a+c)+(a+c)(b+\bar{b})][(b+c)+(\bar{a}+a)(b+c)]$$
$$= (a+c)(b+c)$$

由此可作出其逻辑原理图,如图 6-4 所示。

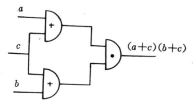

图 6-4　$f=(a+c)(b+c)$ 逻辑原理图

## §6-5　卡诺图法设计逻辑线路

### 一、用卡诺图化简逻辑函数

用卡诺图化简逻辑函数是一个既简单又直观的方法。卡诺图是真值表的变换,它比真值表更明确地表示出逻辑函数的内在联系。使用卡诺图可以直接写出最简逻辑函数避免了繁杂的逻辑代数运算。

卡诺图是一个如同救生圈状的立体图形,为了便于观察和研究,将它沿内圈剖开,然后横向切断并展开得到一个矩形图形。

若自变量为一个,则卡诺图上有两个方格,自变量为 2 个,则卡诺图上有四个方格,自变量为 3 个,有八个方格,……,方格数是自变量的可能排列组合数,即方格数为 $2^n$($n$ 为自变量的个数)个。图 6-5 作出了自变量为 1~4 个的卡诺图。

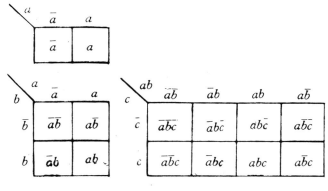

图 6-5

由逻辑函数填卡诺图的方法是先将函数化成与-或式,在卡诺图方格中,属于函数式之与项的格子填上"1",不属于函数式之与项的格子填入"0"。因为有该项的格子表示该组函数值为"1"。

**例**:作出逻辑函数 $f=a\bar{b}\bar{c}+ab\bar{c}+abc$ 的卡诺图。

由逻辑函数 $f = ab\bar{c} + a\bar{b}\bar{c} + abc$ 可知,该逻辑函数有三个变量,所以卡诺图应有 8 个格子。按上述填写卡诺图的方法可作出卡诺图如图 6-6 所示。

有了卡诺图便可直接由卡诺图写出逻辑函数的最简形式。在列写最简逻辑函数式时,也有两种方法,即"与-或"式和"或-与"式。

a) 由卡诺图写"与-或"式逻辑函数

1. 将卡诺图上值为"1"的格子分成若干组,分组的办法:

(1) 相邻的方格可划为一组,所说的相邻方格是指方格边线共用,应指出的是卡诺图的上、下两边是一个边分开的,两端边线也是一条线切开的。

(2) 每组取的方格数应按 $2^n$ 规律选取,且必须组成矩形(也包括方形)。

(3) 每组方格数应尽量按上述规定多取,卡诺图中任一方格均可被几个不同的组重复使用。每组方格数取得越多,则函数的逻辑表达式越简单。

2. 确定每组的"与"函数。确定的办法是:凡是在该组中取不同值的自变量均被消去,余下的自变量若和格内值相同的取原变量,自变量与格内值不同的取反码,把这些自变量的取码相乘便得出该组的"与"式。

3. 把各组写成的"与"式相加,就得出逻辑函数的最简"与-或"式。

根据上述原则,将卡诺图 6-6 分成两组,见图 6-7。第一组的"与"式为 $a\bar{c}$,第二组"与"式为 $ab$。

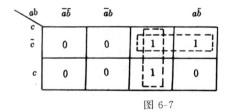

图 6-6　$f = ab\bar{c} + a\bar{b}\bar{c} + abc$ 的卡诺图　　图 6-7

所以逻辑函数为

$$f = a\bar{c} + ab$$

b) 由卡诺图写"或-与"式逻辑函数

由卡诺图写"或-与"或逻辑函数的方法与写"与-或"式逻辑函数的方法基本类似。

1) 把卡诺图中具有"0"的格子按上述原则分组。

2) 写出每组的"或"函数式,在同一组中自变量相反的消去,自变量与格内值相同的取原码,不同的取反码。并把其相加,得出该组的"或"式,再将各组"或"式相乘就得到逻辑函数最简"或-与"式。

由上述方法,也可将卡诺图 6-6 分组成如图 6-8 所示。

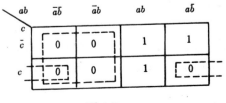

图 6-8

第一组"或"式为 $a$，第二组"或"式为 $b+\bar{c}$，相乘后得最简"或-与"式逻辑函数为
$$f = a(b+\bar{c})$$

## 二、卡诺图法在逻辑线路设计中的应用

逻辑代数是设计逻辑线路的重要数学工具，而卡诺图为逻辑函数化简提供了简便方法。从整个逻辑控制系统来说，还需要有启动信号（手动或自动）主控阀（双气控换向阀）及执行机构等，才能组成较完善的逻辑控制系统。

下面举例说明应用卡诺图法设计逻辑控制中的问题。

例1．设某逻辑控制系统，它由两个气动缸 $A,B$ 及四个按钮 $a,b,c,d$ 组成，其动作要求是：

(1) 按钮 $a$ 接通： $A$ 缸进，$B$ 缸退；
(2) 按钮 $b$ 接通： $B$ 缸进，$A$ 缸退；
(3) 按钮 $c$ 接通： $A$ 缸进，$B$ 缸进；
(4) 按钮 $d$ 接通： $A$ 缸退，$B$ 缸退；
(5) 按钮 $a,b$ 都通： $A,B$ 缸都退；
(6) 按钮 $a,b,c,d$ 都不通：$A,B$ 两缸保持原状态。

按上述设计要求，可列出它们相互关系的真值表，如表 6-5 所示。

表 6-5

| 输 | 入 | | | 输 | 出 | | |
|---|---|---|---|---|---|---|---|
| $a$ | $b$ | $c$ | $d$ | $A_0$ | $A_1$ | $B_0$ | $B_1$ |
| 1 | 0 | 0 | 0 | 0 | 1 | 1 | 0 |
| 0 | 1 | 0 | 0 | 1 | 0 | 0 | 1 |
| 0 | 0 | 1 | 0 | 0 | 1 | 0 | 1 |
| 0 | 0 | 0 | 1 | 1 | 0 | 1 | 0 |
| 1 | 1 | 0 | 0 | 0 | 1 | 0 | 1 |
| 0 | 0 | 0 | 0 | 0 | 0 | 0 | 0 |

表中 $A_0$ ——表示 $A$ 缸退；
$A_1$ ——表示 $A$ 缸进；
$B_0$ ——表示 $B$ 缸退；
$B_1$ ——表示 $B$ 缸进。

由真值表可知，四个逻辑函数 $A_1, A_0, B_1, B_0$ 都包含有四个自变量 $a,b,c,d$，即

$$A_1 = f_1(a,b,c,d)$$
$$A_0 = f_2(a,b,c,d)$$
$$B_1 = f_3(a,b,c,d)$$
$$B_0 = f_4(a,b,c,d)$$

为了利用卡诺图设计逻辑线路,先根据真值表作出卡诺图如图 6-9 所示。

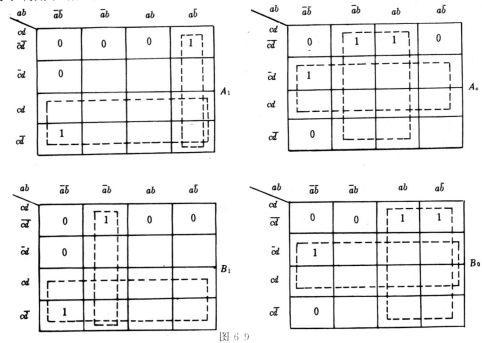

图 6-9

用"与-或"法由卡诺图写出最简逻辑函数为:

$$A_0 = b + d$$
$$A_1 = a\bar{b} + c$$
$$B_0 = a + d$$
$$B_1 = c + \bar{a}b$$

卡诺图中没有确定值的空格是生产中不出现的情况,可以任意假定。

根据写出来的四个逻辑函数,可画出气动逻辑线路图如图 6-10 所示。

除了用气动元件组成逻辑线路外,还可用逻辑元件组成控制图如图 6-11 所示。

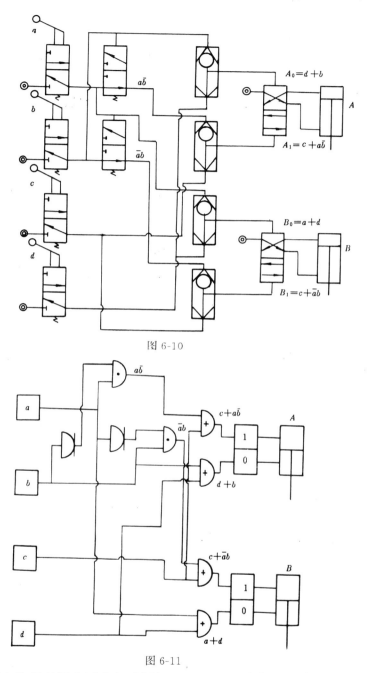

图 6-10

图 6-11

例 2，某电厂水处理车间有四个气动阀门 $A,B,C,D$，它们在生产过程中可能出现如下八种情况（如表 6-6 所示），其中①、④和⑥为危险工作情况，要自动报警，试设计汽笛报警逻辑控制线路。

表 6-6

| 编号 | A | B | C | D | 报警 | 组号 | A | B | C | D | f |
|---|---|---|---|---|---|---|---|---|---|---|---|
| ① | 关 | 开 | 开 | 开 | 有 | 7 | 0 | 1 | 1 | 1 | 1 |
| ② | 开 | 关 | 关 | 关 | 无 | 8 | 1 | 0 | 0 | 0 | 0 |
| ③ | 关 | 开 | 关 | 开 | 无 | 5 | 0 | 1 | 0 | 1 | 0 |
| ④ | 关 | 关 | 开 | 关 | 有 | 2 | 0 | 0 | 1 | 0 | 1 |
| ⑤ | 开 | 关 | 开 | 开 | 无 | 11 | 1 | 0 | 1 | 1 | 0 |
| ⑥ | 开 | 开 | 关 | 关 | 有 | 12 | 1 | 1 | 0 | 0 | 有 |
| ⑦ | 关 | 关 | 关 | 开 | 无 | 1 | 0 | 0 | 0 | 1 | 0 |
| ⑧ | 开 | 开 | 开 | 关 | 无 | 14 | 1 | 1 | 1 | 0 | 0 |

如果在阀门开启位置分别安装四个发信装置 $A,B,C,D$，则阀门 $A$ 开启时 $A=1$，关闭时 $A=0$，$B,C,D$ 也同样。设报警信号为 $f$，则有报警信号时 $f=1$，无报警信号时 $f=0$，因此可以认为 $f$ 是 $A,B,C,D$ 四个变量的逻辑函数。这样就把设计报警逻辑控制系统问题转化成寻求逻辑函数 $f$ 的问题。

根据表 6-6（真值表部分），可直接作出卡诺图如图 6-12 所示

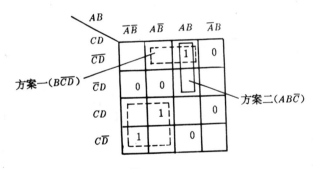

图 6-12

根据"与-或"法由卡诺图写出最简逻辑函数式为：

$$f = B\overline{CD} + \overline{A}C \qquad (方案一)$$

或

$$f = AB\overline{C} + \overline{A}C \qquad (方案二)$$

由于方案二的自变量比方案一的自变量少，因此选择方案二作为报警装置的设计依据，由此，可作出报警装置的逻辑原理图和气动逻辑线路图 6-13 所示。

## §6-6 最简"或非-或非"式和"与非-与非"式

"或-非"逻辑元件和"与-非"逻辑元件一样，它们都是具有多功能的复合逻辑元件。而在气动逻辑控制中比较常用的是"或-非"逻辑元件。这是因为一个具有"或非-或非"函数

关系的逻辑特性完全可以由单一的"或-非"元件组成的路线来实现。而一切逻辑函数式又都可以化成"或非-或非"逻辑函数式。因此,可以说所有的逻辑函数式都可以用"或非"元件组成的线路来实现其逻辑功能。

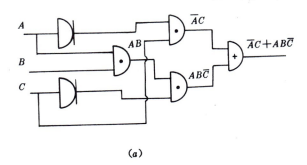

(a)

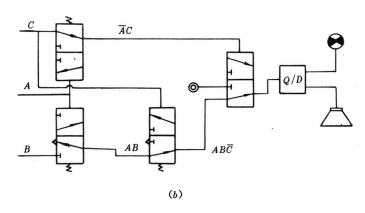

(b)

图 6-13

### 一、最简"或非-或非"式

将逻辑函数式化成"或非-或非"函数式的基本方法是:先根据逻辑函数作卡诺图,再由卡诺图按"或-与"法写出"或-与"式函数,把写好的"或-与"式函数通过二次求反,便可得到"或非-或非"式函数。

例:将逻辑函数式 $f = \overline{a}b + ab$ 写成"或非-或非"式函数。

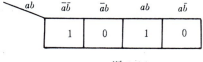

图 6-14

先按卡诺图填写法将逻辑函数 $f = \overline{a}b + ab$ 的值填进卡诺图中,如图 6-14 所示。再按"或-与"式法写出"或-与"式函数式,
$$f = (\overline{a} + b)(a + \overline{b})$$
然后通过两次求反则得"或非-或非"式,即
$$f = \overline{\overline{f}} = \overline{\overline{(a+b)(a+\overline{b})}}$$

$$= \overline{\overline{(\overline{a}+b)} + \overline{(a+\overline{b})}}$$

但这样求的"或非-或非"式并不一定是最简的形式,所谓最简指的是"或非-或非"式中,非的运算最少,即"或非"元件用的最少。最简"或非-或非"式的求法可归纳成如下几个步骤:

(1) 由卡诺图或逻辑函数运算写出最简"或-与"式函数。

(2) 应用分配律合并运算,例如

$$(a+\overline{c})(a+\overline{b}) = a+\overline{bc}$$

合并的条件是:合并后不同因子组成的与式中至少有一个因子变量的反码形式出现,否则就不应合并。上述简单例子中,合并后的"与"式 $\overline{bc}$ 中因子 $\overline{b}$ 和 $\overline{c}$ 都是以变量的反码形式出现的,因此,可进行合并。否则合并不但不会减少组成"或非-或非"线路的组件,反而还会增加。下面用表 6-7 加以说明。

表 6-7

| 序号 | 合并前状况 | | | 合并后 | 合并后结果 | |
|---|---|---|---|---|---|---|
| | 或-与式 | 或非-或非式 | 元件数 | | 或非-或非式 | 元件数 |
| 1 | $(a+\overline{b})(a+\overline{c})$ | $\overline{\overline{a+\overline{b}}+\overline{a+\overline{c}}}$ | 5 | $a+\overline{bc}$ | $\overline{\overline{a+\overline{b}+c}}$ | 3 |
| 2 | $(a+\overline{b})(a+c)$ | $\overline{\overline{a+\overline{b}}+\overline{a+c}}$ | 4 | $a+\overline{b}c$ | $\overline{\overline{a+\overline{b}}+\overline{c}}$ | 4 |
| 3 | $(a+b)(a+c)$ | $\overline{\overline{a+b}+\overline{a+c}}$ | 3 | $a+bc$ | $\overline{\overline{a}+\overline{b}+\overline{c}}$ | 5 |

由表 6-7 可知,由于第三种情况中合并后的"与"式 $b\cdot c$ 中 $b$、$c$ 都是以原码出现,它将使线路元件增加,因此不能合并,而前两个情况都符合并条件。

(3) 应用反映律 $A+B=A+\overline{A}B$,用 $\overline{A}B$ 代替 $B$,例如

$$f=(a+\overline{b})(\overline{a}+b) = (a+\overline{ab})(b+\overline{ab})$$

式中右端第一个"与-或"式 $(a+\overline{ab})$ 中,是以 $\overline{ab}$ 代替 $\overline{b}$,第二个"与-或"式 $(b+\overline{ba})$ 中是以 $\overline{ba}$ 代替 $\overline{a}$,代替的条件是:代用或子中不应是原变量的乘积。

(4) 对合并式代用后的逻辑函数式进行二次求反,便可得"或非-或非"函数式,并作出其逻辑原理图

**例 1**  $f=(a+b)(\overline{a}+b)=(a+\overline{ab})(\overline{ab}+b)$

二次求反可得
$$f=\overline{\overline{a+\overline{b}+a}+\overline{\overline{a+\overline{b}+b}}}$$

其逻辑图如图 6-15 所示。

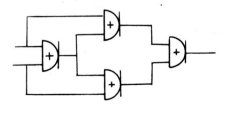

图 6-15

**例 2** 将 $f = a\bar{b}c + \bar{a}b$ 化成最简"或非-或非"式并作其逻辑原理图。

将 $f = a\bar{b}c + \bar{a}b$ 值填入卡诺图中,如图 6-16 所示。

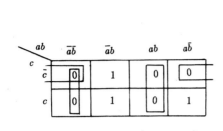

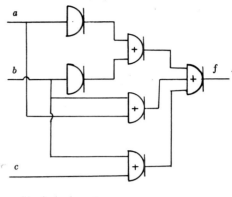

图 6-16

图 6-17

由卡诺图先写出

$$\bar{f} = \bar{b}\bar{c} + ab + \bar{a}\bar{b}$$

的"与-或"式,再求一次反得

$$f = \bar{\bar{f}} = \overline{\overline{\bar{a}\bar{b} + ab + \bar{b}\bar{c}}}$$
$$= \overline{\overline{a+b} + \overline{\bar{a}+\bar{b}} + \overline{b+c}}$$

作其"或非-或非"式逻辑原理图如图 6-17 所示。

**二、"与非-与非"式**

化成"与非-与非"式的基本方法是对最简"与-或"式施行二次求反。

**例** 将 $f = a\bar{b} + b\bar{c} + \bar{a}b + \bar{a}c + a\bar{c}$ 化成"与非-与非"式。先根据过渡律将 $f$ 化成最简"与-或"式,

$$f = a\bar{b} + b\bar{c} + \bar{a}b + \bar{a}c + a\bar{c}$$
$$= (b\bar{c} + \bar{a}c + a\bar{b}) + (b\bar{c} + a\bar{b} + \bar{a}c)$$
$$= b\bar{c} + \bar{a}c + b\bar{c} + a\bar{b}$$
$$= b\bar{c} + \bar{a}c + a\bar{b}$$

对上式施行二次求反得

$$f = \bar{\bar{f}} = \overline{\overline{b\bar{c} + \bar{a}c + a\bar{b}}}$$
$$= \overline{\overline{b\bar{c}} \cdot \overline{\bar{a}c} \cdot \overline{a\bar{b}}}$$

最后作"与非-与非"式逻辑原理图如图 6-18 所示。

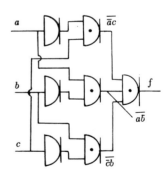

图 6-18

# 第七章 行程程序控制系统

## §7-1 概述

程序控制包括数字程序控制和简单的程序控制两类。按发信装置和控制信号的不同，简单的程序控制可分为行程程序控制和时间程序控制。

程序控制是根据生产过程中的物理量，例如位移、时间、压力、温度、液位等的变化，使控制对象的各执行机构按照预先给定的程序有序协调地工作。

行程程序控制是闭环程序控制系统，如图 7-1 所示。当启动输入信号发出后，逻辑线路将发出执行信号，控制执行机构进行第一步动作，完成第一步动作后，触发行程阀或行程开关，发出气的或电的行程信号（称之为控制信号），经逻辑回路运算后，发出第二个执行信号，实现第二步动作，……整个系统将按预先给定的程序循环地工作。显然只有完成第一步动作后，才有可能进行下一步动作，这种控制方法具有连续的控制作用，因而极为安全可靠，是气动设备上应用最广的一种控制方法。

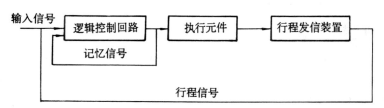

图 7-1

行程程序控制系统包括位置发信装置，执行机构，逻辑控制回路，动力源等部分。位置发信装置是一种发出位置（行程）信号的传感器（转换器），通常是行程阀、喷嘴-挡板机构、行程开关等。此外还有液位、压力、温度等的传感器也可作为位置发信装置。执行元件和它联动的机构称为执行机构，常用的执行元件有气缸（包括气-液缸）、气动马达、气动阀等。逻辑控制回路由气动方向阀或气动逻辑元件根据程序要求的逻辑表达式组成。动力源由产生压缩空气的压缩机、分水滤气器、干燥器、储气罐、调压阀、油雾器等组成。

根据气动缸在工作运行一个周期中往复运动的次数，行程程序控制系统可分为单往复和多往复两种。为了适应生产的不同要求，程序可设计成可选择的。要选择哪种程序，可以在系统运行前事先确定，也可以在系统运行中，根据某种条件自动选定。前者称为人工预选程序，后者称为自动选择程序。在行程程序控制系统中，有时需要局部采用压力或时间控制，并且大多数的系统都需要有速度控制，同一气动缸可以使用几种不同压力或气流流量，以实现不同的驱动力或运行速度，适应生产实际中的各种要求。本章将根据上述不同特点的程序要求,分别说明行程程序控制系统的设计方法。

## §7-2 气动系统中常用的电气电路

当选择电控的气动阀操纵气动缸时,其控制线路是由电气元件组成。为了更好地理解、设计和使用电气控制的气动逻辑控制系统,本节将讨论几个气动控制系统中常用的电气控制电路。

一、控制继电器

1. 控制继电器的原理与机能

图 7-2 为控制继电器的工作原理图,它是由按钮开关(限位开关)、电磁铁线圈、触点、接线柱等组成。通过按钮或限位开关使电磁铁线圈通电励磁,吸合触点,使被控制的主回路闭合通电。这就是继电器的工作原理和工作机能。

2. 控制继电器的种类

控制继电器是一种当输入量变化到某一定值时,电磁铁线圈通电励磁,吸合触点,接通或断开交、直流小容量控制电路中的自动化电器。它被广泛应用于电力拖动,程序控制,自动调节与自动检测系统中。控制继电器种类繁多,常用的有电压继电器,电流继电器,中间继电器,时间继电器,热继电器,温度继电器和速度继电器等。

二、串联电路

逻辑"与"的回路也称为串联回路。一台机床有几个人进行操作时,为了保证生产安全,要求每个操作者都要装设一个启动开关,只有当每个操作者都按下自己的启动开关时,机床才能开始运行。图 7-3 是串联电路的一例。由图示可知,为使电磁阀线圈 $DFQ$ 励磁,首先需要继电器 $J_4$ 线圈励磁,列号 5 的继电器触点 $J_4$ 才能闭合。而要使继电器 $J_4$ 线圈励磁的先决条件是串联电路中的继电器触点 $J_1,J_2,J_3$ 都闭合,即行程(限位)开关 $LX_1,LX_2,LX_3$ 都应被按下闭合。若其中有一行程(限位)开关没被按下,电磁阀线圈 $DFQ$ 就不会被励磁。称具有这种功能的回路为串联电路。这种串联电路在生产实际中已得到广泛的应用。

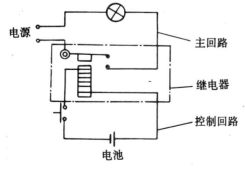

图 7-2 继电器工作原理图

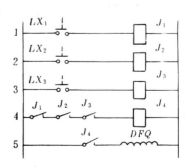

图 7-3 串联电路图

### 三、并联电路

仍以机床为例,当几个操作者同时作业时,为确保安全,要求只要其中任何一个操作者按下停止开关,机床即应停止运行。具有这种控制功能的回路可由并联电路来实现。逻辑"或"回路也称为并联回路。图 7-4 是满足这一要求的例子。 如果图中列号 1、2、3 中任何一个行程(限位)开关被闭合时,列号 4 的继电器 $J_4$ 就会被励磁,其结果是使电磁阀线圈 DFQ 励磁,电磁阀换向,控制气动缸或者气动离合器等执行元件换回。使 DFQ 励磁的条件是 $LX_1$,$LX_2$,$LX_3$ 中任一行程(限位)开关接通。

### 四、自保持电路

图 7-5 是使用按钮开关的电灯开闭电路,在电路中为使灯 A 不亮而使灯 B 亮的状态继续下去,必须继续按住开关才行。而

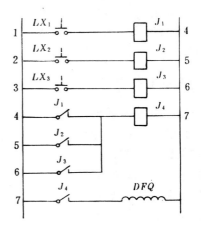

图 7-4 并联电路图

图 7-6 是实现上述要求的自保持电路,图中加上一个继电器触点②。

如果按图 7-6 配线,则只需按一次按钮开关 QA,就使继电器 J 获得记忆,即使松开按钮 QA,灯 A 也将继续保持灯灭的状态,灯 B 也将继续保持灯亮的状态。这是由于接通按钮开关 QA 后,继电器 J 被励磁,触点①及触点②被吸合,触点②与 QA 并联,所以断开开关 QA 后,励磁线圈 J 也可通过触点②获得电流,继续保持励磁状态。因为继电器是以自己的触点保持励磁状态的,所以称此电路为自保持电路,也叫记忆电路。

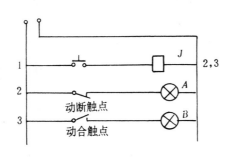

图 7-5 按钮开关电路

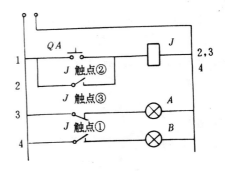

图 7-6 自保持电路

要解除这电路的自保持机能,可在触点②(称为自保持触点)与列号 1 的继电器之间加入一个常闭按钮开关 TA,如图 7-7 所示。这样当按下按钮开关 QA 后,电路进入自保持状态,此时 A 灯灭,B 灯亮。若按下停止开关 TA,自保持状态被解除,此时 A 灯亮,B 灯灭。

## 五、延时电路

在电气控制中,由于输入信号是由按钮开关等给与的,电路中的触点是要经过一定时间之后才闭合或断开。因此通常称此电路为时间电路。由于现代的气动工艺设备所能完成的工艺过程和操作越来越真复杂,操作之间需要按一定时间紧密巧妙地配合,要求工艺过程时间可随人们的要求在某一定范围内调整。这需要利用延时电路来加以实现。

图 7-8 是延时电路的例子。图 7-8(a) 为延时闭合电路。其工作原理是按下启动开关 $QA$,定时器 $SJ$ 开始计数,经过规定的时间后,列号 2 的定时器触点 $SJ$ 接通,电灯 $XD$ 亮,放开 $QA$,定时器触点 $SJ$ 即刻断开,电灯 $XD$ 熄灭。图 7-8(b) 为延时断开电路,其工作原理为按下启动开关 $QA$,定时器触点 $SJ$ 也同时接通,电灯 $XD$ 亮,放开 $QA$,定时器 $SJ$ 开始计数,到规定时间后,定时器触点 $SJ$ 才断开,$XD$ 灯灭。

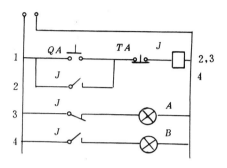

图 7-7 自保持电路的解除

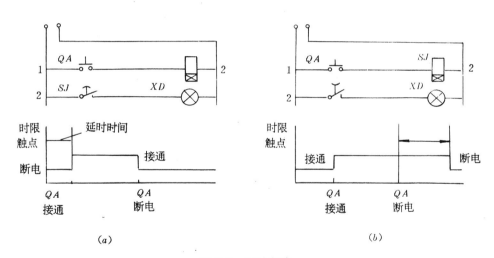

图 7-8 延时电路

## 六、优先电路

所谓优先电路就是当得到相互矛盾动作的信号时,使先加入信号优先动作,而后加入的信号不起作用的电路。通常称具有这种机能的电路为先入信号优先电路。图 7-9(a) 为双电磁铁(双控)中位封闭式三位换向阀控制的气动缸往复回路,图 7-9(b) 为它的操作电路。结合图 7-9(a) 及 (b) 分析此系统工作原理。工作开始时,按下按钮 $AN_1$,继电器 $J_1$ 励磁并进入自保持状态,列号 5 的继电器触点 $J_1$ 闭合通电,电磁阀线圈 $DFQ_1$ 励磁,换向阀换向,活塞前进,当活塞杆前端与限位开关 $LX_1$ 接触后,继电器 $J_1$ 的自保持状态被解除,

· 131 ·

线圈 $DFQ_1$ 被消磁,活塞停止前进。按下开关 $AN_2$ 后,继电器 $J_2$ 通电励磁,并进入自保持状态。列号 6 的继电器触点 $J_2$ 闭合,线圈 $DFQ_2$ 励磁,活塞开始后退,当活塞杆前端与限位开关 $LX_2$ 接触后,继电器 $J_2$ 自保持被消除,$DFQ_2$ 也同时被消磁,换向阀复位,活塞停止运动。乍看起来,上述回路似乎可以没有问题地完成活塞往复的动作。但倘若活塞处在中间位置,即 $LX_1$ 和 $LX_2$ 都处于闭合状态时,几乎同时按下按钮 $AN_1$ 和 $AN_2$ 时,由于 $LX_1,LX_2$ 都闭合,继电器 $J_1,J_2$ 都进入自保持状态,$DFQ_1,DFQ_2$ 都被励磁,其结果将导致电磁铁过热或烧坏的事故发生。为了避免这一事故的发生,这里采用图 7-10 所示的先入优先电路。

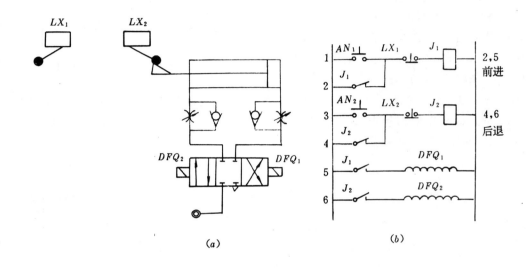

图 7-9 气动缸往复运动回路及其操作电路

图 7-10 中,将继电器 $J_1$ 的常闭触点 $J_1$ 加到列号 3 上,继电器 $J_2$ 的常闭触点 $J_2$ 加到列号 1 上,这样就保证了继电器 $J_1$ 被励磁的时间内继电器 $J_2$ 不被励磁,反之 $J_2$ 被励磁的时间内 $J_1$ 不被励磁,确保了先入信号优先。

上述介绍了几个气动系统中常用的电气电路,其工作原理简单,但却是应用广泛。

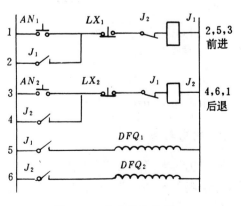

## §7-3 障碍信号

图 7-10 先入优先电路

在行程程序控制系统的设计中,经常

要碰到称之为障碍信号的信号。所谓障碍信号是指在同一时刻,主控阀的两端控制口同时存在控制信号,妨碍主控阀按预定程序换向。为保证行程程序控制系统预先给定的程序协调地工作,就必须找出障碍信号并设法消除它。

先考察一简单的行程程序:$A_1A_0B_1B_0$,程序中 $A_1$ 表示气动缸 $A$ 前进,$A_0$ 表示气动缸 $A$ 后退,$B$ 缸也作类似表示。图 7-11 (a) 为该程序及其输入输出信号的波形图。$A_1,B_1$ …,既可看作主控阀的输出(记忆)信号,也可看作气动缸的动作,$a_1,b_1$,…,则表示活塞杆凸轮压住行程阀时发出的机控信号,通过行程阀转换成气控信号 $a_1,b_1$,…。由图可知,在时间隔 $\triangle t_1 = t_1 - t_0$ 内,$A_1 = 1$,在 $\triangle t_2 = t_4 - t_1$ 内,$A_1 = 0$,其他信号以此类推,将主控阀输出信号表示成:

$$A_1 = K_{R_A}^{S_A}, \qquad A_0 = K_{S_A}^{R_A}, \qquad B_1 = K_{S_B}^{S_B}, \qquad B_0 = K_{S_B}^{R_B}$$

式中:上角标表示通信号,下角标表示断信号。

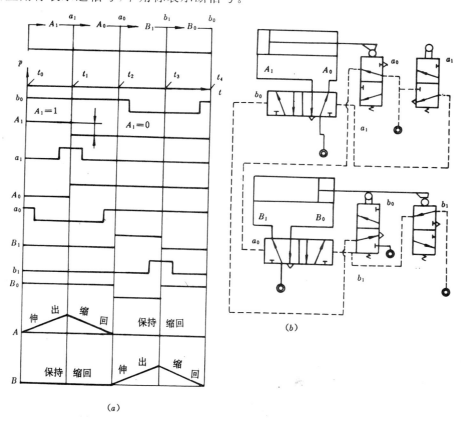

图 7-11

若将控制信号 $a_1,b_1$,…,按给定程序分别连接到产生相应动作的主控阀控制口上,可得 $S_A = b_0, R_A = a_1, S_B = a_0, R_B = b_1$;由图 7-11 可知,$t_3$ 时刻前 $a_0$ 已经存在,一直到 $A$ 缸开始前进后 $a_0$ 才消失,当在 $t_3$ 时刻产生 $b_1$ 时,就形成了 $a_0 = 1$,$b_1 = 1$ 同时作用于控制 $B$ 缸的主控阀两端的控制口上,妨碍 $B$ 缸按给定程序退回,如图 7-11 (b) 所示。此时称 $a_0$ 为有障信号,而其障碍信号的长度为 $t_3$ 到 $t_4$ 的这一段时间内,类似地,到了 $t_1$ 时刻后,也存在此类障碍信号,妨碍 $A$ 缸后退。要使行程程序控制系统按预先给的程序正常地工作,控制信号 $S$ 和 $R$ 应满足：

1. 控制信号 $S$ 和 $R$ 应按程序要求顺次发生。
2. 任一控制信号 $S$ 或 $R$ 在其该发生的节拍之外应即应消失。
3. 作用于任一主控阀的两端的控制信号 $S$，$R$ 应满足 $S \cdot R = 0$ 的逻辑关系。

设使主控阀产生的输出信号为 $X_1$ 和 $X_0$ 的控制信号分别为 $x_1$ 和 $x_0$，如果把 $x_1$ 和 $x_0$ 相应地连接到主控阀的控制口上,当工作程序要求输出 $X_1$ 时,可能出现下述三种情况：

1. 只有控制信号 $x_1$ 作用于主阀芯上,则主控阀输出为 $X_1$。
2. 在控制信号 $x_1$ 发生之前,主控阀芯上已存在 $x_0$,则 $x_0$ 妨碍 $x_1$ 信号的控制作用。此时称 $x_0$ 为 I 型障碍信号。
3. 只有 $x_0$ 存在,则导致系统不能按工作程序要求输出 $X_1$,产生误动作。称此类障碍为 II 型障碍信号。II 型障碍信号只有在多往复程序控制系统中才能出现。

判别障碍信号并设法消除它是设计行程程序控制系统必须首先解决的问题,为解决此问题人们已得出多种设计方法,例如卡诺图法,信号-动作 ($X$-$D$) 状态图法,$C$-$S$ 法,区间直观法,分组供气法,插入禁止法等,而这些方法都基于逻辑代数的基本理论。其中信号-动作 ($X$-$D$) 状态图法因它具有直观易懂等优点,因而得到广泛的应用。

## §7-4 信号-动作 ($X$-$D$) 状态图

信号-动作状态图(简称为 $X$-$D$ 状态图)法是一种图解方法,它把控制信号的存在状态和执行元件的动作状态清楚地用一张图表示,它不仅清楚地表示障碍信号的存在状态,还提供了消除障碍信号的各种可能。还可利用它来检查线路的正确和判断线路的可行性。下面以具体例子说明 $X$-$D$ 状态图的制作方法。

### 一、$X$-$D$ 状态图图框的画法

**例 7-1** 试作程序为 $A_1A_0B_1B_0$ 的信号-动作 ($X$-$D$) 状态图。

如图 7-12 所示,根据已给的程序 $A_1A_0B_1B_0$ 在方格图第一行自左至右填入节拍序号(即行程程序号),第二行填写程序本身,最后一列留作填写执行信号,即执行信号的逻辑函数式,最前一列按给定的程序依次列出信号和动作符号,亦即依节拍分别写出控制信号和动作信号,并在控制信号后的括号内注明被控制的动作,例如 $b_0(A_1)$ 表示 $b_0$ 为控制信号,它所控制的动作为 $A_1$。在图表的下方可留出几行空格,以备消除障碍时使用。

| 节拍<br>程序<br>X-D | 1<br>$A_1$ | 2<br>$A_0$ | 3<br>$B_1$ | 4<br>$B_0$ | 执行信号 |
|---|---|---|---|---|---|
| $b_0(A_1)$<br>$A_1$ | | | | | |
| $a_1(A_0)$<br>$A_0$ | | | | | |
| $a_0(B_1)$<br>$B_1$ | | | | | |
| $b_1(B_0)$<br>$B_0$ | | | | | |

图 7-12 程序 $A_1A_0B_1B_0$ 的 X-D 图框

## 二、动作状态线的画法

用粗实线表示各执行元件动作状态线,如图 7-13 所示。动作状态线起点于其程序中大写字母相同(纵横)且字母下标(指 0 或 1)也相同的方格左端,终止于纵横程序坐标中大写字母相同而下标相异的方格左端。例如 $A_1$ 从节拍 1 开始到节拍 2 前止。这里需要说明:

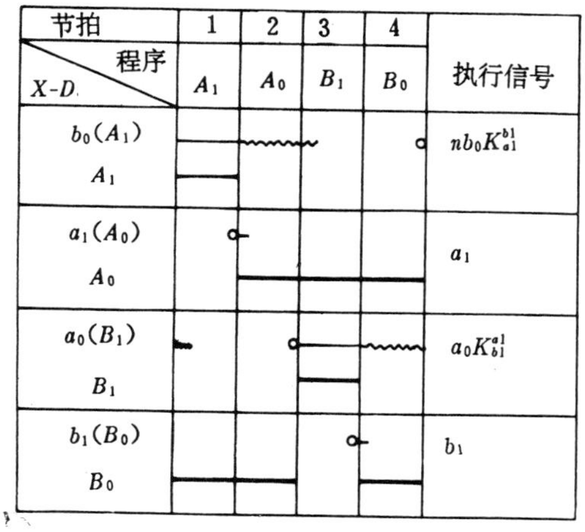

| 节拍<br>程序<br>X-D | 1<br>$A_1$ | 2<br>$A_0$ | 3<br>$B_1$ | 4<br>$B_0$ | 执行信号 |
|---|---|---|---|---|---|
| $b_0(A_1)$<br>$A_1$ | ▬ | ∿ | | ○ | $nb_0K_{a1}^{b1}$ |
| $a_1(A_0)$<br>$A_0$ | ○ | ▬ | ▬ | ▬ | $a_1$ |
| $a_0(B_1)$<br>$B_1$ | | ○ | ▬ | ∿ | $a_0K_{b1}^{a1}$ |
| $b_1(B_0)$<br>$B_0$ | | | ○ | ▬ | $b_1$ |

图 7-13 程序为 $A_1A_0B_1B_0$ 的 X-D 状态图

(1) 各节拍间的纵向分界线是各主控阀的切换时间线。

(2) 任一主控阀,它的两个输出总互为反相,例如 $A_1 = \overline{A_0}$。所以,系统按程序运行时,任一时刻总有两个输出信号之一存在,两个输出状态线可水平地连接成一闭合直线。因此,当画出其中一条状态线,则可根据互为反相性质作出另一条输出状态线。

## 三、控制信号线的画法

用细实线表示信号状态线,这里所指的信号是气缸活塞运动到终端时产生的机控信号,由于固定在活塞杆上的凸轮有一定的长度,控制信号在行程终端前就已经产生,而在活塞开始退回后才消失。因此,控制信号线应从符号相同的行程末端开始到符号相异的行程开始后的前端结束(参见图 7-13)。控制信号线不与纵向分界线分界,其两端都有出头。这是因为控制信号总是比它所控制的动作早一瞬间开始,而在动作反向切换后一瞬间结束。控制信号比动作状态线提前产生的那个出头部分是使主控阀切换这一命令的有效部分,称之为执行段,在 $X\text{-}D$ 状态图中用小圆圈"○"表示。一旦主控阀切换,由于它的记忆作用,控制信号的其他部分可视为不起作用而可变成可有可无。

## §7-5  障碍信号的判别及其消除

### 一、障碍信号的判别

1. 用 $X\text{-}D$ 状态图判别障碍。

用 $X\text{-}D$ 状态图判别障碍的方法很简单,在 $X\text{-}D$ 状态图上,控制信号线比它所控制的动作状态短即没有障碍,比它所控制的动作状态线长为有障碍,它表示在某行程段上有两个控制信号同时作用于一个主控阀上,比它所控制动作状态线长的那部分控制信号线妨碍反向动作,在 $X\text{-}D$ 图中用波浪线表示,如图 7-13 所示。应设法消除。有些控制信号线和动作状态线基本等长,只是比动作状态线多出一出头部分,这一出头部分也是一种障碍信号,称之为滞消障碍,由于它在暂短的时间内会自行消失,通常无需设法消除。

2. 区间直观法判别障碍。

区间直观法判别障碍是一种容易掌握的快速判别方法,它不必画 $X\text{-}D$ 线图,直接由行程程序来判断。对于一个给定的行程程序,可以这样理解,各执行元件(气动缸)按程序顺次动作,前一动作控制后一动作,这里称前一动作的执行元件为发信元件。例如行程程序 $A_1A_0B_1B_0$ 中,$A$ 缸退回时控制 $B$ 缸前进,或者说 $A$ 缸退回时发生指令 $a_0$ 控制 $B$ 缸前进,称 $A$ 缸为发信缸,$B$ 缸为受控缸。

区间直观判别法可简述为:在某发信元件的往复(或复和往)的运动区间内,若含有受控元件的往和复运动,则发信元件发出的控制信号有障碍。例如,对于程序 $A_1A_0B_1B_0$,在 $A$ 缸复往区间($A_0,A_1$)里,有 $B$ 缸的往复运动 $B_1$ 和 $B_0$,所以发信缸 $A$ 发出的信号 $a_0$ 有障碍。同理 $b_0$ 也有障碍。

### 二、障碍信号的消除

在完成障碍信号的判别后,可将无障碍的控制信号直接和主控阀两侧的控制口连接,而有障碍的控制信号应通过适当的方法将障碍段加以消除,保留其执行段。消除障碍的方法有下述几种:

(1)通过逻辑"与"运算消除障碍段;
(2)将控制信号变成脉冲信号消除障碍段;
(3)应用差压原理消除障碍段;
(4)利用辅助阀消除障碍段;
(5)通过逻辑非,与运算消除障碍段。

1. 逻辑与运算消除障碍

根据逻辑与运算的性质,可将长信号变成短信号,达到消除障碍段保留执行段之目的。逻辑与消除障碍的方法可简述为:若将含有障碍的控制信号 $m$ 与另一个(称为制约信号)$x$ 实行逻辑与运算,其结果应是一个保留控制信号的执行段,消除障碍段的新信号 $m^*$,称为执行信号,其数学表达式为

$$m^* = m \cdot x$$

制约信号 $x$ 应满足:制约信号 $x$ 的状态线应和控制信号 $m$ 的执行段重合,与 $m$ 的障碍段不重合。

制约信号 $x$ 通常是借助 X-D 状态图寻找,可以作为制约信号 $x$ 的有:
(1)其他控制信号;
(2)其他主控阀输出信号;
(3)辅助阀输出信号;
(4)系统中现有的信号通过各种逻辑运算获得的新信号。

2. 辅助阀消除障碍

当程序控制回路中没有直接可以用作制约信号的原始信号时,可另增设辅助阀,使辅助阀的输出信号和被制约信号通过逻辑"与"运算来消除障碍段。辅助阀一般为二位三道阀,双气控信号分别为"通"、"断"信号,用 $K_{x_0}^{x_1}$ 表示,其中 $x_1$ 为辅助阀的"通"信号,该"通"信号应与被制约信号(用 $m$ 表示)的执行段重复,而不与被制约信号 $m$ 的障碍段重合。$x_c$

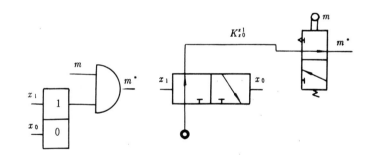

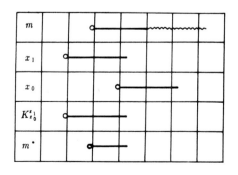

图 7-14 辅助阀消障

为辅助阀的"断"信号,该"断"信号应与障碍段重合,而不与执行段重合。图 7-14 为利用辅助阀消除障碍的逻辑原理图及 X-D 状态图

作为辅助阀的"通"和"断"信号应满足 $x_1 \cdot x_0 = 0$。

3. 逻辑"非"运算消除障碍

用原始信号经逻辑"非"运算得到反相信号消除障碍,原始信号做逻辑"非"的条件是起点在被制约信号 $m$ 的执行段之后,$m$ 的障碍段之前,终点在 $m$ 的障碍段之后,$m$ 的执行段之前,如图 7-15 所示。其数学表达式为

$$m^* = m\bar{x} \tag{7-2}$$

4. 差压阀消障

把主控阀的气控信号作用面积作成大小不等的两个控制面,含有障碍的控制信号 $m$ 和小头连接,换向信号 $x$ 控制大头。当信号 $x$ 一出现时,控制信号 $m$ 的障碍即被消除。其原理图如图 7-16 所示。

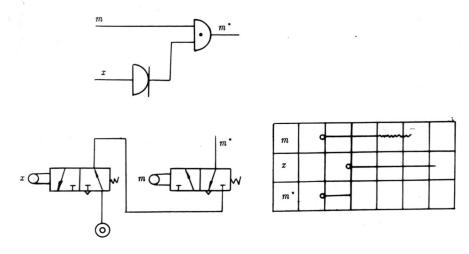

图 7-15 逻辑"非"消障

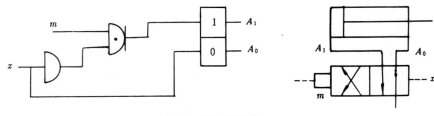

图 7-16 差压阀消障

5. 将控制信号变成脉冲信号

由于脉冲信号存在的时间是短暂的,因此不可能含有障碍段,也就无需设法消除。现在的问题是如何将含有障碍段的控制信号变成脉冲信号,通常的作法有下述三种:

(1)利用机械式活络挡块使行程阀发出的信号为脉冲信号如图 7-17 所示。

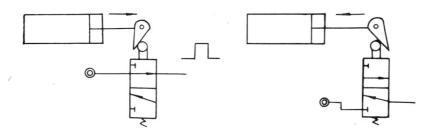

图 7-17 利用活络挡块消障

当活塞杆伸出时,行程阀发出脉冲信号,而当活塞杆收回时,行程阀不发信号。

(2)利用可通过式行程阀。

和机械式活络挡块一样,可使行程阀发出脉冲信号,活塞收回时,行程阀不发信号。如图 7-18 所示。

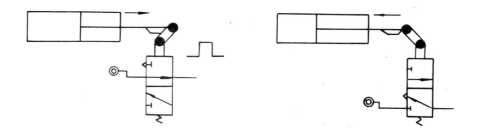

图 7-18 可通过式行程阀

上述两种行程阀不能用来限位,因为要使行程阀发出脉冲信号,不能将行程阀安装在行程的终点,而应保留一段行程以便使挡块或凸轮通过行程阀。

(3)直接用脉冲阀

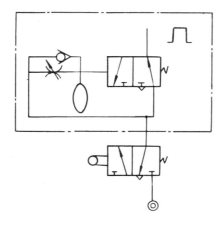

图 7-19 脉冲阀消障

图 7-19 是用脉冲阀将长信号变成短信号的原理图,脉冲阀发出的脉冲信号时间长短可通过调整脉冲阀的节流阀来实现,调整合适与否要在系统中检验。

## §7-6 单往复行程程序控制系统的设计

在给定的行程程序一次循环过程中,系统中各执行元件只作一次往复运动的系统称为单往复行程程序控制系统。在前几节中,已讨论了障碍信号,障碍信号的判别与消除。本节将通过实际例子,讨论单往复行程程序控制线路的设计。行程程序控制系统的设计一般有 $X$-$D$ 状态线图法,程序控制线图法,卡诺图图解法等。

### 一、$X$-$D$ 状态线图法

$X$-$D$ 状态线图法设计行程程序控制系统的步骤是:
1. 根据事先给定的行程程序绘制 $X$-$D$ 状态线图。
2. 由 $X$-$D$ 状态线图判别障碍信号。
3. 寻求消除障碍方式并确定执行信号。
4. 根据已确定的执行信号制作程序控制逻辑原理图及气动控制线路图。

下面通过实际例子说明设计方法

例 7-2 设已给定工作程序为

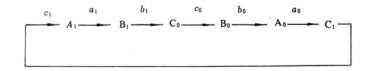

试设计该行程程序控制系统。根据预先给定的工作程序,可作出 $X$-$D$ 状态线图如图 7-20 所示。由图可判断出控制信号 $a_1(B_1)$ 和 $b_0(A_0)$ 为有障碍信号。为消除障碍信号,可以用下述四种信号作为制约信号。

(1)选择别的控制信号作为制约信号,由图可知,满足制约信号条件的有控制信号 $c_1$ 和 $c_0$,用 $c_1$ 作为 $a_1(B_1)$ 的制约信号,用 $c_0$ 作为 $b_0(A_0)$ 的制约信号,即
$$a_1^*(B_1) = a_1 \cdot c_1 \qquad b_0^*(A_0) = b_0 \cdot c_0$$

(2)选用控制阀输出作为制约信号

由图 7-20 可知,控制阀 $C$ 的一个输出 $C_1$ 可作为 $a_1(B_1)$ 的制约信号,而另一个输出 $C_0$ 可当作 $b_0(A_0)$ 的制约信号,即
$$a_1^*(B_1) = a_1 \cdot C_1 = a_1 \cdot K_{b_1}^{a_0}$$
$$b_0^*(A_0) = b_0 \cdot C_0 = b_0 \cdot K_{a_0}^{b_1}$$

(3)另设辅助元件的输出作制约信号

由图可知,控制信号 $c_0$ 和 $c_1$ 满足 $c_1 \cdot c_0 = 0$ 的逻辑关系,可作为新增设辅助阀的"通"、"断"信号,则辅助阀的两个输出为 $K_{c_0}^{c_1}$ 及 $K_{c_1}^{c_0}$,则此时,执行信号为:

$$a_1^*(B_1) = a_1 \cdot K_{c_0}^{c_1} \qquad b_0^*(A_0) = b_0 \cdot K_{c_1}^{c_0}$$

(4) 利用现有信号经逻辑运算后所获得的新信号作为制约信号

$$a_1^*(B_1) = a_1 \cdot \bar{c}_0 \qquad b_0^*(A_0) = b_0 \cdot \bar{c}_1$$

由上述分析可知，对于某个确定的有障控制信号，可以有数个执行信号的逻辑表达式，而它们之间是等效的，设计时只要选择其中一个即可，究竟选择哪种更好，要根据安全、经济、可靠、易于维护等实际情况确定。

在确定执行信号之后，进而可根据 $X$-$D$ 状态图作逻辑原理图。图 7-21 是根据图 7-20 的 $X$-$D$ 状态图，选择另设辅助元件的输出作制约信号而作出的逻辑原理图。图中，启动信号 $n$ 对控制信号 $c_1$ 起着开关作用。通过开关 $n$ 可实现整个系统的半自动和全自动控制。无论何种操作总是把 $n$ 设计成和第一节拍的控制信号成逻辑与运算关系。

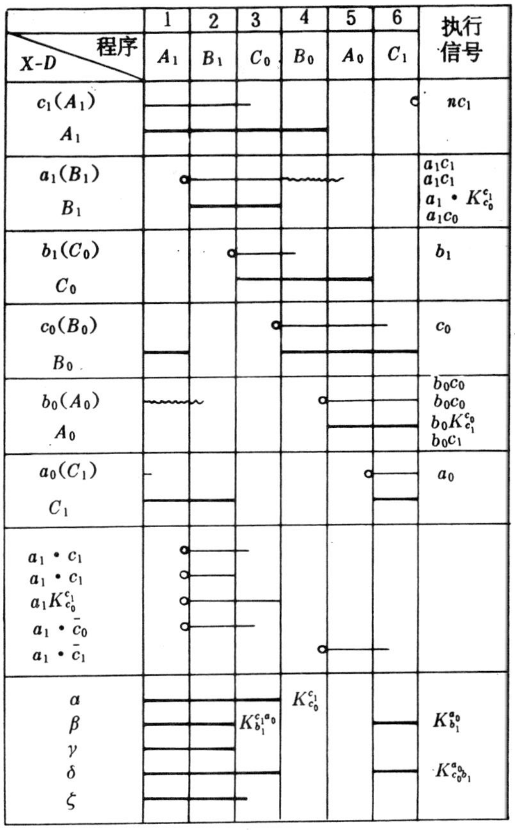

| $X$-$D$ 程序 | 1 $A_1$ | 2 $B_1$ | 3 $C_0$ | 4 $B_0$ | 5 $A_0$ | 6 $C_1$ | 执行信号 |
|---|---|---|---|---|---|---|---|
| $c_1(A_1)$ $A_1$ | | | | | | | $nc_1$ |
| $a_1(B_1)$ $B_1$ | | | | | | | $a_1c_1$ $a_1c_1$ $a_1 \cdot K_{c_0}^{c_1}$ $a_1c_0$ |
| $b_1(C_0)$ $C_0$ | | | | | | | $b_1$ |
| $c_0(B_0)$ $B_0$ | | | | | | | $c_0$ |
| $b_0(A_0)$ $A_0$ | | | | | | | $b_0c_0$ $b_0c_0$ $b_0K_{c_1}^{c_0}$ $b_0c_1$ |
| $a_0(C_1)$ $C_1$ | | | | | | | $a_0$ |
| $a_1 \cdot c_1$ $a_1 \cdot c_1$ $a_1K_{c_0}^{c_1}$ $a_1 \cdot \bar{c}_0$ $a_1 \cdot \bar{c}_1$ | | | | | | | |
| $\alpha$ $\beta$ $\gamma$ $\delta$ $\zeta$ | | $K_{b_1}^{c_1}$ | $K_{c_0}^{c_1}$ | | $K_{b_1}^{a_0}$ | $K_{c_0}^{a_0}$ $K_{c_0}^{a_1}$ | |

图 7-20 程序 $A_1B_1C_0B_0A_0C_1$ 的 $X$-$D$ 图

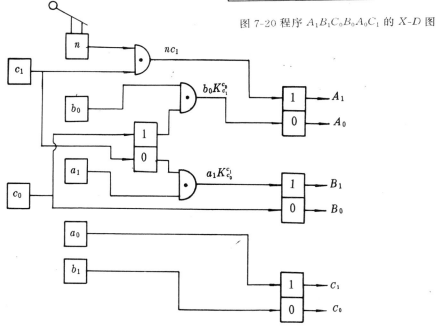

图 7-21 程序 $A_1B_1C_0B_0A_0C_1$ 的逻辑原理图

逻辑原理图是由 $X$-$D$ 状态图转换成控制线路图的中间桥梁，对于熟练的设计者可以省略。

气动控制线路图的绘制是系统设计工作的最后一步，该图是系统设计的核心。气动线路图中应包括所有的控制阀、行程阀、执行元件及其他控制元件，根据需要，还可以有和逻辑控制有关的速度控制、压力控制、时间控制等回路，图中还应有必要的文字及符号说明。绘制控制线路图应按《液压及气动图形符号》国家标准绘制，线路应表示系统处于静止时的状态。通常规定工作程序最后节拍终了时刻为静止位置，其中包括静止时气动缸活塞位置，线路信号线的连接等。

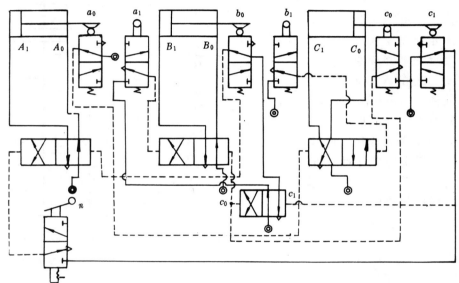

图 7-22 程序 $A_1B_1C_0B_0A_0C_1$ 的气动控制图

按上述规定及注意事项，由 $X$-$D$ 状态图或逻辑原理可作出程序为 $A_1B_1C_0B_0A_0C_1$ 的气动控制线路图如图 7-22 所示。为安全和方便起见，根据需要，气动线路中还可设计有自动，手动控制、复位、起动和刹车、连锁保护、压力调节及分配等回路，还需要显示、报警装置以及有关的电气控制线路。

二、电气控制线路图

为适应生产过程自动化的需要，行程程序系统也常采用电气控制，这是由于采用电气控制的行程程序系统具有寿命长，可靠性高，可以直接利用各种传感器（位置、压力、温度等）的输出信号达到控制目的，易于实现大规模生产过程自动化等优点。这就是近年越来越多地采用电控的原因之一。当选择电控的气动阀操纵气动执行元件时，控制线路中的控制元件是由电气开关等元件组成。设计此类系统的方法仍可采用信号-动作（$X$-$D$）状态图法，卡诺图法及程序控制线图法等，其设计步骤与纯气动的行程程序控制系统类似。为了便于设计电控气动行程程序控制系统，这里先介绍几个简单控制气动缸动作的电气回路。

1. 气动缸的往复回路

控制单缸活塞往复运动的电气回路，按其内容要求可以是多种多样的，如图 7-23 所示。下面以图 7-24 为例进行说明。图 7-24 中主控阀是采用单电磁铁四通换向阀，在图 7-23 中：

(a) 是气动缸往复运动回路最简单的情况，按下按钮 $AN_1$ 气动缸前进，放开后气动缸后退的回路，按钮与活塞动作间的关系如右面的程序线图所示。

(b) 是按下 $AN_1$ 前进，按下 $AN_2$ 后退的串联按钮回路，且为自保持往复回路。$AN_1$ 使继电器 $J$ 励磁并进入自保持状态后，触点 $J$ 闭合，电磁铁线圈 $DFQ$ 励磁，活塞前进。$AN_2$ 是为了解除上述自保持状态而设置的，当按下 $AN_2$ 后，继电器 $DFQ$ 断电消磁，触点 $J$ 断开，$DFQ$ 消磁，单控四通阀复位，气动缸退回。

(c) 是按下 $AN_1$ 时，活塞自动作一次往复运动的回路，是 (b) 回路的运用，即用行程开关 $LX_2$ 代替按钮 $AN_2$ 解除自保持，但若继续按着 $AN_1$ 不放时，活塞将在前进端附近不停地作往复运动，这样将使继电器和电磁阀线圈发热烧毁。

(d) 是为了防止上述不停往复运动现象的回路，该回路的特点是已经后退的活塞杆在与后退端 $LX_1$ 接触之前，继电器 $J_1$ 不会励磁。活塞的运动情况是若继续按下 $AN_1$

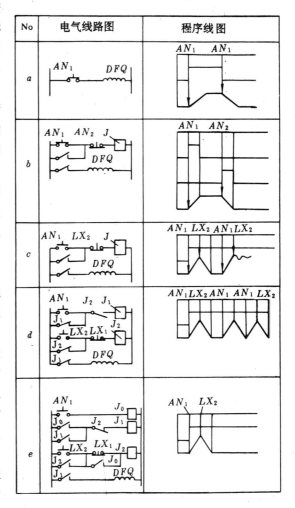

图 7-23 电气线路与程序线图

时，活塞作连续往复运动，若按下 $AN_1$ 就立即放开，则活塞只作一次往复运动。

(e) 是即使 $AN_1$ 一直闭合，活塞也只作一次往复运动，要使活塞再次前进，在放开 $AN_1$ 后再按一次 $AN_1$。

2. 在前进端暂时停止回路。

为使活塞杆在前进端停止一定时间后再后退，在控制电路中需加入时间继电器控制，活塞往复装置如图 7-24 所示。其电气回路如图 7-25 所示，此电路图与 7-23 中的 (e) 基本相同，不同点只是在列号 4 内加入时间继电器，活塞杆在前进端使 $LX_2$ 闭合时不立刻给出指令，而是通过时间继电器，在规定的时间后使列号 5 的继电器触点闭合和列号 2 的继电器触点 $SJ$ 断开，因此回路变成为活塞杆在前进端停留一定时间后才开始退回。

3. 活塞杆连续往复运动回路。

这是按下按钮开关后,活塞杆进行连续往复运动的回路,其控制电路与图 7-23 中(d)基本相同,但必须使自动复位开关 $AN_1$ 自保持,图 7-26 是活塞杆连续往复运动的电气控制线路图,其工作过程如下:

当按下 $AN_1$ 后,继电器 $J_0$ 励磁,并进入自保持状态,同时列号 3 的触点 $J_0$ 闭合。继电器 $J_1$ 被励磁,并进入自保持状态,同时列号 7 的触点 $J_1$ 闭合,电磁阀线圈 DFQ 被励磁,活塞杆前进,(参看图 7-24),在前进端接触 $LX_2$,继电器 $J_2$ 励磁,并进入自保持状态,同时列号 3 的常闭触断点 $J_2$ 断开,继电器 $J_1$ 自保持被解除。列号 7 触点 $J_1$ 断开,DFQ 消磁,电磁换向阀复位,活塞杆后退。与行程开关 $LX_1$ 接触后,继电器 $J_2$ 的自保持被消除,列号 3 的常闭触点 $J_2$ 闭合,使继电器 $J_1$ 再次励磁并进入保持状态,列号 7 触点 $J_1$ 再次闭合,活塞前进。这样不断循环下去,使活塞杆连续往复运动。为使系统往复运动停止,在列号 1 上设置常闭按钮开关 $AN_2$。

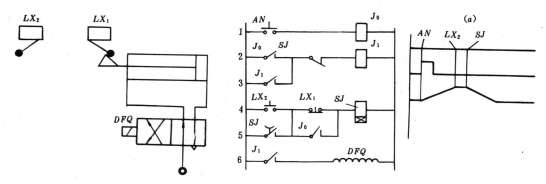

图 7-24 气动缸往复运动回路　　　图 7-25 在前进端暂时停止的电路

**4. 电控行程程序控制系统**

图 7-27 是程序 $A_1B_1C_0B_0A_0C_1$ 的电控行程程序线路图。图中 $CTA_1$,$CTA_0$ 表示 A 缸主控制线圈,其余的类同。这里需要说明:

(1)气动缸及主控阀组成的气压传动部分应和电控线路同时画出。

(2)一般情况下,当一个控制信号在并联线路中使用两次以上,应选用有两对触点的行程开关。或者通过继电器派生出更多的等效信号。

(3)主控阀可采用直动式电磁阀或先导式电磁阀,电源可用直流或交流。但应特别注意,采用交流双控直动式电磁阀时,该阀两侧电磁铁线圈不能同时得电,以防止烧毁线圈,为此应设计保护线路。其他的,如交流单控,直流双控电磁阀一般无需保护。

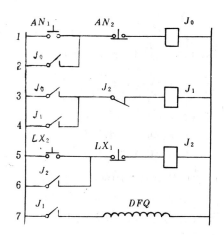

图 7-26 活塞杆连续往复运动控制电路

至于双控先导式电磁阀,它实际上是有先导阀的双气控阀,当然也无需保护线路。保护线路的设计方法是修改执行信号,将一侧的执行信号和反相后的另一侧执行信号经过"与"

运算。图中 $A,B$ 两缸是由双控先导式电磁阀操纵，$C$ 缸选用直动式电磁阀控制，因此 $C$ 缸需要设计保护线路，这里保护线路的执行信号是：

$$a_1^*(C_1) = a_0 \cdot \bar{b}_1$$
$$b_1^*(C_0) = b_1 \cdot \bar{a}_1$$

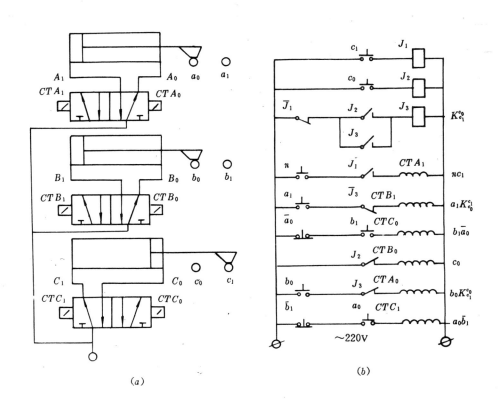

图 7-27 程序 $A_1B_1C_0B_0A_0C_1$ 的电气控制线路图

### 三、程序控制线图法

1. 基本步骤

(1) 根据生产实际要求，选择控制及执行元件，编出工作程序。

(2) 按照程序绘制程序线图，分析线图中每条界限线上处于接通状态的信号元件，确定其是否存在对偶线。若存在对偶线，则应设计中继阀，并把中继阀的动作程序线绘在程序控制线图内。

(3) 分别求出中继阀及各控制信号的执行信号的逻辑函数表达式，并分析是否满足控制要求，对于不满足控制要求的中继阀应重新设计。

(4) 根据系统需要，设计安全保护装置。

(5) 按照已求得的满足控制要求的执行信号逻辑函数式作逻辑及气动控制线路图。

2. 设计举例

程序控制线图法与信号-动作（X-D）状态线图法基本类似，它们之间的区别是：程序控制线图法能使执行元件动作程序表达的更清楚，但障碍段的确定没有 X-D 法直观。

例 7-3，设已给工作程序为 $A_1B_1B_0A_0$，试根据程序控制线图法设计程序控制系统。

对这一程序应用区间直观判别障碍法，可迅速判别出有两个障碍信号，即 $a_1$ 和 $b_0$。程序控制线图的画法是先画出气缸动作状态线，再画主控阀的输出信号线，然后画行程阀的信号线。由此程序控制线图找出主控阀两端控制信号，于是便可给出合理的程序控制线路图。其中行程阀信号（控制信号）是以行程阀被活塞杆压住为起点一直画到活塞杆完全离开该阀为终点。例如 $a_0$ 信号线是由 $A$ 缸退回到终点压住行程阀 $a_0$ 开始一直画到活塞杆伸出开始脱离阀 $a_0$ 为止。起动信号 $m$ 只是给一个瞬时信号。主控阀的信号线的画法与 X-D 线图的画法基本相同。两个输出信号线水平地连成一条闭合线。

根据已给的程序 $A_1B_1B_0A_0$ 可作出程序控制线图如图 7-28 所示。

与 X-D 线图法一样，在完成程序控制线图的绘制后，首要的问题是判别障碍并设法消除它。障碍的判别可根据前面介绍的区间直观快速判别法进行判定，也可根据已有的程序控制线图进行判别。

程序控制线图中的纵线为程序界限线，由图 7-28 可知，界限线 2 和 4 上是 $a_1$ 和 $b_0$ 都处于接通状态。而在这两个信号状态下，气缸的动作状态是不同的，在界限线 2 上，$B$ 缸处于开始伸出状态，$A$ 缸处于伸出终止静止状态。在界限线 4 上，$B$ 缸处于回程端点状态，$A$ 缸处于开始回程状态。在程序线图中，这种由同一个信号控制某气缸不同动作的现象就是程序中的障碍。利用中继阀可以消除这一矛盾现象。

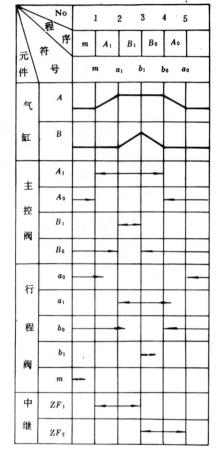

图 7-28 $A_1B_1B_0A_0$ 程序控制线图

可采用二位三通双气控阀作为中继阀。中继阀的作用是使界限 2 上的发讯元件发出的信号与界限线 4 上的发讯元件发出的信号不同。

当两条界限线上接通状态的信号元件相同，而其相应执行元件所处的状态不同时，称这两条界限线为对偶线。在程序控制线图中，如存在对偶线，应设置中继阀。中继阀发出的程序信号线长度应为横跨一条对偶线，其起点和终点以两端控制信号简单方便为准，如图 7-29 所示。中继阀的程序线确定后，要写出中继阀的两端的控制信号逻辑表达式。例中的中继阀 $ZF_1$ 两端的控制信号分别为 $m$ 和 $b_1$，启动与复位的逻辑表达式为

$$m \cdot ZF_1 = 1$$
$$b_1 \cdot \overline{ZF_1} = 0$$

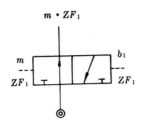
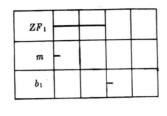

图 7-29　中继阀 $ZF_1$ 控制信号图

确定中继阀程序信号后，可确定各主控阀两端的控制信号。主控阀通常采用双气控二位四通或二位五通双稳元件，在电控线路中采用二位四通电磁阀。当启动信号 $m$ 发出后，主控阀 $A$ 信号 $A_1$ 输出控制气缸 $A$ 前进，当 $b_0$ 信号发出后，主控阀 $A$ 有 $A_0$ 输出，气缸 $A$ 后退，主控阀 $A$ 的换向取决于 $m$ 和 $b_0$ 的起点。

信号线 $A_1$ 占有 1～4 之间，而中继阀 $ZF_1$ 占有 1～3 之间，为保持程序线的一致取 1～3 之间。这种取法对气缸运动状态并无影响。信号 $b_0$ 的起点虽与 $A_0$ 一致，但其信号线比 $A_0$ 长，比 $A_0$ 长的那部分也称为障碍段。消除障碍段的方法是再增设一个中继阀 $ZF_2$ 与 $b_0$ 组成的与门气路。中继阀 $ZF_2$ 的信号也应横跨另一对偶线，则组成的程序线在界限线 4-5 之间，由此可得主控阀两端的控制信号逻辑表达为：

$$\begin{cases} A_1 = ZF_1 \\ A_0 = b_0 ZF_2 \end{cases}$$

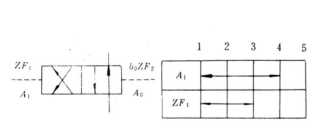
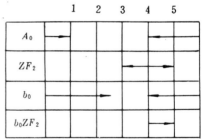

图 7-30　主控阀 $A$ 的控制信号线图

图 7-30 为主控阀 $A$ 的控制信号线图。

由于中继阀 $ZF_2$ 的信号线是取在界限线 3-5 之间，由图 7-28 可知，中继阀 $ZF_2$ 两端的控制信号分别为 $b_1'$ 和 $a_0$，据此可以写出中继阀 $ZF_2$ 的启动与位信号的逻辑函数表达式为：

$$\begin{cases} b_1' \cdot ZF_2 = 1 \\ a_0 \cdot \overline{ZF_2} = 0 \end{cases}$$

则中继阀 $ZF_2$ 两端的控制信号线图如图 7-31 所示。

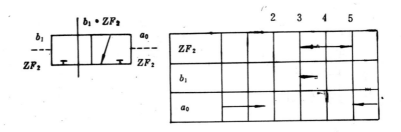

图 7-31 中继阀 $ZF_2$ 控制信号线图

主控阀 $B$ 的动作信号线 $B_1$ 位于界限 2～3 之间，而控制信号 $a_1$ 和 $ZF_1$ 所组成的与门也位于界限线 2-3 之间，这样就确定了主控阀 $B$ 的 $B_1$ 端的控制信号为 $a_1 ZF_1$。$B_0$ 位于 3-2 之间，中继阀 $ZF_2$ 的程序线是位于界限线 3-5 之间，若将 $B_0$ 的程序线缩短到 3-5 之间，就可与中继阀 $ZF_2$ 的程序线一致，这并不影响 $B_0$ 端动作要求，这样主阀 $B$ 两端的控制信号的逻辑函数为：
$$\begin{cases} B_1 = a \cdot ZF_1 \\ B_0 = ZF_2 \end{cases}$$

主控阀 $B$ 的控制信号图如图 7-32 所示。

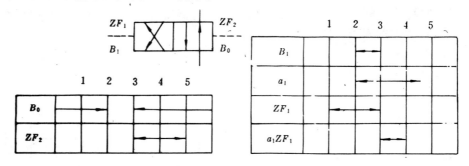

图 7-32 主控阀 $B$ 的控制信号线图

综合上述的逻辑函数：

1) 中继阀 $ZF_1$ 启动与复位信号的逻辑函数为：
$$\begin{cases} m \cdot ZF_1 = 1 \\ b_1 \cdot \overline{ZF_1} = 0 \end{cases}$$

2) 主控阀 $A$ 两端控制信号的逻辑函数为：
$$\begin{cases} A_1 = ZF_1 \\ A_0 = b_0 ZF_2 \end{cases}$$

3) 中继阀 $ZF_2$ 启动与复位信号的逻辑函数为：
$$\begin{cases} b_1 \cdot ZF_2 = 1 \\ a_0 \cdot \overline{ZF_2} = 0 \end{cases}$$

4) 主控阀 $B$ 两端的控制信号的逻辑函数为：
$$\begin{cases} B_1 = a_1 \cdot ZF_1 \\ B_0 = ZF_2 \end{cases}$$

由上述逻辑函数式及气动缸和行程阀信号可组成逻辑原理如图 7-33 所示。

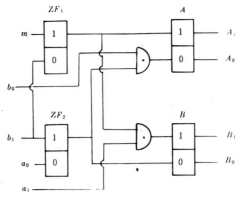

图 7-33 程序为 $A_1B_1B_0A_0$ 的逻辑原理图

由逻辑原理图 7-33 可作出行程序为 $A_1B_1B_0A_0$ 的控制线路图如图 7-34 所示。

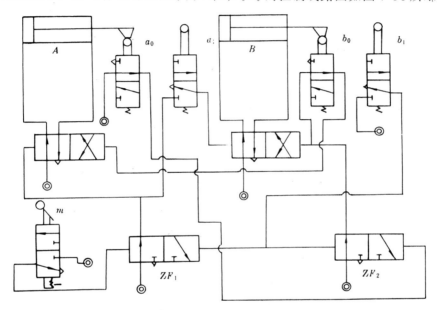

图 7-34 程序为 $A_1B_1B_0A_0$ 的控制线路图

### 四、卡诺图法

卡诺图图解法设计行程程序控制系统是把整个控制线路看成一个"逻辑函数",其中把起控制作用的输入信号当作自变量,而把被控对象即执行元件的输出当作逻辑函数的因变量。利用卡诺图图解法设计行程程序控制系统的关键是根据已知条件寻找系统的逻辑函数关系式。而所说的已知条件就是事先设定的动作程序。下面详细讨论利用卡诺图图解法设计行程程序控制系统。

1)行程程序的卡诺图画法

(1)全卡诺图

设在气动缸活塞行程端点装有行程阀 $a_0 a_1$,若用卡诺图表示成如图 7-35。

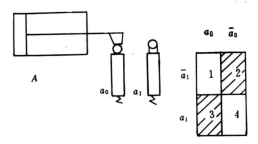

图 7-35 装有两个行程阀的单气动缸的全卡诺图

图 7-35 是用 $a_1$、$a_0$ 的状态作为自变量而作成的卡诺图。其中 $a_1$ 和 $a_0$ 表示行程阀被活塞杆端压下时的发信状态,而 $\bar{a}_1$ 和 $\bar{a}_0$ 则表示行程阀释放时不发信状态。该卡诺图包括了所有输入变量,即把所有行程的各种发信状态可能的"与"组合,其中每小格代表一种"与"组合,亦即一个"与"函数。方格 1 代表 $a_0\bar{a}_1$ "与"组合,方格 2 代表 $\bar{a}_1\bar{a}_0$ "与"组合。但此卡诺图还不涉及函数情况。为明确表示每一节拍函数关系,还需在卡诺图上填入适当的符号。

卡诺图上小方格数是随着输入变量的增加而增加的,每增加一个变量,方格数目将增加一倍。例如有两气动缸 $A,B$ 其端点分别装有行程阀 $a_0$、$a_1$、$b_0$、$b_1$,其卡诺图的方格数目为 16,如图 7-36 所示。

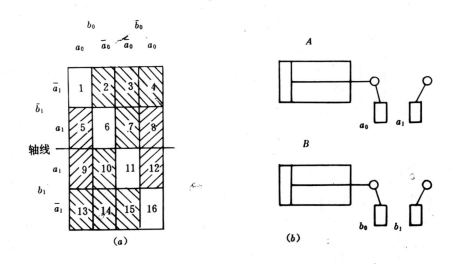

图 7-36 双气动缸四变量卡诺图

其具体画法是将图 7-35 的卡诺右边框当作镜面轴,翻转 180°到轴线右边,则原有的 4 方格变成 8 方格,并在原有的 4 方格上方标注变量 $b_0$ 表示这 4 方格处于 $b_0$ 状态,在新增加的 4 方格上方标注 $\bar{b}_0$ 表这 4 个方格处于 $\bar{b}_0$ 状态,这样由原来的二变量卡诺图变成三变量的卡诺图。四变量卡诺图是以三变量卡诺图的下边框当作镜面轴翻转 180°到轴线下面而作成的,并在原 8 方格左边标上 $\bar{b}_1$,在新增加的 8 方格左边上 $b_1$。这样就成了四个变量

$a_0 a_1 b_0 b_1$ 的卡诺图。

卡诺图上小方格数目 $N = 2^n$（$n$ 为输入变量即行程阀或行程开关的数目）。

如：$n=2, N=4$；
$n=3, N=8$；
$n=4, N=16$
…… ……

卡诺图上方的排列特点是，相邻两个小方格只有一个自变量发生变化。并规定左上方的方格1表示各气动缸处于原始位置时，各行程阀的初始状态，如图7-36所示。

(2) 卡诺图的简化

全卡诺图是表示输入变量的所有可能的组合，而在行程程序控制中，有些组合是不可能出现的，如图7-35中的第3小格，它表示"与"函数 $a_0 a_1$，即行程阀 $a_0$ 和 $a_1$ 同时接通发信，对于常闭式行程阀，这种状态是不可能出现，也就是说，两个行程阀不可能同时被活塞杆端压下。既然如此，可以将方格3去掉。方格2表示"与"函数 $\bar{a}_0 \bar{a}_1$ 即行程 $a_0$、$a_1$ 都不发信号，表明气动缸活塞停在行程中间或正在伸出或退回过程中，但考虑到主控阀的记忆功能，线路的状态仍由活塞杆端刚离开的那个行程阀的输出信号决定。因此，在一般情况下可取消方格2。把取消方格2和方格3的卡诺图称为两个自变量全简化卡诺图。同样也可将四变量卡诺图变成全简化卡若图如图7-37所示，图中去掉图7-35和图7-36中打斜线格。在图7-35中只取消 $a_0 a_1$ 方格保留 $\bar{a}_0 \bar{a}_1$ 方格的卡诺图称为半简化卡诺图。见图7-38(a)，在图7-36中取消含有 $a_0 a_1$ 和 $b_0 b_1$ 的方格后的半简化卡诺图见图7-38(b)。

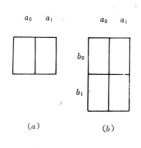 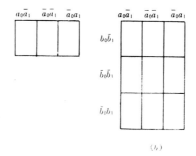

图 7-37 全简化卡诺图 　　　　　图 7-38 半简化卡诺图
(a) 二变量　(b) 四变量　　　　(a) 二变量　(b) 四变量

有时为了使气动缸在行程中间某处停留，在这个位置上要装一个行程阀，见图7-39(a)，其半简化及全简化卡诺图如图7-39(b)，(c)所示。只在行程端装一个行程阀时，为了表示活塞进、退这两个状态，要取 $\bar{a}_0$ 为另一变量，其卡诺图如图7-40所示。这时方格 $\bar{a}_0$ 的状态，不仅表示活塞全部伸出时的状态，还表示活塞正在伸出或正在退回过程中的状态。

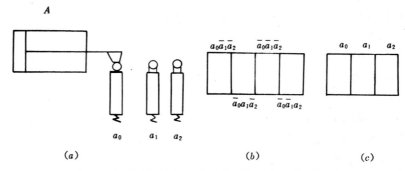

图 7-39 行程中间设行程阀的半简化及全简化卡诺图

综上所述，简化卡诺图的特点是：输入变量的个数即为气缸的个数，而输入变量的状态数就是气缸行程阀发信的状态数。

气动控制系统的设计中，通常使用全简化卡诺图。

2) 顺序循环图。

所谓顺序循环图是指程序中各气动缸依次从启动到完成最后一个动作回到原始位置为止，由动作顺序线组成的图。

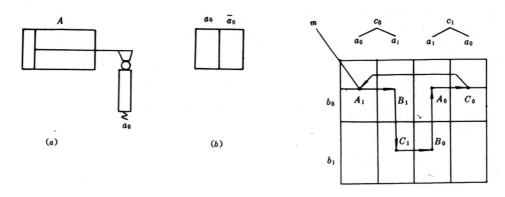

图 7-40 一个行程阀的卡诺图　　图 7-41 程序 $A_1B_1C_1B_0A_0C_0$ 卡诺图顺序循环图

作顺序循环图应遵循如下规则：顺序的起点和终点均在卡诺图的左上方小格，其余格子只能占有一次。

顺序循环图的作法是：在画好的卡诺图上，按循环顺序扩展循环动作图。

例如有一程序为：$A_1B_1C_1B_0A_0C_0$。

首先作出卡诺图如图 7-41 所示。

顺序循环图由卡诺图左上方第一格开始，其变量状态为 $a_0b_0c_0$。按程序第一步为 $A$ 缸伸出，压下 $a_1$ 行程阀，即 $a_0$ 信号变为 $a_1$ 信号，其它变量不动，在卡诺图上找出相应的状态方格，将顺序循环线扩展至该小格，即由函数 $a_0b_0c_0$ 扩展至 $a_1b_0c_0$。从卡诺图上看，该函数位于卡诺图中的第 2 小格，于是在该格注上小圆点"·"。由第 1 格原始状态点引箭头至该点便完成了第二步顺序循环线。按程序依此类推可继续完成第三步，第四步……。当最后动作完成后，各气缸又回复至原始状态，顺序循环线是封闭的。

在卡诺图上，顺序循环经过的小格均打上圆点"·"称为"满格"。没有打"·"的方格称为"空格"。"空格"表示按变量组合可能出现的状态，但在该程序中不出现的状态。卡诺图中自变量 $a$、$b$、$c$ 的位置可以对调，结果只会使顺序循环线走向发生变化，但最后得出的逻辑函数将完全一致。

3) 列出简化的逻辑函数式。

卡诺图上每格代表变量的"与"函数。每"满格"对应着系统中的一种状态，即代表逻辑控制回路一个控制函数。图 7-41 中第一小格代表 $A_1 = a_0 b_0 c_0$ 第 2 小格代表 $B_1 = a_1 b_0 c_0$ ……依此类推列出各逻辑函数式为

$$A_1 = a_0 b_0 c_0$$
$$B_1 = a_1 b_0 c_0$$
$$C_1 = b_1 a_1 c_0$$
$$B_0 = b_1 a_1 c_1$$
$$A_0 = b_0 a_1 c_1$$
$$C_0 = a_0 b_0 c_1$$

可将上面各逻辑函数式用逻辑图表示。例如 $A_1 = a_0 b_0 c_0$ 和 $B_1 = a_1 b_0 c_0$ 的逻辑图可表示成如图 7-42 所示。

逻辑控制回路就是由这些逻辑图构成。由此可知，逻辑函数包含的变量越多，则逻辑控制回路用的"与门"越多，回路也就越复杂，为使回路简单，应尽量减少回路中的控制元件，简化逻辑函数。

(1) 如果有 $2^n$ 个对称相邻的方格构成一个正方形或长方形的方格群，当这些方格的输出函数状态相同时，可将这些方格圈在一起，这个被圈成的新方格群代表变量数目较少的输出函数，因为在同一方格群中，凡同一变量出现两种相反状态（如 $a$ 与 $\bar{a}$，$c$ 与 $\bar{c}$ ……）都可在函数式中消除。方格群中包含的小方格越多，则逻辑函数的逻辑表达式越简单。

(2) 每个逻辑函数中有一个基本的主令变量，它是在行程程序控制中前一动作完成后相应行程阀接通的信号，这个信号在逻辑函数简化过程不能消除。

(3) 主控阀一端的控制信号，可以保持到另一端控制信号出现之前。即在保证主控阀两端控制信号不同时出现的前提下，控制信号可以是一个长信号。

(4) 卡诺图中的"空格"是代表该程序中不会出现的输入变量的组合状态，可以任意假定其输出函数状态。这样可以利用"空格"简化逻辑函数。

下面具体讨论如何利用卡诺图的基本性质简化逻辑函数。

在卡诺图上每"满格"代表一个输出函数，它是一组变量的"与"函数，每个"与"函数只对应一个方格，在其它方格内不存在此函数相同的变量组合，因此这些信号是短信号，不会出现障碍，如图 7-43 所示。

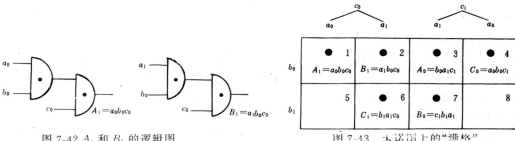

图 7-42 $A_1$ 和 $B_1$ 的逻辑图     图 7-43 卡诺图上的"满格"

实际上,对于气动缸主控阀一个方向的控制信号可以一直保持到另一端控制信号出现之前,也就是在两端控制信号不同时出现的前提下,允许控制信号为一个长信号。在上例中,$A_1$ 的另一端信号 $A_0$ 在第 3 格才出现,因此在 $A_0$ 出现之前的第 2,6 格状态均允许 $A_1$ 为"1",第 5 格是一个"空格",可以任意假定,这样 $A_1$ 的短信号可以扩大到第 2,5,6 格的长信号,把这四个方格围起来,得到一个方格群,这个方格群表示 $A_1$ 的函数,$C_0$ 是 $A_1$ 的主令变量,由于 $a_0$、$a_1$ 和 $b_0$、$b_1$ 在此方格群中同时存在,所以逻辑表达式中可以把们消去,这样逻辑表达式

$$A_1 = a_0b_0c_0 + a_1b_0c_0 + a_0b_1c_0 + a_1b_1c_0$$

简化成

$$A_1 = c_0$$

同理可得

$B_1 = a_1c_0$      (2,6)

$C_0 = a_0$      (1,4,5,8)

$B_0 = c_1$      (3,4,7,8)

$A_0 = b_0c_1$      (3,4)

$C_1 = b_1$      (5,6,7,8)

括号内数字为方格群各小格代号。如图 7-44 所示。

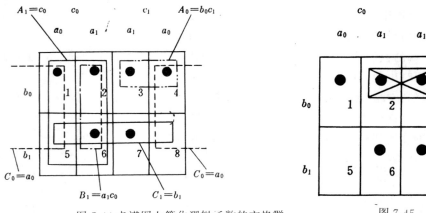

图 7-44 卡诺图上简化逻辑函数的方格群      图 7-45

画方格群的原则:

(1)为保证方格群中存在主令信号,应把此主令信号画在方格群中。

(2)方格群可以重迭,但在同一方格群中不能有两个不能同时出现的输出信号(如

$A_1, A_0, B_1, B_0$ 的状态信号等)。

(3)相互重迭的方格在一般情况不能是"满格"可以是空格,因为空格可以任意假定其输出信号。

(4)程序中每个输出信号是按照动作顺序出现的,不能提前出现,表现在卡诺图上就是一输出函数的方格群圈不能画该信号出现之前的"满格"中去,如 $A_0$ 的方格群圈不能包括第 2 格,如图 7-45 所示。

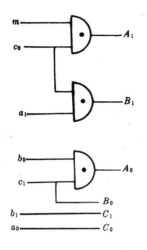

图 7-46 逻辑图

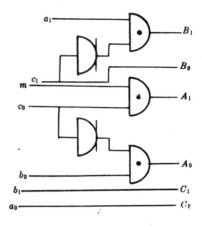

图 4-47 "禁门"逻辑图

4)画逻辑控制回路

根据上述简化后的各逻辑函数式可作出逻辑控制回路如图 7-46 所示,图中 $m$ 是启动按钮接通信号,这是为了启动和控制循环次数的,在最后一个动作完成后,可以开始下一个循环,也可以停止循环,通常第一个动作受信号 $m$ 控制。因此, $A_1 = c_0 m$ 图 7-46 是采用"与门"方案的逻辑图,也可以采用"禁门"方案,其"禁门"方案的逻辑函数式为,

$$A_1 = c_0 m \qquad\qquad A_0 = b_0 \bar{c_0}$$
$$B_1 = a_1 \bar{c_1} \qquad\qquad B_0 = c_1$$
$$C_1 = b_1 \qquad\qquad C_0 = a_0$$

其逻辑图如图 7-47 所示。

对于程序为 $A_1 B_1 C_1 B_0 A_0 C_0$ 的控制线路的设计当然也可以采用 X-D 状态线图法,图 7-48 为该程序的 X-D 状态线图,其所得的执行信号与上述卡诺图解法所得的结果完全一致。

5)卡诺图的扩展

当用卡诺图设计行程程序系统时,有些动作程序的卡诺图循环线不能走完所有的"满格",而是在某些格上重复,称这种现象为顺序循环线重迭。为了完成行程程序控制系统的设计,需要采取相应的补救办法。

例如程序 $A_1 A_0 B_1 B_0$ ,其卡诺图如图 7-49 所示。

从程序上看原始状态 $A_1 = a_0 b_0$ 占 1 格, $A_0 = a_1 b_0$ 当 $A_0$ 动作后行程阀发出 $a_0$ 信号,

逻辑函数仍回到 $a_0b_0$ 的 1 格状态,使循环线重迭。要想改变这种状态,需在程序中插入"记忆"元件实现翻转动作。设"记忆"元件为 $X$、$Y$、……,其相应的行程阀为 $x$、$y$ ……。在程序中只要恰当地按排"记忆"元件的位置,就可以达到消除顺序循环线重迭的现象。设新编成的新程序为

$$A_1 X_1 A_0 B_1 X_0 B_0$$

此时程序中的逻辑函数变成

$$A_1 = a_0 b_0 x_0$$
$$X_1 = a_1 b_0 x_0$$
$$A_0 = a_1 b_0 x_1$$
$$B_1 = a_0 x_1 b_0$$
$$X_0 = b_1 a_0 x_1$$
$$B_0 = b_1 a_0 x_0$$

由于程序中增加了新的变量,所以卡图的面积增加了一倍,如图 7-50 所示。根据卡图

| 节拍<br>程序<br>X-D | 1 | 2 | 3 | 4 | 5 | 6 | 执行信号 |
|---|---|---|---|---|---|---|---|
| $c_0(A_1)$<br>$A_1$ | | | | | | | $c_0(A_1) = mc_0$ |
| $a_1(B_1)$<br>$B_1$ | | | | | | | $a_1^*(B_1) = a_1c_0 = a_1c_1$ |
| $b_1(C_1)$<br>$C_1$ | | | | | | | $b_1(C_1) = b_1$ |
| $c_1(B_0)$<br>$B_0$ | | | | | | | $c_1(B_0) = c_1$ |
| $b_0(A_0)$<br>$A_0$ | | | | | | | $b_0^*(A_0) = b_0c_1 = b_0c_0$ |
| $a_0(C_0)$<br>$C_0$ | | | | | | | $a_0(C_0) = a_0$ |
| $a_1c_0$ | | | | | | | |
| $b_0c_1$ | | | | | | | |

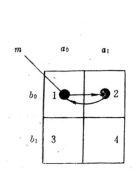

图 7-49

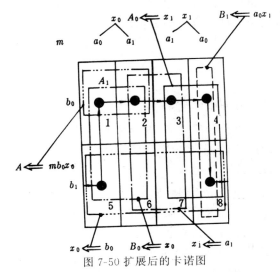

图 7-50 扩展后的卡诺图

简化的原则,划方格群。由已划好的方格群可写出方格的逻辑函数为

$$A_1 = mb_0x_0$$
$$A_0 = x_1$$
$$B_1 = a_0x_1$$
$$B_0 = x_0$$
$$X_1 = a_1$$
$$X_0 = b_1$$

其逻辑线路图如图 7-51 所示。

## §7-7　多往复行程程序控制系统的设计

多往复行程程序是指程序运行一个循环中,气动缸作多次往复运动。本节通过 $X$-$D$ 状态图,结合一个典型的多往复行程程序作为例子,按照线路的设计步骤,说明其设计的基本方法。

例 7-4 设多往复行程程序为

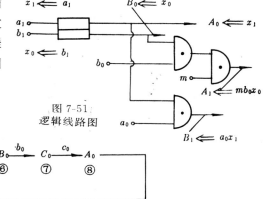

图 7-51 逻辑线路图

$$\xrightarrow{a_0} \underset{①}{A_1} \xrightarrow{a_1} \underset{②}{B_1} \xrightarrow{b_1} \underset{③}{B_0} \xrightarrow{b_0} \underset{④}{C_1} \xrightarrow{c_1} \underset{⑤}{B_1} \xrightarrow{b_1} \underset{⑥}{B_0} \xrightarrow{b_0} \underset{⑦}{C_0} \xrightarrow{c_0} \underset{⑧}{A_0}$$

试设计其程序控制系统

### 一、多往复行程程序的特点

1)在多往复程序中,其多往复的气动缸的多次动作在不同时刻可能受不同的信号控制。

2)在多往复气动缸的多次动作中,终端行程阀发出的多次信号,在不同的时刻可能控制不同的动作。

在本例中,气动缸 $B$ 的动作 $B_1$ 在节拍②和节拍⑤上分别由 $a_1$ 和 $c_1$ 控制。要实现这一要求,可将由 $a_1$ 和 $c_1$ 得到的执行信号通过梭阀(或门)接到主控阀 $B$ 的 $B_1$ 端。气动缸 $B$ 的动作 $B_0$ 使终端行程阀 $b_0$ 发出的多次控制信号 $b_0$ 在节拍④和节拍⑦上分别控制 $C_1$ 和 $C_0$,它将造成 Ⅱ 型障碍,在 $X$-$D$ 线图中表现得特别明显。

### 二、多往复行程程序的 $X$-$D$ 状态线图的画法

1)按执行元件动作的数目确定行数,根据动作先后次序将动作及控制信号成组地分别填入最左一列,其他的和第四节中介绍相同。

2)动作及信号线的画法也已在第四节中介绍。

图 7-52 为程序 $A_1B_1B_0C_1B_1B_0C_0A_0$ 的 $X$-$D$ 状态线图,它有如下特点:

(1) 多往复缸的多次动作状态线是多次断续出现的线段。

(2) 多往复缸多次产生的控制信号线也是多次断续出现的。

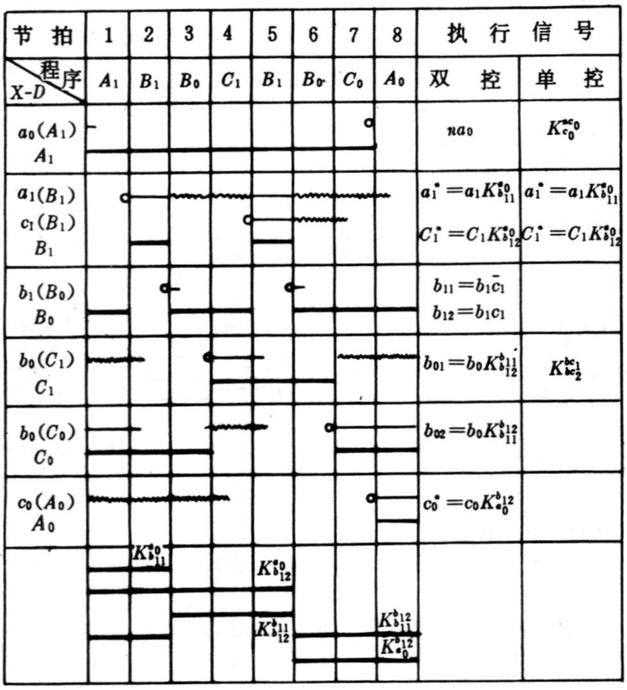

| 节拍<br>程序<br>X-D | 1<br>$A_1$ | 2<br>$B_1$ | 3<br>$B_0$ | 4<br>$C_1$ | 5<br>$B_1$ | 6<br>$B_0$ | 7<br>$C_0$ | 8<br>$A_0$ | 执行信号 双控 | 单控 |
|---|---|---|---|---|---|---|---|---|---|---|
| $a_0(A_1)$<br>$A_1$ | | | | | | | | | $na_0$ | $K_{c_0}^{*a_0}$ |
| $a_1(B_1)$ | | | | | | | | | $a_1^* = a_1 K_{b_{11}}^{*0}$ | $a_1^* = a_1 K_{b_{11}}^{*0}$ |
| $c_1(B_1)$<br>$B_1$ | | | | | | | | | $C_1^* = C_1 K_{b_{12}}^{*0}$ | $C_1^* = C_1 K_{b_{12}}^{*0}$ |
| $b_1(B_0)$<br>$B_0$ | | | | | | | | | $b_{11} = b_1 \bar{c}_1$<br>$b_{12} = b_1 c_1$ | |
| $b_0(C_1)$<br>$C_1$ | | | | | | | | | $b_{01} = b_0 K_{11}^{*}$ | $K_{c_2}^{*c_1}$ |
| $b_0(C_0)$<br>$C_0$ | | | | | | | | | $b_{02} = b_0 K_{11}^{*}$ | |
| $c_0(A_0)$<br>$A_0$ | | | | | | | | | $c_0^* = c_0 K_{b_0}^{*12}$ | |
| | | $K_{11}^{*0}$ | | $K_{12}^{*0}$ | | | | | | |
| | | | | | | $K_{12}^{*1}$ | $K_0^{*12}$ | | | |
| | | | | | | | $K_{c_0}^{*12}$ | | | |

图 7-52 程序 $A_1 B_1 B_0 C_1 B_1 B_0 C_0 A_0$ 的 X-D 状态线图

(3) 多次出现的行程阀的控制信号并不是每次出现时其状态线前端都有执行段。有时可能成为Ⅱ型障碍段。例如节拍④按程序应是 $b_0$ 控制 $C_1$，此时 $b_0$ 有执行段，而对 $C_0$ 来说，此时的 $b_0$ 成为障碍段，其余类推。

### 三、障碍的判别和消除

障碍信号的判别方法与前面第五节所述的相同，即将每一行内的控制信号线和动作状态线一一对应地进行长短比较，多余的部分即为障碍，图中仍用波浪线表示。由图 7-52 可知，除 $b_0$ 存在Ⅱ型障碍外，其余的都是Ⅰ型障碍。Ⅱ型障碍是由于 $B$ 缸往复运行两次引起的。

为了消除上述障碍，多往复行程程序线路设计中常采用一种技巧，即把多次出现的行程信号变成若干个独立的信号，而后用这些脉冲信号作 $K_R^S$ 中的通信号 $S$ 和断信号 $R$，并取 $K_R^S$ 作为制约信号消除障碍。例如用 $\bar{C}_1$ 和 $C_1$ 可以将 $b_1$ 变成两个独立的脉冲信号 $b_{11}$ 和 $b_{12}$ 其中 $b_{11} = b_1 \cdot \bar{C}_1$，$b_{12} = b_1 \cdot C_1$。然后作成制约信号 $K_{b_{11}}^{a_0}$，$K_{b_{12}}^{a_0}$，$K_{b_{12}}^{b_{11}}$ 等。在 X-D 线图中分别写出了单控和双控执行信号的逻辑表达式。上述区别断续出现的多次信号的方法设计多往复行程程序控制系统中的一种基本方法。

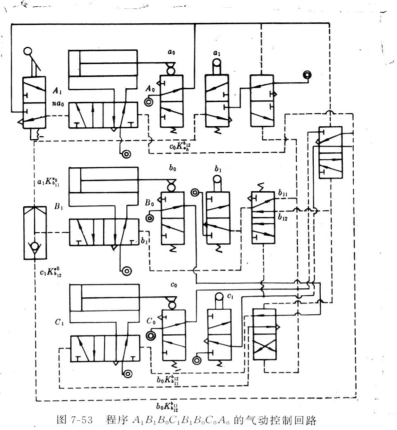

图 7-53 程序 $A_1B_1B_0C_1B_1B_0C_0A_0$ 的气动控制回路

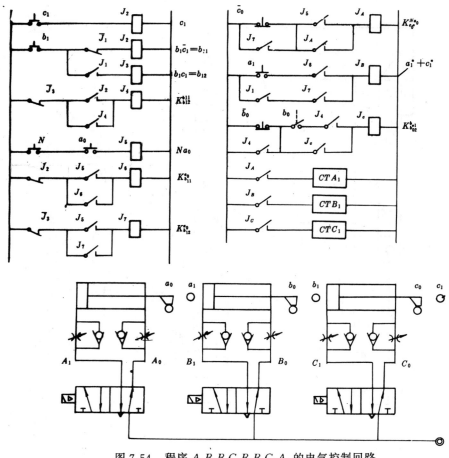

图 7-54　程序 $A_1B_1B_0C_1B_1B_0C_0A_0$ 的电气控制回路

**四、绘制行程程序控制线路图**

可以直接根据执行信号表达式绘制线路图。图 7-53，7-54 分别画出了程序 $A_1B_1B_0C_1B_1B_0C_0A_0$ 的双气控气动回路和单控电气线路。

## §7-8　选择程序控制系统的设计

上述所讨论的都是按某一固定程序运行的程序控制系统，为了适应生产工艺提出的不同要求，本节将讨论选择程序控制系统的设计方法。选择程序控制系统可分为自动选择程序和人工预选程序两种。下面就这两种选择程序分别如以讨论。

**一、自动选择程序**

自动选择程序控制系统的特点是：当系统完成某一动作后，下一步应执行哪一动作要根据检测元件的信号来确定。例如，一台检测产品质量的设备，不可能事先知道某件产品合格与否,必须根据检测结果,由传感器给出合格与不合格的信号,根据此信号决定该产品应送入成品库或废品库,即由传感器的信号来自动选择程序运行。

例 7-5　设产品选择程序为

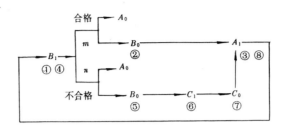

试设计该产品自动选择控制系统。

可以看出题给程序可能出现下述三种闭合环路程序,用节拍号表示。

1. 合格与不合格产品交替出现,其行程程序为:

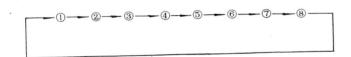

2. 合格产品重复出现,其行程程序为:

①→②→③

3. 不合格产品重复出现,其行程程序为:

④→⑤→⑥→⑦→⑧

对这样的控制系统,可以先按第一种程序进行设计,然后再验证所设计的程序控制系统是否也适用于后两种情况。对于第一种情况,其具体程序为:

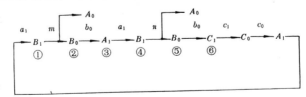

上述程序实际上是一个多往复行程程序,可以按多往复程序控制系统作 $X\text{-}D$ 状态线图如图 7-55 所示。

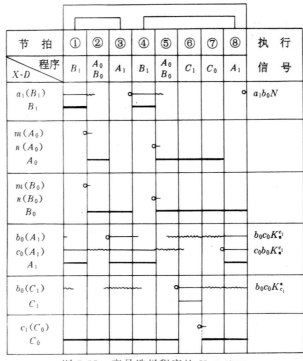

| 节拍　程序 $X$-$D$ | ① $B_1$ | ② $A_0$ $B_0$ | ③ $A_1$ | ④ $B_1$ | ⑤ $A_0$ $B_0$ | ⑥ $C_1$ | ⑦ $C_0$ | ⑧ $A_1$ | 执行信号 |
|---|---|---|---|---|---|---|---|---|---|
| $a_1(B_1)$ $B_1$ | | | | | | | | | $a_1b_0N$ |
| $m(A_0)$ $n(A_0)$ $A_0$ | | | | | | | | | |
| $m(B_0)$ $n(B_0)$ $B_0$ | | | | | | | | | |
| $b_0(A_1)$ $c_0(A_1)$ $A_1$ | | | | | | | | | $b_0c_0K_R^{c_1}$ $c_0b_0K_R^{c_1}$ |
| $b_0(C_1)$ $C_1$ | | | | | | | | | $b_0c_0K_{c_1}^*$ |
| $c_1(C_0)$ $C_0$ | | | | | | | | | |

图 7-55　产品选择程序的 $X$-$D$ 线图

由图 7-55 可知,信号 $a_1$ 存在有脉冲障碍,只要 $A_0 = 1$ 时,此脉冲障碍自行消失。为了使所设计的线路更可靠地适用于后两种情况,应要进行逐环核对。逐环核对实际上是检查消除障碍的制约信号是否仍有效。实际上,主令信号作制约信号是不必校核的,因为只利用它们在各节拍当时的状态。但是记忆信号 $K_R^s$ 则必须检查,如果记忆信号的通信号 $s$ 和断信号 $R$ 分别属于两个程序,而因回路在某种情况下只按一种程序运行,则记忆信号 $K_R^s$ 或恒为逻辑 0 或恒为逻辑 1,这样的 $s$ 和 $R$ 是不满足要求,因此选择记忆信号 $K_R^s$ 的通、断信号时,应在同一程序中选择。本例中的制约信号 $K_{c_1}^{c_0}$ 的 $c_1$,$n$ 同属第 3 种程序,因此满足要求。由 $X$-$D$ 状态线图 7-55 可作出本例题的自动选择程序气动控制回路,如图 7-56 所示。

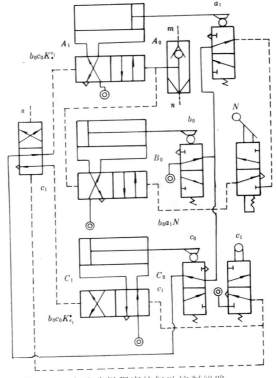

图 7-56　自动选择程序的气动控制线路

## 二、人工预选程序

人工预选程序是在系统运行前由操作者根据需要,通过"程序预选阀"事先选择好所要执行的程序。

**例 7-6** 设有选择程序为

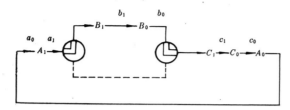

试按人工预选程序设计程序控制系统。

由题给选择程序可知,该程序可通过回转式程序预选阀使程序变成如下两个独立的闭合环路程序,即:① $A_1 B_1 B_0 C_1 C_0 A_0$,② $A_1 C_1 C_0 A_0$ 两个程序,为了判别和消除障碍,需分别根据上述两个独立程序作 $X\text{-}D$ 状态线图,如图 7-57 (a)(b) 所示。

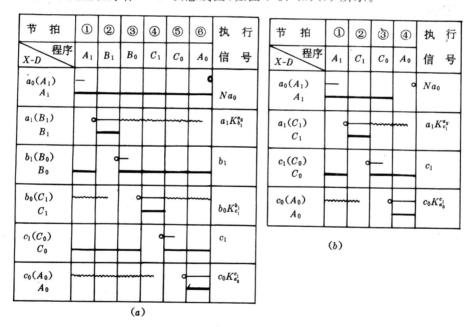

(a) 程序①      (b) 程序②

图 7-57 人工预选程序 $X\text{-}D$ 状态线图

分析上述两个程序可知,它们之间的区别仅在于 $B$ 缸是否参与运行,控制信号 $a_1$ 在不同程序中分别控制 $B_1$ 和 $C_1$,执行信号分别为 $a_1^*(B_1) = a_1 \cdot K_{b_1}^{a_0}$,$a_1^*(C_1) = a_1 \cdot K_{c_1}^{a_0}$,如果使用 $a_1^* = a_1 K_{b_1+c_1}^{a_0}$,并通过两只程序预选阀将这一综合后的信号连接到 $B$ 缸和 $C$ 缸的主控阀输入端(如图 7-58 所示),则可实现程序预选之目的。可以看到,当选择程序②时,$b_1 = 0$,则有 $K_{b_1+c_1}^{a_0} = K_{c_1}^{a_0}$。选择程序①时,$b_1$ 和 $c_1$ 都出现,但从 $X\text{-}D$ 线图看 $K_{b_1+c_1}^{a_0} =$

$K_{b_0}^{a_0}$。由此可知,选择 $K_{b_0 + c_1}^{a_0}$ 作为制约信号是可行的。由此可作逻辑原理如图 7-58 所示,根据逻辑原理图分别作出单控电气线路图如图 7-59 所示及气动控制线路图如图 7-60 所示。图中采用了手动回转式二位五通阀和钮子开关,实现程序预选。

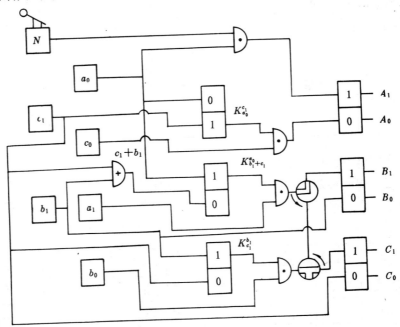

图 7-58 逻辑原理图

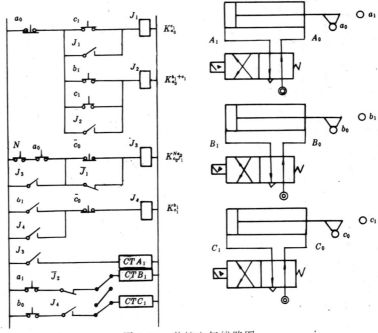

图 7-59 单控电气线路图

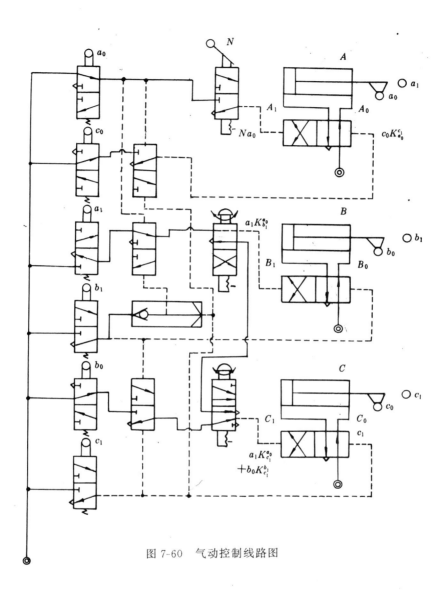

图 7-60 气动控制线路图

# 第八章 气动伺服阀的分析

## §8-1 气动控制阀的一般分析

气动控制阀是气动伺服系统中的一种主要控制元件,它在外力的作用下,产生一个相应的机械位移量,以这个变化了的位移量去控制气动执行机构,在系统中既起控制作用又起能量转换作用。多数的伺服阀是由几个基本节流组合而成。不同形式的伺服阀与各种执行机构的组合可以控制各种负载运动。

气动控制阀一般可分为滑动式,扼挡式和分流式等,常用的有滑阀式,喷嘴-挡板式和射流管式。

与液压控制阀的分析不同,在进行气动伺服系统的控制元件特性分析时,首先应从阀的工作介质-气体的可压缩性这一基本特征出发,根据气体动力学和热力学的基本理论进行阀的特性分析。由于气体是可压缩的,气体的压力变化直接影响气体的密度,气体在能量传输和节流的过程中将要引起气体流动状态的变化。上述这些问题在进行气动控制阀的分析时应加以充分考虑。

本节主要讨论控制阀的一般特性,确立压力-流量特性曲线方程和阀系数等。分析时虽然是以圆柱形滑阀为例进行,但所及的理论和一般关系式也将同时适应于其他结构型式的气动控制阀。

### 一、压力-流量特性的一般分析

控制阀的静态特性是描述稳态时,气体流经控制口的流量与压力和阀的输入位移之间的关系,通常称为压力-流量特性。在进行气动控制阀的静态特性分析时,除了应考虑气体的可压缩性外,还需考虑气体流经控制节流口处的气流速度。在控制节流口处,由于进出口处两端的压力变化,可能使气体在节流口处的流速达到音速。下面将要看到,气体的流动速度将是进出口压力的比值的函数。注意到这一点就可以进行控制阀的压力-流量特性分析。

假定:

1)工作介质看成理想的气体,气体状态方程也适用于描述流动气体微团内各气体状态参数间的关系。

2)在气动控制阀内流动特性计算时,可以忽略粘性阻力的影响,并可以认为气体温度变化对其特性影响很小。

3)流体流动过程为等熵(可逆绝热)过程。

设有一个四通滑阀如图8-1(a)所示,其气流通道可用图8-1(b)所示的桥路来描述,其中四个可变节流口相当于电桥中的四个桥臂（四个可变电阻），称这种控制为全桥控制。

当阀芯在外力作用下，有一位移（设为正向位移，$x_v>0$），则气体流经节流口 1 通往负载，而负载被排挤出的气体经节流口 3 流向回气管道。

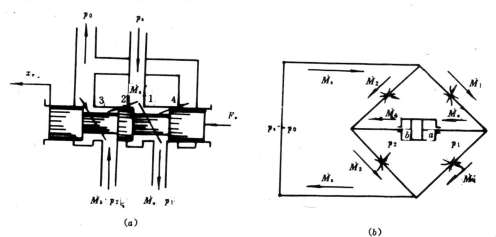

图 8-1 圆柱形四通滑阀

根据气体动力学和热力学基本理论，可求得流经节流口的气体质量流量为

$$\dot{M} = p_s W x_v \sqrt{\frac{2k}{RT_s(k-1)}} \sqrt{\left(\frac{p}{p_s}\right)^{\frac{2}{k}} - \left(\frac{p}{p_s}\right)^{\frac{k+1}{k}}} \tag{8-1}$$

式中

$\dot{M}$——气体质量流量（kg/s）；

$\rho$——气体密度（kg/m³）；

$k$——定压比热和定容比热之比（对于理想的气体 $k=1.4$）；

$R$——气体常数（N·m/kg·K）；

$p$——可变节流口出口压力（$x_v>0$ 时，$p=p_1$，$x_v<0$ 时，$p=p_2$）（N/m²）；

$p_s$——可变节流口进口压力（N/m²）

$T_s$——进口时的气体温度（K）

$W$——滑阀的面积梯度；

$x_v$——阀芯位移（m）。

由式（8-1）可知，流经控制节流口气体的质量是阀芯位移 $x_v$ 和压力比值 $p/p_s$ 的函数。当 $x_v$ 一定时，气体的质量流量有一个最大值发生于

$$\frac{p}{p_s} = \left(\frac{k+1}{2}\right)^{\frac{k}{1-k}} \tag{8-2}$$

上，此式可以通过求解 $\partial \dot{M}/\partial (\frac{p}{p_s}) = 0$ 方程求出。称此压力比值为临界压力比。对于理想气体，其比热比 $k = C_p/c_v = 1.4$，则有临界压力比 $p/p_s = 0.528$，在最大气体质量流量下，气体的流动速度在节流口处达到音速，尽管出口压力减小到低于临界压力，气体质量流量也不会有明显的变化，此时节流口处于被抑制状态，抑制流量为

$$\dot{M} = p_s W x_v \left(\frac{2}{k+1}\right)^{\frac{1}{k-1}} \sqrt{\frac{2k}{RT_s(k+1)}} \tag{8-3}$$

取

$$c_0 = \frac{p}{p_s} = \left(\frac{k+1}{2}\right)^{\frac{k}{1-k}}$$

,则有流经图 8-1 (a) 所示的四通滑阀各控制节流口的流体质量流量为:

$$\dot{M}_1 = \begin{cases} p_s A_1 \sqrt{\dfrac{2k}{RT_s(k-1)}} \sqrt{\left(\dfrac{p_1}{p_s}\right)^{\frac{2}{k}} - \left(\dfrac{p_1}{p_s}\right)^{\frac{k+1}{k}}} & \left(\dfrac{p_1}{p_s} \geqslant c_0'\right) \\ p_s A_1 \left(\dfrac{2}{1+k}\right)^{\frac{1}{k-1}} \sqrt{\dfrac{2k}{RT_s(k+1)}} & \left(\dfrac{p_1}{p_s} < c_0\right) \end{cases} \tag{8-4}$$

$$\dot{M}_2 = \begin{cases} p_s A_2 \sqrt{\dfrac{2k}{RT_s(k-1)}} \sqrt{\left(\dfrac{p_2}{p_s}\right)^{\frac{2}{k}} - \left(\dfrac{p_2}{p_s}\right)^{\frac{k+1}{k}}} & \left(\dfrac{p_2}{p_s} \geqslant c_0\right) \\ p_s A_2 \left(\dfrac{2}{1+k}\right)^{\frac{1}{k-1}} \sqrt{\dfrac{2k}{RT_s(k+1)}} & \left(\dfrac{p_2}{p_s} < c_0\right) \end{cases} \tag{8-5}$$

$$\dot{M}_3 = \begin{cases} p_2 A_3 \sqrt{\dfrac{2k}{RT_2(k-1)}} \sqrt{\left(\dfrac{p_c}{p_2}\right)^{\frac{2}{k}} - \left(\dfrac{p_c}{p_2}\right)^{\frac{k+1}{k}}} & \left(\dfrac{p_c}{p_2} \geqslant c_0\right) \\ p_2 A_3 \left(\dfrac{2}{k+1}\right)^{\frac{1}{k-1}} \sqrt{\dfrac{2k}{RT_2(k+1)}} & \left(\dfrac{p_c}{p_2} < c_0\right) \end{cases} \tag{8-6}$$

$$\dot{M}_4 = \begin{cases} p_1 A_4 \sqrt{\dfrac{2k}{RT_1(k-1)}} \sqrt{\left(\dfrac{p_c}{p_1}\right)^{\frac{2}{k}} - \left(\dfrac{p_c}{p_1}\right)^{\frac{k+1}{k}}} & \left(\dfrac{p_c}{p_1} \geqslant c_0\right) \\ p_1 A_4 \left(\dfrac{2}{k+1}\right)^{\frac{1}{k-1}} \sqrt{\dfrac{2k}{RT_1(k+1)}} & \left(\dfrac{p_c}{p_1} < c_0\right) \end{cases} \tag{8-7}$$

式中:

$A_1$、$A_2$、$A_3$、$A_4$ —— 各相应控制节流口过流面积($m^2$);

$T_1$、$T_2$ —— 分别为执行机构进、回气腔温度(K)。

当压力比值小于 $c_0$ 时,气体通过节流口的流动称为超临界流动,气体流速为音速,大于 $c_0$ 时,称为亚临界流动,流速为亚音速。为了便于书写,令

$$F_1 = \left(\frac{2k}{R(k-1)}\right)^{\frac{1}{2}} \qquad F_2 = \left(\frac{2}{k+1}\right)^{\frac{1}{k-1}} \left(\frac{2k}{R(k+1)}\right)^{\frac{1}{2}}$$

$$f(c) = \left(C^{\frac{2}{k}} - C^{\frac{k+1}{k}}\right)^{\frac{1}{2}}$$

则有:

$$\dot{M}_1 = \begin{cases} A_1 p_s \dfrac{F_1}{\sqrt{T_s}} f\left(\dfrac{p_1}{p_s}\right) & \left(\dfrac{p_1}{p_s} \geqslant c_0\right) \\ A_1 p_s \dfrac{F_2}{\sqrt{T_s}} & \left(\dfrac{p_1}{p_s} < c_0\right) \end{cases} \tag{8-8}$$

$$\dot{M}_2 = \begin{cases} A_2 p_s \dfrac{F_1}{\sqrt{T_s}} f(\dfrac{p_2}{p_s}) & (\dfrac{p_2}{p_s} \geqslant c_0) \\ A_2 p_s \dfrac{F_2}{\sqrt{T_s}} & (\dfrac{p_2}{p_s} < c_0) \end{cases} \tag{8-9}$$

$$\dot{M}_3 = \begin{cases} A_3 p_2 \dfrac{F_1}{\sqrt{T_2}} f(\dfrac{p_e}{p_2}) & (\dfrac{p_e}{p_2} \geqslant c_0) \\ A_3 p_2 \dfrac{F_2}{\sqrt{T_2}} & (\dfrac{p_e}{p_2} < c_0) \end{cases} \tag{8-10}$$

$$\dot{M}_4 = \begin{cases} A_4 p_1 \dfrac{F_1}{\sqrt{T_1}} f(\dfrac{p_2}{p_1}) & (\dfrac{p_e}{p_1} \geqslant c_0) \\ A_4 p_1 \dfrac{F_2}{\sqrt{T_1}} & (\dfrac{p_e}{p_1} < c_0) \end{cases} \tag{8-11}$$

取参考气体质量流量为

$$\dot{M}_0 = p_s A_{\max} \left(\dfrac{2}{k+1}\right)^{\frac{1}{k+1}} \sqrt{\dfrac{2k}{RT_s(k+1)}} = p_s A_{\max} \dfrac{F_2}{\sqrt{T_s}} \tag{8-12}$$

则可得无因次质量流量为

$$\overline{M}_1 = \dfrac{\dot{M}_1}{\dot{M}_0} = \begin{cases} \overline{A}_1 \dfrac{F_1}{F_2} f(\dfrac{p_1}{p_s}) & (\dfrac{p_1}{p_s} \geqslant c_0) \\ \overline{A}_1 & (\dfrac{p_1}{p_s} < c_0) \end{cases} \tag{8-13}$$

$$\overline{M}_2 = \dfrac{\dot{M}_2}{\dot{M}_0} = \begin{cases} \overline{A}_2 \dfrac{F_1}{F_2} f(\dfrac{p_2}{p_s}) & (\dfrac{p_2}{p_s} \geqslant c_0) \\ \overline{A}_2 & (\dfrac{p_2}{p_s} < c_0) \end{cases} \tag{8-14}$$

$$\overline{M}_3 = \dfrac{\dot{M}_3}{\dot{M}_0} = \begin{cases} \overline{A}_3 \dfrac{F_1}{F_2} \dfrac{\sqrt{T_s}}{\sqrt{T_1}} f(\dfrac{p_e}{p_2}) \cdot \dfrac{p_2}{p_s} & (\dfrac{p_e}{p_2} \geqslant c_0) \\ \overline{A}_3 \dfrac{\sqrt{T_s}}{\sqrt{T_1}} \dfrac{p_2}{p_s} & (\dfrac{p_e}{p_2} < c_0) \end{cases} \tag{8-15}$$

$$\overline{M}_4 = \dfrac{\dot{M}_4}{\dot{M}_0} = \begin{cases} \overline{A}_4 \dfrac{F_1}{F_2} \dfrac{\sqrt{T_s}}{\sqrt{T_1}} f(\dfrac{p_e}{p_2}) \cdot \dfrac{p_1}{p_s} & (\dfrac{p_e}{p_1} \geqslant c_0) \\ \overline{A}_4 \dfrac{\sqrt{T_s}}{\sqrt{T_1}} \dfrac{p_1}{p_s} & (\dfrac{p_e}{p_1} < c_0) \end{cases} \tag{8-16}$$

对于节流控制口 1,若令

$$\psi(\frac{p_1}{p_s}) = \begin{cases} \dfrac{F_1}{F_2} f(\dfrac{p_1}{p_s}) & (\dfrac{p_1}{p_s} \geqslant c_0) \\ 1 & (\dfrac{p_1}{p_s} < c_0) \end{cases} \tag{8-17}$$

则无因次质量流量可合并写成:

$$\overline{M}_1 = \overline{A}_1 \psi(\frac{p_1}{p_s}) \tag{8-18}$$

用同样的方法可得通过节流控制口2的无因次质量流量为

$$\overline{M}_2 = \overline{A}_2 \psi(\frac{p_2}{p_s}) \tag{8-19}$$

若考虑到气体活塞腔内的运动速度较小,并认为两腔的温度在活塞运动的过程中相等且等于气源温度,即可认为 $T_1 = T_2 = T_s$。这和前面的等熵假定条件发生矛盾,会给计算结果带来一定的误差,但却给计算带来了极大的方便。大量事实说明,由于温度变化引起的计算误差在一定程序上是可以忽略不计的。由此可得通过控制节流口3,4的无因次质量流量分别为:

$$\overline{M}_3 = \overline{A}_3 \frac{p_2}{p_s} \psi(\frac{p_e}{p_2}) \tag{8-20}$$

$$\overline{M}_4 = \overline{A}_4 \frac{p_1}{p_s} \psi(\frac{p_e}{p_1}) \tag{8-21}$$

根据连续方程,进入执行机构的进气腔的质量流量 $M_a$ 和从回气腔排出的质量流量 $\dot{M}_b$ 分别为:

$$\dot{M}_a = \dot{M}_1 - \dot{M}_4 \tag{8-22}$$

$$\dot{M}_b = \dot{M}_3 - \dot{M}_2 \tag{8-23}$$

其无因次质量流量由式(8-18),(8-19),(8-20),(8-21)可得

$$\overline{M}_a = \overline{A}_1 \psi(\frac{p_1}{p_s}) - \overline{A}_4 \frac{p_1}{p_s} \psi(\frac{p_e}{p_s}) \tag{8-24}$$

$$\overline{M}_b = \overline{A}_3 \frac{p_2}{p_s} \psi(\frac{p_e}{p_2}) - \overline{A}_2 \psi(\frac{p_2}{p_3}) \tag{8-25}$$

式中

$$\overline{M}_a = \frac{\dot{M}_a}{M_0} \qquad \overline{M}_b = \frac{\dot{M}_b}{M_0}$$

$$\overline{A}_1 = \frac{A_1}{A_{max}} \qquad \overline{A}_2 = \frac{A_2}{A_{max}}$$

$$\overline{A}_3 = \frac{A_3}{A_{max}} \qquad \overline{A}_4 = \frac{A_4}{A_{max}}$$

对于气体,由于它的可压缩性,在一般情况下,$\dot{M}_a \neq \dot{M}_b$,因此不能直接用质量流量作为联系执行机构进出两腔的各参数。若假定执行机构为对称气动缸,活塞的有效面积为 $B$,活塞的运动速度为 $\dot{y}$,气缸进气腔和回气腔气体密度分别为 $\rho_a, \rho_b$。则考虑到活塞运动时进入到 $a$ 腔和从 $b$ 腔排出的气体容积流量相等,即应有

$$B\dot{y} = Q = \frac{\dot{M}_a}{\rho_a} = \frac{\dot{M}_b}{\rho_b} \tag{8-26}$$

选取参考容积流量 $Q_0$ 和参考活塞运动速度 $\dot{y}_0$ 为

$$Q_0 = B\dot{y}_0 = \frac{\dot{M}_0}{\rho_s} = \frac{p_s A_{max} F_2}{\rho_s \sqrt{T_s}} \tag{8-27}$$

由气体状态方程可得

$$Q_0 = B\dot{y}_0 = A_{max} F_2 R \sqrt{T_s} \tag{8-28}$$

由式(8-26)和式(8-28)得

$$\frac{\dot{y}}{\dot{y}_0} = \frac{\dot{M}_a \rho_s}{\dot{M}_0 \rho_a} = \frac{\dot{M}_b \rho_s}{\dot{M}_0 \rho_b}$$

根据前面已假定的 $T_1 = T_2 = T_s$ 和气体状态方程有

$$\frac{\dot{y}}{\dot{y}_0} = \frac{\dot{M}_a p_s}{\dot{M}_0 p_1} = \frac{\dot{M}_b p_s}{\dot{M}_0 p_2} \tag{8-29}$$

将式(8-24),(8-25)代入(8-29)中可得

$$\frac{\dot{y}}{\dot{y}_0} = \overline{A}_1 \frac{p_s}{p_1} \psi(\frac{p_1}{p_s}) - \overline{A}_4 \psi(\frac{p_e}{p_1}) \tag{8-30}$$

$$\frac{\dot{y}}{\dot{y}_0} = \overline{A}_3 \psi(\frac{p_e}{p_2}) - \overline{A}_2 \frac{p_s}{p_2} \psi(\frac{p_2}{p_s}) \tag{8-31}$$

考虑到负载压力

$$p_L = p_1 - p_2$$

其无因次负载压力可设为

$$\frac{p_L}{p_s} = \frac{p_1}{p_s} - \frac{p_2}{p_s} \tag{8-32}$$

上述方程(8-30)、(8-31)及(8-32)组成了气动控制阀的压力-流量特性的一般表达式。其中函数 $\psi$ 的表达式可仿照式(8-17)确定,

即

$$\psi(\frac{p_1}{p_s}) = \begin{cases} \frac{F_1}{F_2} f(\frac{p_1}{p_s}) & (\frac{p_1}{p_s} \geqslant c_0) \\ 1 & (\frac{p_1}{p_s} < c_0) \end{cases}$$

$$\psi(\frac{p_e}{p_1}) = \begin{cases} \frac{F_1}{F_2} f(\frac{p_e}{p_1}) & (\frac{p_e}{p_1} \geqslant c_0) \\ 1 & (\frac{p_e}{p_1} < c_0) \end{cases}$$

$$\psi(\frac{p_e}{p_2}) = \begin{cases} \frac{F_1}{F_2} f(\frac{p_e}{p_2}) & (\frac{p_e}{p_2} \geqslant c_0) \\ 1 & (\frac{p_e}{p_2} < c_0) \end{cases}$$

$$\psi(\frac{p_2}{p_s}) = \begin{cases} \frac{F_1}{F_2} f(\frac{p_2}{p_s}) & (\frac{p_2}{p_s} \geqslant c_0) \\ 1 & (\frac{p_2}{p_s} < c_0) \end{cases}$$

**二、气动控制阀的阀系数**

由上面分析可知,气体质量流量 $\dot{M}$ 是压力 $p$ 和阀芯位移 $x_v$ 的函数,即可用下述数学关系式来表示。

$$\dot{M} = f(x_v, p) \tag{8-33}$$

一般来说,函数式(8-33)是非线性的。但由于气动伺服系统经常工作在某稳定点附近,因此可用线性化理论对它进行线性化,也就是说,可近似用增量方程进行系统的动态特性分析。为此可以假定:

$$x_v = x_{vo} + \triangle x_v$$
$$p = p_o + \triangle p$$

则有

$$\dot{M} = f(x_{vo} + \triangle x_v, p_o + \triangle p) \tag{8-34}$$

将式(8-34)按台劳公式展开,并忽略二阶以上的无穷小项,则可得

$$\triangle \dot{M} = \frac{\partial f}{\partial x_v}\bigg|_{\substack{x_v = x_{vo} \\ p = p_o}} \triangle x_v + \frac{\partial f}{\partial p}\bigg|_{\substack{x_v = x_{vo} \\ p = p_o}} \triangle p \tag{8-35}$$

令

$$\frac{\partial f}{\partial x_v} = K_m \tag{8-36}$$

$$\frac{\partial f}{\partial p} = -K_c \tag{8-37}$$

$K_m, K_c$ 统称为气动控制阀系数,其中 $K_m$ 称为气体质量流量增益,$K_c$ 称为气体质量流量-压力系数。

于是可将式(8-35)改写为

$$\triangle \dot{M} = K_m \triangle x_v - K_c \triangle p \tag{8-38}$$

式(8-38)称为气体质量流量方程,它适用于所有结构形式的气动控制阀。式中"—"号是由于 $\frac{\partial f}{\partial p}$ 对于任何结构形式的气动控制阀来说都是负的,为使气体质量流量-压力系数为正而加入的,质量流量增益 $K_m$、质量流量-压力系数 $K_c$ 是确定系统的稳定性、频率响应和其他动态性分析时的重要参数。下面将要看到气体质量流量增益 $K_m$ 直接影响系统的开环增益,气体质量流量-压力系数 $K_c$ 直接影响系统的阻尼比,这两个系数都对系统稳定性有着直接的影响,另外还有一个重要参数是描述压力对阀的位移之间的关系,通常称为压力增益或压力灵敏度,定义为

$$K_p = \frac{\partial p}{\partial x_v} \tag{8-39}$$

### 三、压力特性

当负载流量为零时,阀的负载压力与阀的位移之间的关系称为阀的压力特性。根据这个定义,令气动控制阀的压力-流量特性方程中的 $\dot{y}/\dot{y}_0 = 0$,即可得压力特性的数学表达式。根据式(8-30),(8-31)和式(8-32)有

$$\left.\begin{array}{l} \overline{A}_1 \dfrac{p_s}{p_1} \psi\left(\dfrac{p_1}{p_s}\right) - \overline{A}_4 \psi\left(\dfrac{p_e}{p_1}\right) = 0 \\[2mm] \overline{A}_3 \psi\left(\dfrac{p_e}{p_2}\right) - \overline{A}_2 \dfrac{p_s}{p_1} \psi\left(\dfrac{p_2}{p_s}\right) = 0 \\[2mm] \dfrac{p_L}{p_s} = \dfrac{p_1}{p_s} - \dfrac{p_2}{p_s} \end{array}\right\} \tag{8-40}$$

通过解析的方法联立方程(8-40)可以求出 $\dfrac{p_1}{p_s} = \varphi_1(x_v)$,$\dfrac{p_2}{p_s} = \varphi_2(x_v)$ 的显函数数学表达式,但要想获得这两个函数的数学表达式,首先应知道函数 $\psi$ 的数学表达式,即要知道气体流经各控制口时的流动状态。当控制节流口的流动状态为亚临界流动时,

$$\psi(p') = \dfrac{F_1}{F_2} f(p') \tag{8-41}$$

而当控制节流口的流动状态为超临界流动时,

$$\psi(p') = 1 \tag{8-42}$$

式中 $p'$ 为通过控制节流口的进出口压力的比值,例如对于控制节流口1(参看图8-1),$p' = \dfrac{p_1}{p_s}$。

为分析方便,将方程组(8-40)中的变量 $\dfrac{p_e}{p_1}$,$\dfrac{p_e}{p_2}$ 分别置换成 $\dfrac{p_1}{p_s}$,$\dfrac{p_2}{p_s}$。由于

$$\dfrac{p_e}{p_1} = \dfrac{p_e p_s}{p_1 p_s} = \dfrac{1}{n} \dfrac{p_s}{p_1} = \dfrac{1}{n p_1/p_s}$$

$$\dfrac{p_e}{p_2} = \dfrac{p_e p_s}{p_2 p_s} = \dfrac{1}{n} \dfrac{p_s}{p_2} = \dfrac{1}{n p_2/p_s}$$

式中 $\qquad n = \dfrac{p_s}{p_e}$

流动状态的条件关系式 $\dfrac{p_e}{p_1} \geqslant c_0$,$\dfrac{p_e}{p_2} \geqslant c_0$ 也应作相应的置换,

$$\dfrac{p_e}{p_1} = \dfrac{1}{n p_1/p_s} \geqslant c_0$$

$$\dfrac{p_1}{p_s} \leqslant \dfrac{1}{n c_0}$$

同理可得

$$\dfrac{p_2}{p_s} \leqslant \dfrac{1}{n c_0}$$

于是有

$$\psi(\frac{p_e}{p_1}) = \psi(\frac{1}{np_1/p_s}) = \begin{cases} \dfrac{F_1}{F_2} f(\dfrac{1}{np_1/p_s}) & (\dfrac{p_1}{p_s} \leqslant \dfrac{1}{nc_0}) \\ 1 & (\dfrac{p_1}{p_s} > \dfrac{1}{nc_0}) \end{cases}$$

$$\psi(\frac{p_e}{p_2}) = \psi(\frac{1}{np_2/p_s}) = \begin{cases} \dfrac{F_1}{F_2} f(\dfrac{1}{np_1/p_s}) & (\dfrac{p_2}{p_s} \leqslant \dfrac{1}{nc_0}) \\ 1 & (\dfrac{p_2}{p_s} > \dfrac{1}{nc_0}) \end{cases}$$

为了求得显函数表达式 $\dfrac{p_1}{p_s} = \varphi_1(x_v)$，先讨论方程组(8-40)中第一个方程两个控制节流口1、4的流动状态的组合。

(1)设 $1 \geqslant p_1/p_s \geqslant c_0$，此时节流口1的流动状态为亚临界流动。对于节流口4由于

$$\frac{p_e}{p_1} = \frac{1}{np_1/p_s}$$

且一般来说有 $n = \dfrac{p_s}{p_e} \gg 1$，只要 $n > \dfrac{1}{C_0^2}$ 时，有

$$\frac{p_e}{p_1} < c_0$$

因为此时节流口4的流动状态为超临界流动。由上面分析可知，方程组(8-40)中第一方程两个控制节流口的流动状态组合为亚-超流动状态，因此有

$$\psi(\frac{p_1}{p_s}) = \frac{F_1}{F_2} f(\frac{p_1}{p_s})$$

$$\psi(\frac{p_e}{p_1}) = 1$$

代入方程组(8-40)第一个方程中有

$$\overline{A}_1 \frac{p_s}{p_1} \frac{F_1}{F_2} f(\frac{p_1}{p_s}) - \overline{A}_4 = 0$$

或

$$\frac{\overline{A}_4}{\overline{A}_1} \frac{p_1}{p_s} = \frac{F_1}{F_2} \sqrt{(\frac{p_1}{p_s})^{\frac{2}{k}} - (\frac{p_1}{p_s})^{\frac{k+1}{k}}}$$

两边同时平方并求此二次代数方程可得

$$\frac{p_1}{p_s} = \left[ \frac{1 + \sqrt{1 + 4(\frac{F_2}{F_1})^2 (\frac{A_4}{A_1})^2}}{2} \right]^{\frac{k}{1-k}} \tag{8-43}$$

式(8-43)是在 $1 \geqslant p_1/p_s \geqslant c_0$ 的条件下得到的，那么可根据式(8-43)求得满足此条件的面积比 $\dfrac{A_4}{A_1}$。

$$\frac{p_1}{p_s} = \left[ \frac{1 + \sqrt{1 + 4(\frac{F_2}{F_1})^2 (\frac{A_4}{A_1})^2}}{2} \right]^{\frac{k}{1-k}} > c_0 = (\frac{1+k}{2})^{\frac{k}{1-k}}$$

两边开 $\frac{1-k}{k}$ 次方并整理可得

$$\sqrt{1+4(\frac{F_2}{F_1})^2(\frac{A_4}{A_1})^2} > k$$

平方后并将 $F_1, F_2$ 的数学表达式代入整理可得

$$\frac{A_1}{A_4} > c_0$$

同理利用

$$\frac{p_1}{p_s} = \left[\frac{1+\sqrt{1+4(\frac{F_2}{F_1})^2(\frac{A_4}{A_1})^2}}{2}\right]^{\frac{k}{1-k}} \leqslant 1$$

可求得

$$\frac{A_1}{A_4} \leqslant \infty$$

由此可得适合应用式(8-43)的面积比条件为

$$\infty > \frac{A_1}{A_4} > c_0 \tag{8-44}$$

(2) 设 $\frac{1}{nc_0} \leqslant \frac{p_1}{p_s} < c_0$,显然节流口 1 的流动状态为超临界流动,节流口 4 由于

$$\frac{p_1}{p_s} = \frac{1}{n} \frac{1}{p_e/p_1} \geqslant \frac{1}{n} \frac{1}{c_0}$$

有

$$\frac{p_e}{p} \leqslant c_0$$

可知节流口 4 的流动状态也为超临界流动,则有

$$\psi(\frac{p_1}{p_s}) = \psi(\frac{p_e}{p_1}) = 1$$

方程组(8-40)中第一式可以写成

$$A_1 \frac{p_s}{p_1} = A_4 \tag{8-45}$$

显然适合应用式(8-45)的面积条件为

$$\frac{1}{n c_0} \leqslant \frac{A_1}{A_4} < c_0 \tag{8-46}$$

(3) 设 $\frac{1}{n} \leqslant \frac{p_1}{p_s} < \frac{1}{n c_0}$,此时控制节流口 1、4 流动状态为超-亚组合,式(8-40)中第一式应为

$$\frac{A_1}{A_4} = \frac{p_1}{p_s} \frac{F_1}{F_2} \sqrt{(\frac{p_e}{p_1})^{\frac{2}{k}} - (\frac{p_e}{p_1})^{\frac{k+1}{k}}}$$

应用上面相同的求解方法可求得

$$\frac{p_1}{p_s} = \frac{1}{n}\left[\frac{1+\sqrt{1+4n^2(\frac{F_2}{F_1})^2(\frac{A_1}{A_4})^2}}{2}\right]^{\frac{k}{k-1}} \tag{8-47}$$

其适应于式(8-47)的面积比条件为

$$0 < \frac{A_1}{A_4} < \frac{1}{n c_0} \tag{8-48}$$

上面讨论了气动缸 $a$ 腔在三种流动状态组合下的压力特性。只要将上述公式中 $A_1$、$A_4$、$p_1$ 分别置换成为 $A_3$、$A_2$、$p_2$，便得到 $b$ 腔的压力特性计算公式，利用两腔的压力特性计算公式，在相同的面积比条件下相减，就可得到气动控制阀的压力特性。

**四、起始压力**

当 $x_v = 0$，活塞处于平衡状态 $(\dot{y}/\dot{y}_0 = 0)$ 时，气腔内的压力称为起始压力，分别用 $p_{10}$ 和 $p_{20}$ 表示。假定执行机构两腔的结构参数相同，由于这时阀的阀芯处于中间对称位置，流动状态完全相同，所以两腔的起始压力总是相等，即有 $p_{10} = p_{20}$，起始压力决定了阀在工作过程中各节流口的流动状态的组合和动态特性系数，它是一个很重要的参数。

由于两腔起始压力相等，因此可利用任何一腔的压力特性公式来求起始压力，其基本公式为：

$$\overline{A}_{10} \frac{p_s}{p_{10}} \psi(\frac{p_{10}}{p_s}) = \overline{A}_{40} \psi(\frac{p_e}{p_{10}}) \tag{8-49}$$

利用前面的压力特性计算公式，令 $x_v = 0$ 就得到起始压力的计算公式。

(1) 当 $1 \geqslant \frac{p_{10}}{p_s} > c_0$ 时，

$$\frac{p_{10}}{p_s} = \left[\frac{1 + \sqrt{1 + 4(\frac{F_2}{F_1})^2 (\frac{A_{40}}{A_{10}})^2}}{2}\right]^{\frac{k}{1-k}} \qquad \infty \geqslant \frac{A_{10}}{A_{40}} > c_0 \tag{8-50}$$

(2) 当 $c_0 \geqslant \frac{p_{10}}{p_s} \geqslant \frac{1}{n c_0}$ 时

$$\frac{p_{10}}{p_s} = \frac{A_{10}}{A_{40}} \qquad c_0 \geqslant \frac{A_{10}}{A_{40}} > \frac{1}{n c_0} \tag{8-51}$$

(3) 当 $\frac{1}{n} \leqslant \frac{p_{10}}{p_s} < \frac{1}{nc_0}$ 时

$$\frac{p_{10}}{p_s} = \frac{1}{n} \left[\frac{1 + \sqrt{1 + 4n^2 (\frac{F_2}{F_1})^2 (\frac{A_{10}}{A_{20}})^2}}{2}\right]^{\frac{k}{k-1}} \qquad 0 \leqslant \frac{A_{10}}{A_{40}} < \frac{1}{n c_0} \tag{8-52}$$

由上述分析可知，当 $k$，$n$ 一定时，起始压力完全由初始面积比决定。

## §8-2 零开口四通滑阀的稳态特性分析

零开口四通滑阀是工程上应用较多的一种气动控制阀的结构形式。本节应用上节分析所得到的一般结论，讨论零开口四通滑阀的各种稳态特性。对于正、负开口的四通阀，由于其分析方法与零开口四通阀完全一致，故此不作叙述。

**一、零开口四通阀的压力-流量特性**

设所研究的气动控制阀是由理想的零开口四通滑阀构成，所谓理想的滑阀是指滑阀的阀芯与阀套间的径向间隙为零,且所有的节流边均为理想锐边。并假定四通阀的四个控制节流口是匹配且对称的,由图8-1可知,在上述的假定条件下有:

当 $x_v > 0$ 时,$A_2 = A_4 = 0$,即有 $\dot{M}_2 = \dot{M}_4 = 0$

当 $x_v < 0$ 时,$A_1 = A_3 = 0$,即有 $\dot{M}_1 = \dot{M}_3 = 0$

根据式(8-30),(8-31),(8-32),当 $x_v > 0$ 时有

$$\bar{y} = \bar{A}_1 \frac{p_s}{p_1} \psi\left(\frac{p_1}{p_s}\right) \tag{8-53}$$

$$\bar{y} = \bar{A}_3 \psi\left(\frac{p_e}{p_2}\right) \tag{8-54}$$

$$\bar{p}_L = \bar{p}_1 - \bar{p}_2 \tag{8-55}$$

式中

$\bar{y}$ —— 无因次活塞运动速度;

$\bar{p}_L$ —— 无因次负载压力 $\left(\frac{p_L}{p_s}\right)$;

$\bar{p}_1$ —— 无因次进气腔压力 $\left(\frac{p_1}{p_s}\right)$;

$\bar{p}_2$ —— 无因次回气腔压力 $\left(\frac{p_2}{p_s}\right)$。

设:$W$ 为四通滑阀的面积程度,则有

$$A_1 = A_3 = W x_v \tag{8-56}$$

$$A_{max} = W x_{v\max} \tag{8-57}$$

于是上述方程(8-53),(8-54),(8-55)可改写成

$$\bar{y} = \bar{x}_v \frac{p_s}{p_1} \psi\left(\frac{p_1}{p_s}\right) \tag{8-58}$$

$$\bar{y} = \bar{x}_v \psi\left(\frac{p_e}{p_2}\right) \tag{8-59}$$

$$\bar{p}_L = \bar{p}_1 - \bar{p}_2 \tag{8-60}$$

将式(8-59)中 $\frac{p_e}{p_2}$ 置换成 $\frac{p_2}{p_s}$ 即

$$\frac{p_e}{p_2} = \frac{p_e}{p_s} \frac{p_s}{p_2} = \frac{1}{n \, p_2/p_s}$$

式中 $n = \frac{p_s}{p_e}$

通过控制节流口3的临界压力比值条件也应作相应的变换

$$\frac{p_e}{p_2} = \frac{1}{n \, p_2/p_s} < c_0$$

或

$$\frac{p_2}{p_s} = \frac{1}{n c_0} \tag{8-61}$$

即当 $\frac{p_2}{p_s} > \frac{1}{n c_0}$ 时,通过控制节流口3的气体流动速度为音速,该节流口处处于被抑制状

态。根据上述分析可得零开口四通阀的压力-流量方程为

$$\bar{y} = \bar{x}_v \frac{p_s}{p_1} \psi(\frac{p_1}{p_s}) \tag{8-62}$$

$$\bar{y} = \bar{x}_v \psi(\frac{1}{n \, p_2/p_s}) \tag{8-63}$$

$$\bar{p}_L = \bar{p}_1 - \bar{p}_2 \tag{8-64}$$

由零开口四通阀的压力-流量方程,可分别作出以 $\bar{x}_v$ 为参变量,以 $p_1/p_s$, $p_2/p_s$ 为自变量,以 $\bar{y}$ 为因变量的两腔压力和活塞速度的关系曲线,如图 8-2 所示。图 8-3 是零开口四通滑阀的压力-流量特性曲线,它是以 $\bar{p}_L$ 为自变量,以 $\bar{y}$ 为因变量。这两个图均取 $n=10$,$k=1.4$。在图 8-3 中,其实际应用范围是在一、三象限,而三、四象限仅滑阀换向瞬态过程中才出现,此时活塞运动是由于惯性而引起的。

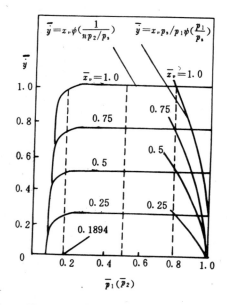
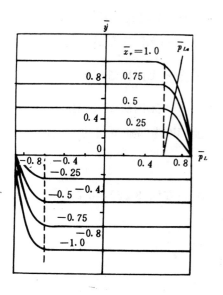

图 8-2 零开口四通阀两腔压力与活塞速度关系曲线  图 8-3 零开口四通阀压力-流量特性曲线

零开口四通阀的压力-流量特性曲线有下述两个特点:

1)压力-流量特性曲线对称于坐标原点。

2)在一定的无因次开口量 $\bar{x}_v$ 下,当无因次负载压力 $\bar{p}_L$ 降至某一定值时,阀的输出容积流量(或活塞速度)将不随负载压力变化而变化,并将保持在某开口量下的最大容积流量(空载容积流量),其某一定值可由下式求出。

$$\bar{p}_{La} = \bar{p}_{10} - \frac{1}{n \, c_0} \tag{8-65}$$

式中 $\bar{p}_{10}$ ——无因次起始压力,它与 $\bar{x}_v$ 无关,它的值可以利用式(8-62)与式(8-63)相等求得,即

$$\frac{p_s}{p_{10}} \psi(\frac{p_{10}}{p_s}) = \psi(\frac{1}{n \, p_{20}/p_s}) \tag{8-66}$$

如果执行机构为一对称气动缸,则式中 $p_{10} = p_{20}$。

## 二、零开口四通阀阀系数

根据式(8-22)、(8-23)可得,当 $x_v > 0$ 时,通过理想零开口四通阀节流口 1, 3 的质量流量为

$$\dot{M}_1 = \dot{M}_a \tag{8-67}$$

$$\dot{M}_3 = \dot{M}_b \tag{8-68}$$

式中

$$\dot{M}_1 = \begin{cases} W x_v p_s \dfrac{F_1}{\sqrt{T_s}} f\left(\dfrac{p_1}{p_s}\right) & \left(\dfrac{p_1}{p_s} \geqslant c_0\right) \\ W x_v p_s \dfrac{F_2}{\sqrt{T_s}} & \left(\dfrac{p_1}{p_s} < c_0\right) \end{cases} \tag{8-69}$$

$$\dot{M}_3 = \begin{cases} W x_v p_2 \dfrac{F_1}{\sqrt{T_2}} f\left(\dfrac{p_e}{p_2}\right) & \left(\dfrac{p_e}{p_2} \geqslant c_0\right) \\ W x_v p_2 \dfrac{F_2}{\sqrt{T_2}} & \left(\dfrac{p_e}{p_2} < c_0\right) \end{cases} \tag{8-70}$$

式中

$$c_0 = \left(\frac{k+1}{2}\right)^{\frac{k}{1-k}}$$

理想零开口四通滑阀的阀系数可通过对上二式求偏微分获得,质量流量增益为:

$$K_{m1} = \frac{\partial \dot{M}_1}{\partial x_v} = \begin{cases} W\, p_s \dfrac{F_1}{\sqrt{T_s}} f\left(\dfrac{p_1}{p_s}\right) & \left(\dfrac{p_1}{p_s} \geqslant c_0\right) \\ W\, p_s \dfrac{F_2}{\sqrt{T_s}} & \left(\dfrac{p_1}{p_s} < c_0\right) \end{cases} \tag{8-71}$$

$$K_{m3} = \frac{\partial \dot{M}_3}{\partial x_v} = \begin{cases} W\, p_2 \dfrac{F_1}{\sqrt{T_2}} f\left(\dfrac{p_e}{p_2}\right) & \left(\dfrac{p_e}{p_2} \geqslant c_0\right) \\ W\, p_2 \dfrac{F_2}{\sqrt{T_2}} & \left(\dfrac{p_e}{p_2} < c_0\right) \end{cases} \tag{8-72}$$

质量流量-压力系数为:

$$K_{c1} = -\frac{\partial \dot{M}_1}{\partial p_1} = \begin{cases} -W x_v \dfrac{F_1}{\sqrt{T_s}} \dfrac{1}{2f\left(\dfrac{p_1}{p_s}\right)} \left[\dfrac{2}{K}\left(\dfrac{p_1}{p_s}\right)^{\frac{2-k}{k}} - \dfrac{k+1}{k}\left(\dfrac{p_1}{p_s}\right)^{\frac{1}{k}}\right] & \left(\dfrac{p_1}{p_s} \geqslant c_0\right) \\ 0 & \left(\dfrac{p_1}{p_s} < c_0\right) \end{cases}$$

$$\tag{8-73}$$

$$K_{c3} = -\frac{\partial \dot{M}_3}{\partial p_2} =$$

$$\begin{cases} -Wx_v \dfrac{F_1}{\sqrt{T_2}} f(\dfrac{p_e}{p_2}) \left\{ 1 - \dfrac{1}{2f^2(\dfrac{p_e}{p_2})} \left[ \dfrac{2}{k}(\dfrac{p_e}{p_2})^{\frac{2-k}{k}} - \dfrac{k+1}{k}(\dfrac{p_e}{p_2})^{\frac{1}{k}} \right] \dfrac{p_e}{p_2} \right\} & (\dfrac{p_e}{p_2} \geqslant c_0) \\ -Wx_v \dfrac{F_2}{\sqrt{T_2}} & (\dfrac{p_e}{p_2} < c_0) \end{cases} \quad (8\text{-}74)$$

则通过节流口 1,3 的质量流量增量方程分别为

$$\triangle \dot{M}_1 = K_{m1}\triangle x_v - K_{c1}\triangle p_1 \qquad (8\text{-}75)$$

$$\triangle \dot{M}_3 = K_{m3}\triangle x_v - K_{c3}\triangle p_2 \qquad (8\text{-}76)$$

### §8-3 三通阀的分析

图 8-4 是由一个三通阀和一个差动气缸组成的动力机构。其工作原理简述如下：当阀芯处于中间位置时（$x_v = 0$），两个控制节流口 1,2 都处于关闭状态（零开口），若不考虑间隙漏气，活塞处于平衡状态。当外负载力为零时，活塞的力平衡方程为

$$p_{10}A_1 = p_s A_2 + p_0(A_1 - A_2) \qquad (8\text{-}77)$$

式中

$p_{10}$ —— 静止平衡状态下，右腔的压力；

$p_s$ —— 气源压力；

$p_0$ —— 大气压力（外界环境压力）；

$A_1$ —— 气缸活塞左边有效面积；

$A_2$ —— 气缸活塞右边有效面积。

由式(8-77)可知，零开口三通阀的初始压力 $p_{10}$ 是由活塞两边的有效面积比确定。

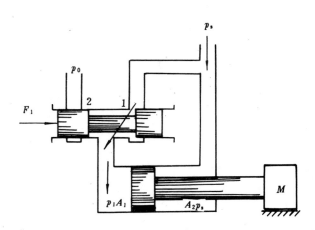

图 8-4 三通阀控非对称缸动力装置

当阀芯在外力 $F$ 作用下向右移动，控制节流口 1 被打开（图示位置），控制节流口 2

仍处于关闭状态,高压气体经节流口 1 流入气缸左腔,推动活塞向右运动。当阀芯向左移动时,控制节流口 1 被关闭,节流口 2 被打开,左腔压力 $p_1$ 降低,在右腔压力 $p_s$ 作用下,推动活塞向左运动。

用三通阀控非对称缸主要优点是结构简单,阀本身只有一个关键的轴向尺寸(两凸肩之间的距离),容易制造加工,成本低廉。主要缺点是在相同的负载条件下,它的固有频率和相对阻尼比都低于四通阀,动态性能也比较差。另外由于没有利用对称性的优点,其静态特性的线性度差,活塞正反运动速度不等。还有,因它只能与具有差动面积的非对称执行机构配合使用,因此不能配用旋转式的执行机构。

零开口三通阀和正,负开口的三通阀的特性不一样,但分析方法是一样的,这里只讨论零开口三通阀。

## 一、压力-流量特性

*a*) 阀芯向右运动

当三通阀为理想零开口时,阀芯在外力 $F$ 作用下向右移动,节流口 1 被打开,而节流口 2 仍被关闭。则根据式(8-18)可得通过节流口 1 的无因次质量流量为

$$\overline{M}_1 = \overline{x}_v \psi(\frac{p_1}{p_s}) \tag{8-78}$$

式中

$$\overline{M}_1 = \frac{\dot{M}_1}{\dot{M}_0}$$

$$\dot{M}_0 = W x_{v\max} p_s \frac{F_1}{\sqrt{T_s}}$$

$$\overline{x}_v = \frac{x_v}{x_{v\max}}$$

$$\psi(\frac{p_1}{p_s}) = \begin{cases} \frac{F_1}{F_2} f(\frac{p_1}{p_s}) & (\frac{p_1}{p_s} \geqslant c_0) \\ 1 & (\frac{p_1}{p_s} < c_0) \end{cases}$$

$$f(\frac{p_1}{p_s}) = \left[ (\frac{p_1}{p_s})^{\frac{2}{k}} - (\frac{p_1}{p_s})^{\frac{k+1}{k}} \right]^{\frac{1}{2}}$$

$$c_0 = (\frac{k+1}{2})^{\frac{k}{1-k}}$$

$$F_1 = (\frac{2k}{R(k-1)})^{\frac{1}{2}}$$

$$F_2 = (\frac{2}{k+1})^{\frac{1}{k-1}} (\frac{2k}{R(k+1)})^{\frac{1}{2}}$$

取

$$A_1 \dot{y}_1 = \frac{\dot{M}_1}{\rho_1} \qquad A_2 \dot{y}_0 = \frac{\dot{M}_0}{\rho_s}$$

则有

$$\frac{\dot{y}_1}{\dot{y}_0} = \dot{\bar{y}}_1 = \frac{\dot{M}_1 \rho_s}{\dot{M}_0 \rho_1} = \frac{\dot{M}_1 p_s}{\dot{M}_0 p_1} \qquad (8\text{-}79)$$

代入式(8-78)中有

$$\bar{\dot{y}}_1 = \bar{\dot{M}}_1 \frac{p_1}{p_s} = \bar{x}_v \frac{p_1}{p_s} \psi\left(\frac{p_1}{p_s}\right) \qquad (8\text{-}80)$$

取负载方程

$$p_L A_1 = p_1 A_1 - p_s A_2 - p_0 (A_1 - A_2) \qquad (8\text{-}81)$$

两边同除 $p_s A_1$ 则可得无因次负载压力为

$$\bar{p}_L = \frac{p_1}{p_s} - \frac{A_2}{A_1} - \frac{1}{n}\left(1 - \frac{A_2}{A_1}\right) \qquad (8\text{-}82)$$

式中

$$n = \frac{p_s}{p_0}$$

称式(8-80),(8-82)为三通阀($x_v > 0$)的压力-流量特性方程。假定 $\frac{A_2}{A_1} = \frac{1}{2}$,$n=10$,则可作出零开口三通阀的压力-流量特性曲线如图 8-5 所示。

由图 8-5 可知

1)将横坐标 $\frac{p_1}{p_s}$ 换成 $\frac{p_L}{p_s}$ 时,相当于将坐标原点向右移,由式(8-82)可知,当 $p_L = 0$ 时,有

$$\frac{p_1}{p_s} = \frac{A_2}{A_1} + \frac{1}{n}\left(1 - \frac{A_2}{A_1}\right)$$

对于图 8-5,由于 $\frac{A_2}{A_1} = 0.5$,$n=10$,则有 $\frac{p_1}{p_s} = \frac{p_{10}}{p_s} = 0.55$,这时活塞速度就是空载速度。

2)当 $\bar{\dot{y}} = 0$ 时,$p_1/p_s = 1$,此时可得

$$\bar{p}_L = 1 - \frac{A_2}{A_1} - \frac{1}{n}\left(1 - \frac{A_2}{A_1}\right)$$

若仍假定非对称气动缸的有效面积比为 $A_2/A_1 = 0.5$,$n=10$ 时,有 $\bar{p}_L = 0.45$,由此可知,此时三通阀控非对称气动缸的最大拖动力为 $0.45 p_s A_1$。

3)由于空气的临界压力比 $c_0 = 0.528$(理想气体),从图 8-5 可知,控制节流口 1 在全部负载压力范围内($0 < \bar{p}_L \leqslant 0.45$)都处于亚临界流动状态。

b) 阀芯向左移动。

当阀芯在外力作用下,自零位向左移动时,控制节流口 1 关闭,节流口 2 开启,气缸左腔的气体从节流口 2 排出,形成低压腔,此时活塞在能源压力作用下向左移动,设此时气缸左腔的压力为 $p_2$,则根据式(8-20)可得通过控制节流口 2 的无因次质量流量为

$$\bar{\dot{M}}_2 = \bar{x}_v \frac{p_2}{p_s} \psi\left(\frac{p_0}{p_2}\right) \qquad (8\text{-}83)$$

式中

$$\bar{\dot{M}}_2 = \frac{\dot{M}_2}{\dot{M}_0}$$

$$\psi(\frac{p_0}{p_2}) = \begin{cases} \frac{F_1}{F_2} f(\frac{p_0}{p_2}) & (\frac{p_0}{p_2} \geqslant c_0) \\ 1 & (\frac{p_0}{p_2} < c_0) \end{cases}$$

由于

$$\frac{\dot{y}_2}{\dot{y}_0} = \dot{y}_2 = \frac{\dot{M}_2 \rho_s}{\dot{M}_0 \rho_2} = \frac{\dot{M}_2 p_s}{\dot{M}_0 p_2}$$

则式(8-83)可改写成

$$\bar{y}_2 = \bar{x}_v \psi(\frac{p_0}{p_2}) = \bar{x}_v \psi(\frac{1}{n\, p_2/p_s}) \tag{8-84}$$

取负载压力

$$p_L A_1 = A_2 p_s - p_2 A_1 + p_0 (A_1 - A_2)$$

两边同除 $A_1 p_s$ 则可得无因次负载压力

$$\bar{p}_L = \frac{A_2}{A_1} - \frac{p_2}{p_s} + \frac{1}{n}(1 - \frac{A_2}{A_1}) \tag{8-85}$$

称式(8-84),(8-85)为三通阀阀芯左移时压力-流量特性方程,同样取 $A_2/A_1 = 0.5, n = 10$ 可作出三通阀阀芯左移时的压力-流量特性曲线如图 8-6 所示。

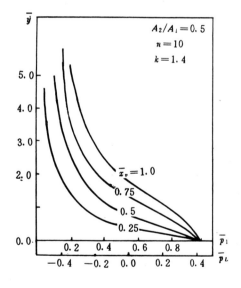
图 8-5 零开口三通阀压力-流量特性(阀芯右移 $x_v > 0$)

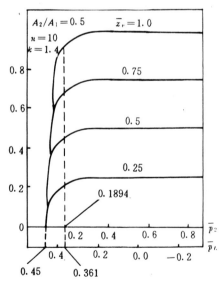
图 8-6 零开口三通阀压力-流量特性曲线 ($x_v < 0$)

由图 8-6 可知,阀芯向左移动 ($x_v < 0$) 时,

1) 当 $p_L = 0$ 时,有

$$\frac{p_2}{p_s} = \frac{p_{10}}{p_s} = \frac{A_2}{A_1} + \frac{1}{n}(1 - \frac{A_2}{A_1})$$

对于图 8-6,$\frac{p_{10}}{p_s} = 0.55$。

2) 当 $\bar{y} = 0$ ,有 $p_2/p_s = 0.1$

3) 负载压力范围为

$$\frac{A_2}{A_1} - \frac{p_{10}}{p_s} + \frac{1}{n}(1 - \frac{A_2}{A_1}) \leqslant \bar{p}_L \leqslant \frac{A_2}{A_1} - 0.1 + \frac{1}{n}(1 - \frac{A_2}{A_1})$$

当 $n = 10, A_2/A = 0.5$ 时，其值为 $0 \leqslant \bar{p}_L \leqslant 0.45$。

4) 在大部分的负载压力范围内，节流口 2 的流动状态为超临界流动，只有当 $0.361 < \bar{p}_L < 0.45$ 的压力范围内，控制节流口 2 才处于亚临界流动状态，即只有这时，负载速度 $\bar{y}$ 才随负载压力 $\bar{p}_L$ 的增大而减小。而在其他的负载压力范围内，不论负载压力如何变化，对于同一开口量其负载速度是保持不变的，其值为 $\bar{y}_2 = \bar{x}_v$。

5) 比较图 8-5，图 8-6 可知，在相同的负载条件下，对应同一开口量 $\bar{x}_v$，活塞左、右运动一般不相等。这是因为活塞向右运动时，大部分负载范围内，负载速度是随负载压力的变化而变化。而活塞向左运动时，大部分的负载压力范围内，负载速度是不变的。要使活塞左右运动速度相等必须使

$$\frac{p_1}{p_s}\psi(\frac{p_1}{p_2}) = \psi(\frac{p_0}{p_s}) \tag{8-86}$$

由于节流口 2 经常处于超临界流动状态，则应有

$$\frac{p_1}{p_s}\psi(\frac{p_1}{p_s}) = 1 \tag{8-87}$$

上述结论是在面积梯度 $W_1 = W_2 = W$ 的情况下得出的，如果 $W_1 \neq W_2$，则式(8-87)应为

$$\frac{p_1}{p_s}\psi(\frac{p_1}{p_s}) = \frac{W_2}{W_1} \tag{8-88}$$

6) 从上面分析可知，当面积比 $A_2/A_1 = 0.5$ 时，活塞左右运动时的负载压力范围是相同的，一般来说，负载压力范围是取决于面积比，而与气源条件几无关。要使负载压力范围在左右运动时相同，应满足如下条件：

$$(p_s - p_0)(A_1 - A_2) = (p_s - p_0)A_2 \tag{8-89}$$

这是因为当阀芯右移时，控制节流口 1 被打开，而节流口 2 仍在关闭的状态，高压气体经节流口 1 流入气缸左腔，腔内压力由 $p_{10}$ 逐渐增大到 $p_1$，由式(8-77)可知当活塞输出力 $p_1A_1 - p_sA_2 - p_0(A_1 - A_2)$ 足以克服负载力时，活塞将带动负载向右运动，如果活塞不动，$p_1$ 将升至能源压力 $p_s$，这时活塞输出最大力为 $(p_s - p_0)(A_1 - A_2)$。当阀芯自中间位置向左移动时，节流口 2 打开，节流口 1 关闭。气缸左腔与大气相通，腔内压力将由 $p_{10}$ 逐渐减小，设此时压力为 $p_2$，活塞输出力为 $-p_2A_1 + A_2p_s + p_0(A_1 - A_2)$。如果活塞不动，$p_2$ 将减至大气压力 $p_0$，这时活塞的最大输出力为 $(p_s - p_0)A_2$。

## 二、三通阀阀系数

由式(8-8)可得当阀芯向右移动($x_v > 0$)时，通过理想零开口三通阀节流口 1 的气体质量流量为：

$$\dot{M}_1 = \begin{cases} W x_v p_s \dfrac{F_1}{\sqrt{T_s}} f\left(\dfrac{p_1}{p_s}\right) & \left(\dfrac{p_1}{p_s} \geqslant c_0\right) \\ W x_v p_s \dfrac{F_2}{\sqrt{T_s}} & \left(\dfrac{p_1}{p_s} < c_0\right) \end{cases} \quad (8-90)$$

对上式求偏导数，可得出阀芯向右移动时三通阀系数为：

$$K_{m1} = \frac{\partial \dot{M}_1}{\partial x_u} = \begin{cases} W p_s \dfrac{F_1}{\sqrt{T_s}} f\left(\dfrac{p_1}{p_s}\right) & \left(\dfrac{p_1}{p_s} \geqslant c_0\right) \\ W p_s \dfrac{F_2}{\sqrt{T_s}} & \left(\dfrac{p_1}{p_s} < c_0\right) \end{cases} \quad (8-91)$$

$$K_{c1} = -\frac{\partial \dot{M}_1}{\partial p_1} = \begin{cases} -W x_v \dfrac{F_1}{\sqrt{T_s}} \dfrac{1}{2 f\left(\dfrac{p_1}{p_s}\right)} \left[\dfrac{2}{k}\left(\dfrac{p_1}{p_s}\right)^{\frac{2-k}{k}} - \dfrac{k+1}{k}\left(\dfrac{p_1}{p_s}\right)^{\frac{1}{k}}\right] & \left(\dfrac{p_1}{p_s} \geqslant c_0\right) \\ 0 & \left(\dfrac{p_1}{p_s} < c_0\right) \end{cases}$$

$$(8-92)$$

则通过三通阀节流口 1 的质量流量增量方程为：

$$\triangle \dot{M}_1 = K_{m1} \triangle x_v - K_{c1} \triangle p_1 \quad (8-93)$$

由式(8-10)可得，当阀芯向左移动（$x_v < 0$）时，通过理想零开口三通阀节流口 2 的质量流量方程为：

$$\dot{M}_2 = \begin{cases} W x_v p_2 \dfrac{F_1}{\sqrt{T_s}} f\left(\dfrac{p_0}{p_2}\right) & \left(\dfrac{p_0}{p_2} \geqslant c_0\right) \\ W x_v p_2 \dfrac{F_2}{\sqrt{T_2}} & \left(\dfrac{p_0}{p_2} < c_0\right) \end{cases} \quad (8-94)$$

同样，对上式求偏于导数，可得当阀芯向左移动时，三通阀阀系数为：

$$K_{m2} = \frac{\partial \dot{M}_2}{\partial x_v} = \begin{cases} W p_2 \dfrac{F_1}{\sqrt{T_2}} f\left(\dfrac{p_0}{p_2}\right) & \left(\dfrac{p_0}{p_2} \geqslant c_0\right) \\ W p_2 \dfrac{F_2}{\sqrt{T_2}} & \left(\dfrac{p_0}{p_2} < c_0\right) \end{cases} \quad (8-95)$$

$$K_{c2} = -\frac{\partial \dot{M}_2}{\partial p_2} = \begin{cases} -W x_v \dfrac{F_1}{\sqrt{T_2}} f\left(\dfrac{p_0}{p_2}\right) \left\{1 - \dfrac{1}{2 f^2\left(\dfrac{p_0}{p_2}\right)} \left[\dfrac{2}{k}\left(\dfrac{p_0}{p_s}\right)^{\frac{2-k}{k}} - \dfrac{k+1}{k}\left(\dfrac{p_0}{p_s}\right)^{\frac{1}{k}}\right] \dfrac{p_0}{p_2}\right\} & \left(\dfrac{p_0}{p_2} \geqslant c_0\right) \\ -W x_v \dfrac{F_2}{\sqrt{T_2}} & \left(\dfrac{p_0}{p_2} < c_0\right) \end{cases}$$

$$(8-96)$$

于是可得通过三通阀节流口 2 的质量流量增量方程为：

$$\triangle \dot{M}_2 = K_{m2} \triangle x_v - K_{c2} \triangle p_2 \quad (8-97)$$

## §8-4　喷嘴-挡板阀的分析

与滑阀相比,喷嘴-挡板阀的优点是运动部分的惯量小,位移量小,动态响应速度快,灵敏度高,而且它对制造公差的要求低,没有严格的轴向及径向尺寸要求,因此制造成本低廉。由于它没有相对的滑动表面,对污物不敏感。因此,喷嘴-挡板阀在低功率的系统中很受欢迎。通常采用喷嘴-挡板阀作前置放大。

本节将应用上述阀的一般分析方法,讨论喷嘴-挡板阀的压力-流量特性,阀系数及作用在挡板上的气流作用力。在伺服控制系统中,经常采用双喷嘴—挡板阀,因此本节仅讨论双喷嘴—挡板阀。

### 一、双喷嘴-挡板阀的压力-流量特性

双喷嘴-挡板阀示于图 8-7 上,设固定节流孔的直径为 $d_1$,喷嘴直径为 $d_2$,挡板处在双喷嘴的中间位置(零位)时,挡板距喷嘴的距离为 $x_0$。

由图 8-7 可知,节流口 1,3 为固定节流口,2,4 为可变节流口,其过流面积为挡板与喷嘴间构成的环形面积,为保证控制作用不受喷嘴直径的影响,通常取 $h_m < \frac{1}{4}d_2$,$h_m$ 定义为喷嘴出口端面到挡板的最大距离。

设挡板自中间向上移动为 $x$,则各节流口的过流面积为:

$$A_1 = A_3 = \frac{1}{4}\pi d_1^2$$
$$A_2 = \pi d_2(x_0 - x)$$
$$A_4 = \pi d_2(x_0 + x)$$

取参考量

$$A_0 = \pi d_2 x_0$$
$$\dot{M}_0 = \frac{A_0 p_s F_2}{\sqrt{T_s}}$$
$$\dot{y}_0 = \frac{\dot{M}_0}{A\rho_s}$$

式中 $A$ ——气动缸活塞有效面积,将各控制节流面积化为无因次形式有

$$\left. \begin{array}{l} \dfrac{A_1}{A_0} = \overline{A}_1 = \dfrac{A_3}{A_0} = \overline{A}_3 = \dfrac{1}{\alpha} \\[6pt] \dfrac{A_2}{A_0} = \overline{A}_2 = (1 - \overline{x}) \\[6pt] \dfrac{A_4}{A_0} = \overline{A}_4 = (1 + \overline{x}) \end{array} \right\} \quad (8\text{-}98)$$

式中 $\overline{x} = \dfrac{x}{x_0}$

由于

$$\left. \begin{array}{l} \dot{M}_a = \dot{M}_1 - \dot{M}_2 \\ \dot{M}_b = \dot{M}_4 - \dot{M}_3 \end{array} \right\} \quad (8\text{-}99)$$

将各参考量及式(8-98)代入(8-99)中可得

$$\bar{\dot{y}} = \frac{1}{\alpha} \frac{p_s}{p_1} \psi(\frac{p_1}{p_s}) - (1-\bar{x}) \psi(\frac{1}{n\ p_1/p_s}) \tag{8-100}$$

$$\bar{\dot{y}} = (1+\bar{x}) \psi(\frac{1}{n\ p_2/p_s}) - \frac{1}{\alpha} \frac{p_s}{p_2} \psi(\frac{p_2}{p_s}) \tag{8-101}$$

式中

$$\bar{\dot{y}} = \frac{\dot{y}}{\dot{y}_0}$$

取负载压力

$$p_L = p_1 - p_2$$

或

$$\bar{p}_L = \bar{p}_1 - \bar{p}_2 \tag{8-102}$$

式中

$$\bar{p}_L = \frac{p_L}{p_s} \qquad \bar{p}_1 = \frac{p_1}{p_s} \qquad \bar{p}_2 = \frac{p_2}{p_s}$$

称式(8-100),(8-101),(8-102)为双喷嘴挡板阀压力-流量特性方程,若取 $k=1.4, \alpha=2$, $n=10$ 则可作出双喷嘴挡板阀的压力-流量特性曲线如图 8-8 所示。

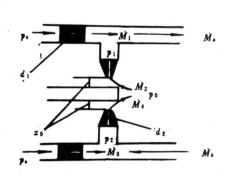

图 8-7 双喷嘴-挡板阀

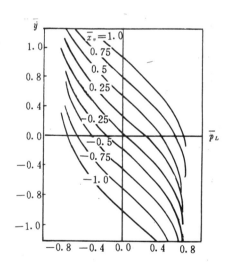

图 8-8 双喷嘴-挡板阀压力-流量特性曲线

图 8-8 中第一、第三象限为双喷嘴-挡板阀的正常工作区。当气源压力 $p_s$ 取得较高时,通常使控制节流口 2,4 处于超临界流动状态,此时,式(8-100)、(8-101)可写成

$$\left. \begin{array}{l} \bar{\dot{y}} = \dfrac{1}{\alpha} \dfrac{p_s}{p_1} \psi(\dfrac{p_1}{p_s}) - (1-\bar{x}) \\ \bar{\dot{y}} = (1+\bar{x}) - \dfrac{1}{\alpha} \dfrac{p_s}{p_2} \psi(\dfrac{p_2}{p_s}) \end{array} \right\} \tag{8-103}$$

## 二、阀系数

阀系数的求法和前面所述的方法一样,根据各节流口的流动状态,可以写出各节流口的质量公式,质量流量增量可以通过这些质量流量表达式对 $x$ 求偏导数获得,流量-压力系数可通过式(8-99)分别对 $p_1$, $p_2$ 求偏导数取得,最后可得质量流量增量方程为

$$\triangle \dot{M}_a = K_{m1}\triangle x - K_{c1}\triangle p_1 - K_{m2}\triangle x + K_{c2}\triangle p_1$$
$$= (K_{m1} - K_{m2})\triangle x - (K_{c1} - K_{c2})\triangle p_1 \quad (8\text{-}104)$$

$$\triangle \dot{M}_b = K_{m4}\triangle x - K_{c4}\triangle p_1 - K_{m3}\triangle x + K_{c3}\triangle p_2$$
$$= (K_{m4} - K_{m3})\triangle x - (K_{c4} - K_{c3})\triangle p_2 \quad (8\text{-}105)$$

## 三、气流作用在挡板上的力

挡板在运动中,除受机械力、电磁力、惯性力等的作用外,还受气流的作用力。在稳定时,气流作用在挡板上的力与负载和喷嘴间的距离有关。这里将气流作用在挡板上的力与这两个参数间的关系称为挡板的力特性。

(一) 锐边喷嘴-挡板阀挡板的力特性

图 8-9(a) 是一个锐边喷嘴-挡板,设喷嘴出口直径为 $d_2$,面积为 $A_2$,挡板与喷嘴间的距离为 $h$,其环形过流面积为 $a_2 = \pi d_2 h$,喷嘴腔内压力为 $p_1$,温度为 $T_1$(仍假定 $T_1 = T_s$)。

在计算挡板的力特性时,对气流模型作如下假设:

1) 气体流动为等熵流动。

2) 气流碰到挡板后成 90° 散开,如图 8-9(b) 所示。 在气流中取三个控制面,1-1 控制面取在腔室内,压力、速度、温度分别为 $p_1, V_1, T_1$。2-2 控制面取在喷嘴的出口处,参数为 $p_2, V_2, T_2$,若忽略径向速度的影响,$V_2$ 的方向为水平方向(垂直于控制面 2-2)。控制面 3-3 是一个环状截面,取在出口处,参数为 $p_3, V_3, T_3, V_3$,其方向垂直于控制面 3-3。假定流动是稳定的,则可以利用动量定律求作用在挡板上的作用力。为此取控制体为控制面 2-2,3-3 与挡板构成的体积(如图 8-9(c) 所示),图 8-9(c) 中 $F$ 为挡板作用在控制体上的力在水平方向上的分量。那么,在水平方向上应用动量定律有:

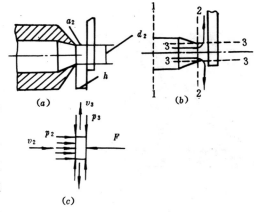

图 8-9 气流作用在锐边喷嘴-挡板阀挡板上的力

$$F = A_2 p_2 + \dot{M} V_2 \quad (8\text{-}106)$$

式中

$\dot{M}$ —— 通过喷嘴的质量流量。

由式(8-106)可知,要想求出流体作用在挡板上的力,关键是要找出 $p_2, V_2$ 与 $p_1, h$ 之

间的关系。由于假定流动是等熵的,且在一般情况下,气流通过控制面 3-3 的流动状态是临界流动,其流速为音速,而控制面 1-1 上的气流速度比起 3-3 控制面上的气流速度要小的多,相比之下,可近似认为 $V_1 = 0$,在这种情况下,可将喷嘴-挡板间的气体流动看成是通过一个收缩管的流动。

通过收缩管的质量流量方程为

$$\dot{M} = \frac{A_2 p_1 F_1}{\sqrt{T_1}} f(\frac{p_2}{p_1}) \qquad (\frac{p_2}{p_1} \geqslant c_0) \tag{8-107}$$

$$\dot{M} = \frac{A_2 p_1 F_1}{\sqrt{T_1}} \qquad (\frac{p_2}{p_1} < c_0) \tag{8-108}$$

为了研究方便,这里应用流量函数 $q(\lambda)$ 来表示质量流量公式。

因为

$$\dot{M} = \rho_2 A_2 V_2$$

而

$$\rho_2 = \rho_1 (1 - \frac{k-1}{k+1} \lambda_2^2)^{\frac{1}{k-1}} = \rho_1 \pi(\lambda_2)$$
$$= p_1 \pi(\lambda_2)/RT_1$$

$$V_2 = \lambda_2 \sqrt{\frac{2kRT_1}{k+1}}$$

式中 $\lambda_2$ ——控制面 2-2 上气流速度与临界音速之比,即 $\lambda_2 = \frac{V_2}{a^*}$

$a^*$ ——临界音速,$a^* = \sqrt{\frac{2kRT_1}{k+1}} = a_o \sqrt{\frac{2}{1+k}}$

$a_o$ ——当地音速,$a_o = \sqrt{kRT_1}$

$\pi(\lambda_2) = (1 - \frac{k-1}{k+1} \lambda_2^2)^{\frac{1}{k-1}}$

由此可得

$$\dot{M} = p_1 \pi(\lambda_2)/RT_1 \cdot \lambda_2 \sqrt{\frac{2kRT_1}{K+1}} \cdot A_2$$

$$= (\frac{k+1}{2})^{\frac{1}{k-1}} (\frac{2}{k+1})^{\frac{1}{k-1}} \lambda_2 \pi(\lambda_2) \frac{p_1 A_2}{\sqrt{T_1}} \sqrt{\frac{2k}{R(k+1)}}$$

$$= (\frac{k+1}{2})^{\frac{1}{k-1}} \lambda_2 \pi(\lambda_2) \frac{p_1 A_2}{\sqrt{T_1}} \sqrt{\frac{2k}{R(k+1)}} \cdot (\frac{2}{k+1})^{\frac{1}{k+1}}$$

记流量函数 $q(\lambda_2)$ 为

$$q(\lambda_2) = (\frac{k+1}{2})^{\frac{1}{k-1}} \lambda_2 \pi(\lambda_2) \tag{8-109}$$

于是有

$$\dot{M} = \frac{p_1 A_2 F_2}{\sqrt{T_1}} q(\lambda_2) \tag{8-110}$$

式中 $F_2 = (\dfrac{2}{k+1})^{\frac{1}{k-1}} \sqrt{\dfrac{2K}{R(k+1)}}$

式(8-110)为用总压,总温和流量函数表示的质理流量公式。当 $\lambda_2 < 1$ 时,$q(\lambda_2) < 1$,当 $\lambda_2 = 1$ 时,$q(\lambda_2) = 1$,这时收缩管中的气流质量流量达到最大值。

由 $\rho_2 = p_1 \pi(\lambda_2)/RT_1$ 可得

$$p_2 = p_1 \pi(\lambda_2) \tag{8-111}$$

将上述各式代入(8-106)中可得

$$F = A_2 p_1 \pi(\lambda_2) + \dfrac{p_1 A_2 F_2}{\sqrt{T_1}} q(\lambda_2) \cdot \lambda_2 \sqrt{\dfrac{2kRT_2}{k+1}}$$

$$= p_1 A_2 [\pi(\lambda_2) + q(\lambda_2) \lambda_2 \cdot \dfrac{F_2}{\sqrt{T_1}} \sqrt{\dfrac{2KRT_1}{K+1}}]$$

由于 $F_2 = (\dfrac{2}{k+1})^{\frac{1}{K-1}} \sqrt{\dfrac{2k}{R(k+1)}}$

所以有 $\dfrac{F_2}{\sqrt{T_1}} \sqrt{\dfrac{2kRT_1}{k+1}} = k(\dfrac{2}{k+1})^{\frac{k}{k-1}} = kc_o$

代入上式得

$$F = p_1 A_2 [\pi(\lambda_2) + q(\lambda_2) \lambda_2 k c_o] \tag{8-112}$$

写成无因次形式

$$\dfrac{F}{p_1 A_2} = \pi(\lambda_2) + \lambda_2 q(\lambda_2) k c_o \tag{8-113}$$

根据质量守恒定律,通过喷嘴任意截面上的质量流量相等,即有:

$$\dot{M} = \dfrac{p_1 A_2 F_2}{\sqrt{T_1}} q(\lambda_2) = \dfrac{p_1 a_2 F_2}{\sqrt{T_1}} q(\lambda_3)$$

由于控制面 3-3 是临界截面,其环形状过流面积为 $\pi d_2 h = a_2$ 所以有 $\lambda_3 = 1, q(\lambda_3) = 1$,于是可得:

$$\dfrac{a_2}{A_2} = q(\lambda_2)$$

因为

$$\dfrac{a_2}{A_2} = \dfrac{\pi d_2 h}{\dfrac{\pi}{4} d_2^2} = \dfrac{4h}{d_2}$$

即可得

$$q(\lambda_2) = \dfrac{4h}{d_2} \tag{8-114}$$

称式(8-113)和式(8-114)为锐边喷嘴-挡板阀挡板的力特性方程,图 8-10 为锐边喷嘴-挡板阀挡板力特性曲线,因为起码要满足 $0 \leqslant 4h \leqslant d_o$ 的条件,所以 $4h/d_2$ 只能在 0~1 之间变化。

由式(8-106)可知,气流作用在挡板上的力由两部分组成,即静压力 $P_2 A_2$ 和动压力

$MV_2$ 组成,其中动压力 $MV_2$ 是由气流动量变化率转变而来。由无因次力特性方程可知,静压力和动压力都随挡板与喷嘴间的距离 $h$ 的变化而变化,分别由 $\pi(\lambda_2)$ 和 $kc_o\lambda_2 q(\lambda_2)$ 表示。由图 8-10 可知, $a_2/A_2$ 很小时,作用在挡板上的力主要是由气流的静压力产生,而动压力仅占很小的一部分。在通常的情况下,为使喷嘴-挡板阀有较好的线性度, $h$ 的最大值都取得较小;一般取 $h_o = d_2/12 \sim d_2/16$(中间位置时 $x_o = h_o$),这时, $4h/d_2$ 的变化范围为 $0 \sim 0.677$ 或 $0 \sim 0.5$,如图中的虚线所示,此时 $F/p_1 A_2$ 的值分别为 $1 \sim 1.107$ 或 $1 \sim 1.06$,可见变化是很小的,在近似计算中可以用一个平均值代替或干脆取

$$F = p_1 A_2 \tag{8-115}$$

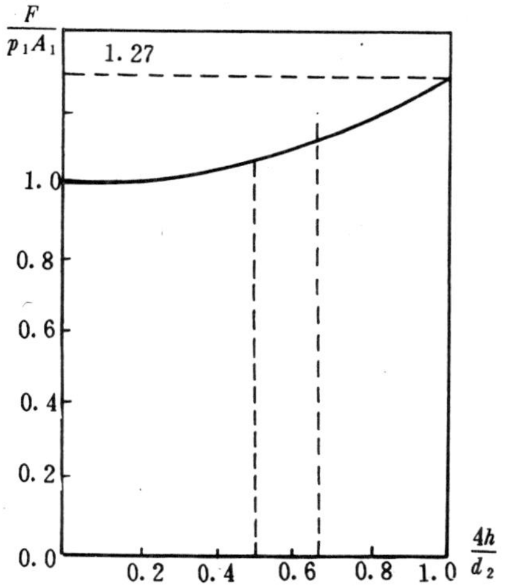

对于双喷嘴-挡板阀,气流作用在挡板上的合力为

$$F = A_2(P_1 - P_2) = A_2 P_L \tag{8-116}$$

图 8-10 锐边喷嘴-挡板阀挡板力特性曲线。

力的方向与运动方向相反。

利用式(8-114)和等熵气流函数表,给出一个 $4h/d_2$ 值,可求出一个 $\lambda_2$ 值来,而后再利上述相应的各式,可求出控制面 2-2 上的参数 $p_2, M_2, V_2$ 等。

(二)平端喷嘴-挡板阀挡板的力特性

其分析方法与上述锐边阀一样,所不同的是气流通过喷嘴平端面与挡板构成间隙时,气流将对挡板产生作用力。

图 8-11($a$)是一个平端喷嘴-挡板,设喷嘴出口内径为 $d_2$,面积为 $A_2$,出口外径为 $d_4$,面积为 $A_4$,喷嘴-挡板的距离为 $h$,仍假定

1)挡板间流动为等熵流动

2)气流碰到挡板后成 $90°$ 散开。

在流场中取四个控制截面,如图 8-11($b$)所示,控制截面 1-1,2-2,3-3 的取法和控制截面上的气流参数均与锐边喷嘴-挡板一样。控制截面 4-4 取在喷嘴出口外圆上,它也是一个环形截面,参数设定为 $p_4, T_4, V_4$。取控制体为控制面 2-2 和控制面 4-4 所包围的体积。其受力情况如图 8-11($c$)所示。其中对应喷嘴平端的那部分面积上所受的力即是流体的静压力。由于每点的过流面积不同,因而各点的压力也不同,用 $p_r$ 表示某点上的压力。在水平方向上应用动量定律有

$$F = p_2 A_2 + MV_2 + 2\pi \int_{\frac{d_2}{2}}^{\frac{d_4}{2}} P_r r dr \tag{8-117}$$

与式(8-106)比较,这里多了一个积分项,要解出此积分项,首先应了解 $p_r$ 与 $r$ 的关系,为此采用下述办法确定。

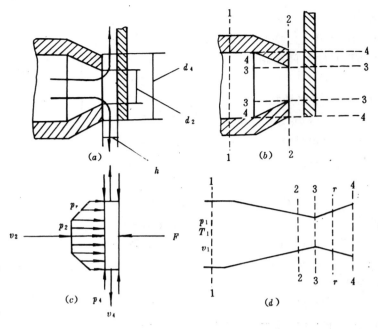

图 8-11 气流作用在平端喷嘴-挡板阀挡板上的力

在控制截面 3-3 之前，仍看成是一个收缩管，气流在控制截面 3-3 上达到音速，此控制截面以后，由于过流面积不断增大，如果外界压力较低，则气流在喷嘴平端与挡板间隙中的气流流动是超音速，因此，整个流动可近似看成是流经一个拉伐尔喷管的流动，喷管的候部是截面 3-3，面积为 $a_2 = \pi d_2 h$，出口是控制截面 4-4，面积为 $A4 = \pi d_4 h$，控制面 2-2 为收缩段中面积为 $A_2 = \frac{1}{4} d_2^2$ 的截面，如图 8-11（d）所示。扩张段任意点上的过流面积等效于喷嘴平端与挡板间相应点的环形面积，即

$$A_r = \frac{\pi}{4} d_r^2 = 2\pi r h$$

或
$$d_r = 2\sqrt{2rh} \tag{8-118}$$

式中 $d_r$ 是假想的拉伐尔管中 $r$-$r$ 截面的直径。这样可以用等熵流动基本公式来解扩张段各截面上的静压力。即式（8-114）仍然成立，于是有

$$\frac{A_r}{a_2} = \frac{2\pi r h}{\pi d_2 h} = \frac{2r}{d_2} = \frac{1}{q(\lambda_r)}$$

$$\frac{p_r}{p_1} = (1 - \frac{k-1}{k+1}\lambda_r^2)^{\frac{k}{k-1}} = \pi(\lambda_r) \tag{8-119}$$

利用等熵气流函数表（$\lambda_r > 1$ 时，用超音速段），根据不同的 $\lambda_2$ 和 $P_r/p_1$，作出 $P_r/p_1$ 与 $\frac{2r}{d_2}$ 的关系曲线，如图 8-12 所示。

求式（8-117）中的积分项，因有

$$2\pi \int_{\frac{d_2}{2}}^{\frac{d_4}{2}} p_r r dr = \frac{2}{4}\pi d_2^2 p_1 \int_1^{\frac{d_4}{d_2}} \frac{p_r}{p_1} \frac{2r}{d_2} d(\frac{2r}{d_2}) = 2p_1 A_2 \int_1^{\frac{d_4}{d_2}} \frac{p_r}{p_1} \frac{2r}{d_2} d(\frac{2r}{d_2})$$

将 $\dfrac{p_r}{p_1}\dfrac{2r}{d_2}$ 与 $\dfrac{2r}{d_2}$ 的关系曲线也作成图示出于图 8-12 上,只要积分上限确定,则此积分正好是图 中该曲线下面的面积,曲线可知,此面积仅与 $d_4/d_2$ 有关,而与喷嘴和挡板间的间隙 $h$ 无关,当喷嘴结构确定下来,积分也是一个常数,设此常数为 $B_c$。

$$B_c = \int_1^{\frac{d_4}{d_2}} \frac{p_r}{p_1}\frac{2r}{d_2} \mathrm{d}\left(\frac{2r}{d_2}\right) \tag{8-120}$$

$B_c$ 与 $d_4/d_2$ 的关系曲线示于图 8-13 中,这样式(8-117)可以写成:

$$F = p_2 A_2 + \dot{M} V_2 + 2 B_c p_1 A_2 \tag{8-121}$$

式中前两项是锐边喷嘴-挡板阀中气流对挡板的作用力,它由式(8-112)及式(8-114)确定,也可近似取式(8-121)为

$$F = p_1 A_2 + 2 B_c p_1 A_2 = (1 + 2 B_c) p_1 A_2 \tag{8-122}$$

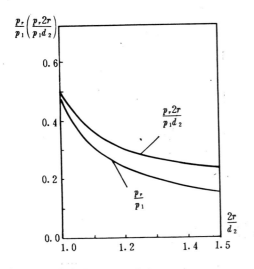

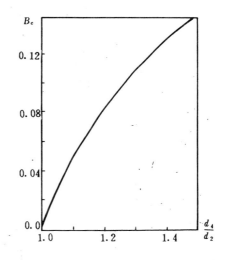

图 8-12 平端喷嘴-挡板间隙中压力曲线 ($k = 1.4$)

图 8-13 $B_c$ 与 $d_4/d_2$ 关系曲线 ($k = 1.4$)

对于双喷嘴-挡板阀,作用在挡板上的合力为

$$\begin{aligned} F &= (1 + 2 B_c) A_2 (p_1 - p_2) \\ &= (1 + 2 B_c) A_2 P_L \end{aligned} \tag{8-123}$$

# 第九章 气动伺服系统

## §9-1 引言

所谓流体控制系统一般是指液压控制系统和气压控制系统。和液压控制系统一样，气压控制系统也可分为气压伺服系统、气压定值调节系统和气压程序控制系统，虽说这些系统基本上都具有相同的闭环结构，但各有其特殊性，应加以区别。

伺服系统通常也称为反馈控制系统，它是靠偏差信号进行工作的一种装置，如图9-1所示。

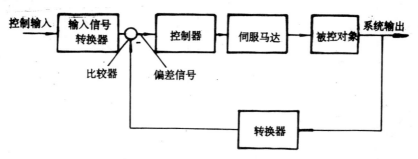

9-1 伺服系统

伺服控制系统适合应用于快速响应要求的场合，例如机床控制系统，航空空间技术，导航技术等，它要求系统的输出尽可能好地跟踪随时间变化的控制输入（即系统的希望输出）。

定值调节系统的工作频率范围和工作原理与伺服控制系统基本相同，也靠偏差信号进行工作的，它们之间的唯一区别是定值调节系统要求在控制输入为恒定不变（不随时间变化）时，系统的输出量保持在要求的定值上。而伺服控制系统的控制输入是一个随时间变化的函数。

程序控制系统也称为过程控制系统，其特点是它的控制对象有较长的时间常数，其输出不能随负载干扰及环境的变化而作出快速的响应，通常工作在低频范围内。这种系统要求按预先给定的工作程序进行工作。

由于液压控制系统所用的工作介质——油，通常可被认为是不可压缩的流体，因此，若当系统设计不当时，有可能产生系统压力急剧上升。为避免这种现象的可能出现，在液压控制系统中通常采用溢流、卸荷、复合泵等办法加以控制。而气压控制系统则完全没有必要采用上述措施加以保护。由于气压控制系统采用的工作介质是可压缩流体——空气，因此在分析研究上与液压控制系统有很大的区别，这一点应当加以充分的重视。

本章主要讨论气动伺服控制系统的分析与研究,所述的内容同时也适合应用于气压定值调节系统。关于气动程序控制系统的设计研究已在其他章节进行。

## §9-2 四通阀控对称气动缸动力机构分析

**一、基本方程**

图 9-2 所示为简单型四通阀控对称气动缸动力机构简图。它由气动伺服阀,气动缸以及负载组成。动力机构基本方程包括:质量流量节流方程、质量流量连续性方程、伺服气动缸力平衡方程。下面通过讨论图 9-2 所示的动力机构,说明四通阀控对称气动缸动力机构的分析。

1. 质量流量节流方程

根据空气动力学可知,通过气动伺服阀可变节流口的质量流量是伺服阀阀芯位移 $x_v$ 和气动缸工作腔内压力的函数,即

$$\dot{M}_a = f(x_v, p_a) \tag{9-1}$$

$$\dot{M}_b = f(x_v, p_b) \tag{9-2}$$

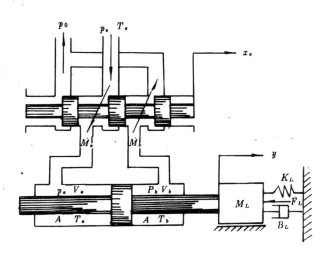

图 9-2 四通阀控对称气动缸动力机构

假定所用的流体是理想的气体,且流动过程是等熵(可逆绝热过程)的,阀为理想零开口四通滑阀,四个节流控制口是匹配且对称,设图 9-2 所示箭头方向为各物理量的正方向,当气动伺服阀作正向移动时,则流进气动缸 $a$ 腔的质量流量为:

$$\dot{M}_a = \begin{cases} W x_v p_s \dfrac{F_1}{\sqrt{T_s}} f\left(\dfrac{p_a}{p_s}\right) & \left(\dfrac{p_a}{p_s} \geqslant c_0\right) \\ W x_v p_s \dfrac{F_2}{\sqrt{T_s}} & \left(\dfrac{p_a}{p_s} < c_0\right) \end{cases} \tag{9-3}$$

由气动缸 $b$ 腔流出的质量流量为：

$$\dot{M}_b = \begin{cases} Wx_v p_b \dfrac{F_1}{\sqrt{T_b}} f(\dfrac{p_e}{p_b}) & (\dfrac{p_e}{p_b} \geqslant c_0) \\ Wx_v p_b \dfrac{F_2}{\sqrt{T_b}} & (\dfrac{p_e}{p_b} < c_0) \end{cases} \qquad (9\text{-}4)$$

式中

$$F_1 = \left[\frac{2k}{R(k-1)}\right]^{\frac{1}{2}}$$

$$F_2 = \left(\frac{2}{k+1}\right)^{\frac{1}{k-1}} \left[\frac{2k}{R(k-1)}\right]^{\frac{1}{2}}$$

$$f(\frac{p_a}{p_s}) = \left[(\frac{p_a}{p_s})^{\frac{2}{k}} - (\frac{p_a}{p_s})^{\frac{k+1}{k}}\right]^{\frac{1}{2}}$$

$$f(\frac{p_e}{p_b}) = \left[(\frac{p_e}{p_b})^{\frac{2}{k}} - (\frac{p_e}{p_b})^{\frac{k+1}{k}}\right]^{\frac{1}{2}}$$

$$c_0 = \left[\frac{k+1}{2}\right]^{\frac{k}{1-k}}$$

按台劳公式线性化式(9-3)、(9-4)得

$$\triangle \dot{M}_a = K_{ma} \triangle x_v - K_{ca} \triangle p_a \qquad (9\text{-}5)$$

$$\triangle \dot{M}_b = K_{mb} \triangle x_v - K_{cb} \triangle p_b \qquad (9\text{-}6)$$

式中

$$K_{ma} = \frac{\partial \dot{M}_a}{\partial x_v}\bigg|_i = \begin{cases} Wp_s \dfrac{F_1}{\sqrt{T_s}} f(\dfrac{p_{ai}}{p_s}) & (\dfrac{p_a}{p_s} \geqslant c_0) \\ Wp_s \dfrac{F_1}{\sqrt{T_s}} & (\dfrac{p_a}{p_s} < c_0) \end{cases}$$

$$K_{ca} = -\frac{\partial \dot{M}_a}{\partial p_a}\bigg|_i = \begin{cases} -Wx_{vi} \dfrac{F_1}{\sqrt{T_s}} \dfrac{1}{2f(\frac{p_{ai}}{p_s})} \left[\dfrac{2}{k}(\dfrac{p_{ai}}{p_s})^{\frac{2-k}{k}} - \dfrac{k+1}{k}(\dfrac{p_{ai}}{p_s})^{\frac{1}{k}}\right] & (\dfrac{p_a}{p_s} \geqslant c_0) \\ 0 & \end{cases}$$

$$K_{mb} = \frac{\partial \dot{M}_a}{\partial x_v}\bigg|_i = \begin{cases} Wp_{bi} \dfrac{F_1}{\sqrt{T_b}} f(\dfrac{p_e}{p_{bi}}) & (\dfrac{p_e}{p_b} \geqslant c_0) \\ Wp_{bi} \dfrac{F_2}{\sqrt{T_b}} & (\dfrac{p_e}{p_b} < c_0) \end{cases}$$

$$K_{cb} = -\frac{\partial \dot{M}_b}{\partial p_b}\bigg|_i = \begin{cases} -Wx_{vi} \dfrac{F_1}{\sqrt{T_2}} f(\dfrac{p_e}{p_{bi}}) \left\{1 - \dfrac{1}{2f^2(\frac{p_e}{p_{bi}})} \left[\dfrac{2}{k}(\dfrac{p_e}{p_{bi}})^{\frac{2-k}{k}} - \dfrac{k+1}{k}(\dfrac{p_e}{p_{bi}})^{\frac{1}{k}}\right](\dfrac{p_e}{p_{bi}})\right\} & (\dfrac{p_e}{p_b} \geqslant c_0) \\ -Wx_{vi} \dfrac{F_2}{\sqrt{T_2}} & (\dfrac{p_e}{p_b} < c_0) \end{cases}$$

$x_{vi}$ —— 稳定工作点 $i$ 上的伺服阀阀芯开度(m);
$p_{ai}$ —— 稳定工作点 $i$ 上气动缸 $a$ 腔压力 $(P_a)$;
$p_{bi}$ —— 稳定工作点 $i$ 上气动缸 $b$ 腔压力 $(P_a)$;
$K_{ma}$ —— 通过控制口 $a$ 阀的质量流量增益(kg/m·s);
$K_{mb}$ —— 通过控制口 $b$ 阀的质量流量增益(kg/m·s);
$K_{ca}$ —— 通过控制口 $a$ 阀的质量流量——压力系数($\frac{kg \cdot m^2}{N \cdot sec}$);
$K_{cb}$ —— 通过控制口 $b$ 阀的质量流量——压力系数($\frac{kg \cdot m^2}{N \cdot sec}$);

由于所研究的是假定处在某稳定点 $i$ 附近作微小运动时的规律。为了方便,用变量本身表示它们从初始状态下的增量,则式(9-5)、(9-6)可习惯简单写成

$$\dot{m}_a = K_{ma}x_v - K_{ca}p_a \tag{9-7}$$
$$\dot{m}_b = K_{mb}x_v - K_{cb}p_b \tag{9-8}$$

2. 可压缩流体质量流量连续性方程

根据质量守恒定律,假定工作介质为连续的,贮藏到某控制体(见图 9-3)中去的质量的贮藏率应等于流入的质量流量减去流出的质量流量,即有

$$\sum \dot{M}_入 - \sum \dot{M}_出 = \frac{dM}{dt} = \frac{d(\rho V)}{dt}$$
$$= \rho \frac{dV}{dt} + V \frac{d\rho}{dt} \tag{9-9}$$

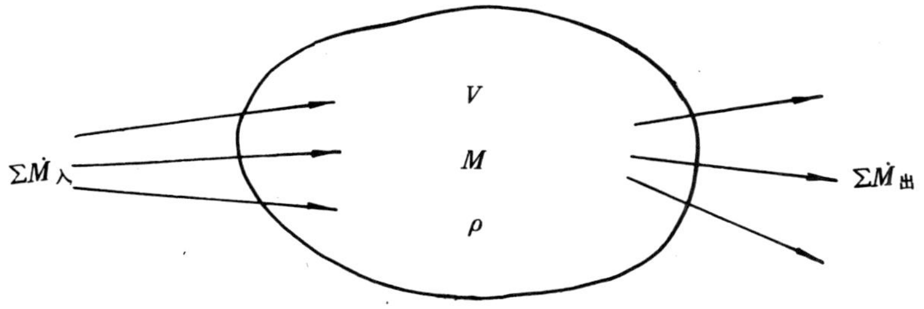

图 9-3 流入和流出一个控制体的可压缩流。

根据气体状态方程有
$$\rho = \frac{p}{RT} \tag{9-10}$$
式中
$\rho$ —— 气体密度;
$p$ —— 压力;
$T$ —— 气体温度;
$R$ —— 气体常数。
则有
$$\frac{dM}{dt} = \frac{1}{RT}(p\frac{dV}{dt} + V\frac{dp}{dt} - \frac{pV}{T}\frac{dT}{dt}) \tag{9-11}$$

按照前面假定，过程中的温度 $T$ 与开始时的温度 $T_0$ 之间应满足等熵条件

$$T = T_0 \left(\frac{p}{p_0}\right)^{\frac{k-1}{k}} \tag{9-12}$$

对时间求导数得

$$\frac{dT}{dt} = \frac{k-1}{k}\frac{T_0}{p_0}\left(\frac{p}{p_0}\right)^{-\frac{1}{k}}\frac{dp}{dt}$$

$$= \frac{k-1}{k}\frac{T_0}{p}\left(\frac{p}{p_0}\right)^{\frac{k-1}{k}}\frac{dp}{dt}$$

$$= \frac{k-1}{k}\frac{T}{p}\frac{dp}{dt} \tag{9-13}$$

代入式(9-11)中有

$$\frac{dM}{dt} = \frac{1}{RT}\left(p\frac{dV}{dt} + \frac{V}{k}\frac{dp}{dt}\right) \tag{9-14}$$

式(9-14)中等号右边第一项为控制体体积变化所需的质量流量，第二项为控制体被压缩所需的质量流量，它描述了因气体压力变化所引起的流体流动。

将式(9-14)应用到图9-2阀控气动缸动力机构中，对于气动缸 $a$ 腔内

$$\dot{M}_a = \frac{1}{RT_ak}\left(V_a\frac{dp_a}{dt} + kp_a\frac{dv_a}{dt}\right) \tag{9-15}$$

对气动缸 $b$ 腔有

$$-\dot{M}_b = \frac{1}{RT_ak}\left(V_b\frac{dp_b}{dt} + kp_b\frac{dv_b}{dt}\right) \tag{9-16}$$

对式(9-15),(9-16)线性化得

$$\triangle \dot{M}_a = \frac{1}{RT_ak}[(V_{ai})\triangle p_a + (kp_{ai})\triangle \dot{V}_a]$$

$$-\triangle \dot{M}_b = \frac{1}{RT_bk}[(V_{bi})\triangle p_b + (kp_{bi})\triangle \dot{V}_b]$$

式中假定 $(\dot{p}_a)_i = (\dot{V}_a)_i = 0, (\dot{p}_b)_i = V(\dot{V}_b)_i = 0$。

设气动缸活塞是处在气缸的中间位置附近作微小运动，且

$$V_a = V^{ai} + Ay$$

$$V_a = V_{ai} + Ay$$

$$V_b = V_{bi} - Ay$$

$$V_{ai} = V_{bi} = V_0$$

则有

$$\dot{V}_a = A\dot{y}$$

$$\dot{V}_b = -A\dot{y}$$

式中　$A$ ——气动缸活塞有效面积($m^2$)。

又假定气缸起始时不受外负载力作用，即有

$$p_{ai} = p_{bi} = p_i$$

式中　$p_i$ ——起始时气缸腔内稳态压力($N/m^2$)。

式(9-15)减去式(9-16),并用变量本身的小写字母表示其增量,并认为 $T_a = T_b = T_s$,忽略了温度变化的影响,可得

$$\dot{m}_a + \dot{m}_b = \frac{1}{RT_s k}[V_0(p_a - p_b) + 2kp_i A\dot{y}] \tag{9-17}$$

上述推导过程中忽略了气动缸的内外泄漏。实际上,工作介质采用空气时,只有密封很紧时,才可以忽略泄漏,而这将导致很大的摩擦力。下面将要看到,同时考滤气缸的内外泄漏,将有利于系统的稳定性,这是由于系统的阻尼比与泄漏系数有关。

3. 气动缸力平衡方程

最后一个基本方程是气动缸力平衡方程,若忽略库仑摩擦等非线性负载和空气质量的影响,根据牛顿第二定律对图 9-2 列力平衡方程得:

$$A(p_a - p_b) = M_L \frac{d^2 y}{dt^2} + B_L \frac{dy}{dt} + K_L y + F_L \tag{9-18}$$

式中

$M_L$ —— 活塞和负载的总质量(kg);

$B_L$ —— 负载的粘性阻尼系数(包括气动内部阻尼)$(\frac{N \cdot s}{m})$;

$K_L$ —— 负载弹簧刚度(N/m);

$F_L$ —— 外负载力(N)。

方程(9-7)、(9-8)、(9-17)和(9-18)确定了零开口四通阀控对称气动缸动力机构的动态特性,通常称为动力机构基本方程。在推导可压缩流体质量流量连续性方程时,曾假设气动缸活塞处于中间位置,可以证明这时可压缩流体的压缩性对动力机构影响最大,与其他位置相比,动力机构的固有频率最低,系统阻尼比最小,稳定性最差。可以说,基于这个假设出发所得的结论,对于其他的任何活塞位置都是偏于保守的。因此,在系统的设计时,一般都假定活塞处于气动缸的中间位置。

**二、方块图及其传递函数**

1. 方块图

合并式(9-7),(9-8)得

$$\dot{m}_a + \dot{m}_b = (K_{ma} + K_{mb})x_v - K_{ca}p_a - K_{cb}p_b \tag{9-19}$$

令

$$\dot{m}_T = \dot{m}_a + \dot{m}_b$$
$$K_m = K_{ma} + K_{mb}$$
$$p_L = p_a - p_b$$

则式(9-17),(9-18)和式(9-19)可改写成

$$\dot{m}_T = K_m x_v - K_{ca} p_L - (K_{ca} + K_{cb})p_b \tag{9-20}$$

$$\dot{m}_T = \frac{1}{RT_s k}[V_0 p_L + 2kp_i(A\dot{y})] \tag{9-21}$$

$$A p_L = M_L \frac{d^2 y}{dt^2} + B_L \dot{y} + K_L y + F_L \tag{9-22}$$

经拉普拉斯变换得

$$\dot{M}_T(s) = K_m x_v(s) - K_{ca} p_L(s) - (K_{ca} + K_{cb}) p_b(s) \tag{9-23}$$

$$\dot{M}_T(s) = \frac{1}{RT_s k}[V_0 s p_L + 2k p_i s A Y(s)] \tag{9-24}$$

$$A p_L(s) = M_L s^2 Y(s) + B_L s Y(s) + K_L Y(s) + F_L(s) \tag{9-25}$$

合并式(9-23),(9-24)两式可得

$$(K_{ca} + \frac{1}{RT_s k}V_0 S)p_L(s) = K_m x_v(s) - (K_{ca} + K_{cb})p_b(s) - \frac{2k p_i A s}{RT_s k}Y(s) \tag{9-26}$$

由式(9-25)得

$$(M_L S^2 + B_L S + K_L)Y(s) = A p_L(s) - F_L(s) \tag{9-27}$$

由式(9-26)及式(9-27)可作出零开口四通阀阀控对称气动缸动力机构方块如图 9-4 所示。

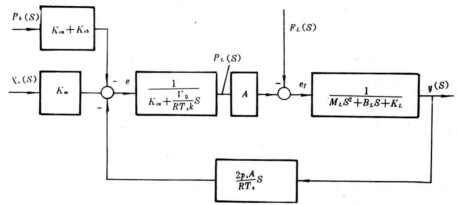

图 9-4 四通阀控对称气动缸动力机构方块图

**2. 传递函数**

四通阀控对称气动缸动力机构的传递函数可以通过联立基本方程求解获得,也可通过简化方块图直接获得。

(1)位移 $x_v$ 对输出 $y$ 的传递函数 $\dfrac{Y_x}{X_v}$

在求取伺服阀位移 $x_v$ 对气动缸活塞位移 $y$ 的传递函数 $\dfrac{Y_x}{X_v}$ 时,是令负载干扰力 $F_L$ 和气动缸 $b$ 腔压力 $p_b$ 等于零时获得,由方块图 9-4 可直接求得

$$\frac{Y_x}{X_v} = \frac{\dfrac{K_m A}{(K_{ca} + \dfrac{V_0 s}{RT_s k})(M_L S^2 + B_L S + K_L)}}{1 + \dfrac{A}{(K_{ca} + \dfrac{V_0 s}{RT_s k})(M_L S^2 + B_L S + K_L)} \dfrac{2p_i A S}{RT_s}}$$

整理得

$$\frac{Y_x}{X_v} = \frac{\dfrac{K_m}{A}}{\dfrac{V_0 M_L}{RT_s A^2 k}S^3 + (\dfrac{M_L K_{ca}}{A^2} + \dfrac{V_0 B_L}{RT_s k A^2})S^2 + (\dfrac{2p_i}{RT_s} + \dfrac{B_L K_{ca}}{A^2} + \dfrac{K_L V_0}{RT_s k A^2})S + \dfrac{K_L K_{ca}}{A^2}}$$
(9-28)

(2) 干扰力 $F_L$ 对输出 $Y$ 的传递函数 $\dfrac{Y_f}{F_L}$

同理令 $x_v = 0, p_b = 0$ 可求得干扰力 $F_L$ 对输出 $Y$ 的传递函数 $\dfrac{Y_f}{F_L}$ 为

$$\frac{Y_f}{F_L} = \frac{-\dfrac{1}{A^2}(K_{ca} + \dfrac{V_0}{RT_s k}S)}{\dfrac{V_0 M_L}{RT_s A^2 k}S^3 + (\dfrac{M_L K_{ca}}{A^2} + \dfrac{V_0 B_L}{RT_s k A^2})S^2 + (\dfrac{2p_i}{RT_s} + \dfrac{B_L K_{ca}}{A^2} + \dfrac{K_L V_0}{RT_s k A^2})S + \dfrac{K_L K_{ca}}{A^2}}$$
(9-29)

(3) $b$ 腔压力 $p_b$ 对输出 $Y$ 的传递函数

令 $x_v = 0, F_L = 0$ 可得气动缸 $b$ 腔压力 $p_b$ 对动力机构输出 $Y$ 的传递函数 $\dfrac{Y_b}{p_b}$ 为

$$\frac{Y_b}{p_b} = \frac{-\dfrac{K_{ca} + K_{cb}}{A}}{\dfrac{V_0 M_L}{RT_s A^2 k}S^3 + (\dfrac{M_L K_{ca}}{A^2} + \dfrac{V_0 B_L}{RT_s k A^2})S^2 + (\dfrac{2p_i}{RT_s} + \dfrac{B_L K_{ca}}{A^2} + \dfrac{K_L V_0}{RT_s k A^2})S + \dfrac{K_L K_{ca}}{A^2}}$$
(9-30)

(4) 阀控气动缸动力机构总的输出

由于所研究的是线性系统，因此可以应用叠加原理。这样四通阀控对称气动缸动力机构总的输出为：

$$Y = Y_x + Y_f + Y_b$$

$$= \frac{\dfrac{K_m}{A}x_v - \dfrac{K_{ca} + K_{cb}}{A}p_b - \dfrac{1}{A^2}(K_{ca} + \dfrac{V_0}{RT_s k}S)F_L}{\dfrac{V_0 M_L}{RT_s A^2 k}S^3 + (\dfrac{M_L K_{ca}}{A^2} + \dfrac{V_0 B_L}{RT_s k A^2})S^2 + (\dfrac{2p_i}{RT_s} + \dfrac{B_L K_{ca}}{A^2} + \dfrac{K_L V_0}{RT_s k A^2})S + \dfrac{K_L K_{ca}}{A^2}}$$
(9-31)

(5) 输入量 $x_v$ 对负载压力 $p_L$ 的传递函数 $\dfrac{p_L}{X_v}$

为了给气动力控制系统的研究作好准备，这里也给出四通阀输入位移对气动缸负载压力的传递函数。同样由方块图 9-4 可直接获得传递函数 $\dfrac{p_L}{X_v}$ 为：

$$\frac{p_L}{X_v} = \frac{\dfrac{K_m}{A}(M_L S^2 + B_L S + K_L)}{\dfrac{V_0 M_L}{RT_s A^2 k}S^3 + (\dfrac{M_L K_{ca}}{A^2} + \dfrac{V_0 B_L}{RT_s k A^2})S^2 + (\dfrac{2p_i}{RT_s} + \dfrac{B_L K_{ca}}{A^2} + \dfrac{K_L V_0}{RT_s k A^2})S + \dfrac{K_L K_{ca}}{A^2}}$$
(9-32)

3. 传递函数的简化形式

由式 (9-28)、(9-29)、(9-30) 及 (9-32) 可知，它们具有相同的特征方程，因此传递函数的简化可归结为对特征方程的简化。在上述的推导过程中，全面考虑了负载质量、阻尼、弹

簧和流体压缩性等各种因素,但在实际应用中上述各种负载和因素不一定都同时存在,在某特定条件下,可以忽略一些因素,从而可大大简化了系统传递函数的形式。

(1)弹性负载 $K_L = 0$ 传递函数的简化形式

特征方程中 $A^2/K_{ca}$ 是由阀产生的阻尼系数,其值一般比 $B_L$ 大得多,因此 $\frac{B_L K_{ca}}{A^2}$ 与 1 相比可以忽略,另外,当阀控气动缸作为位置控制的功率输出元件时,往往没有弹性负载,即 $K_L = 0$。那么式(9-31)可以简化成如下典型形式。

$$Y = \frac{\frac{K_m R T_s}{2A p_i} X_v - \frac{(K_{ca} + K_{cb})R T_s}{2A p_i} p_b - \frac{R T_s}{2A^2 p_i}(K_{ca} + \frac{V_0}{R T_s k}S)F_L}{S(\frac{S^2}{\omega_h^2} + \frac{2\zeta_h}{\omega_h}S + 1)} \quad (9\text{-}33)$$

式中

$$\omega_h = \sqrt{\frac{2k p_i A^2}{V_0 M_L}} \quad \text{——气压固有频率(弧度/s)};$$

$$\zeta_h = \frac{K_{ca} R T_s}{2A p_i}\sqrt{\frac{M_L k p_i}{2V_0}} + \frac{B_L}{2A}\sqrt{\frac{V_0}{2M_L k p_i}} \quad \text{——气压阻尼比。}$$

若 $B_L$ 小到可以忽略不计时,则气压阻尼比 $\zeta_h$ 可近似写成

$$\zeta_h = \frac{K_{ca} R T_s}{2A p_i}\sqrt{\frac{M_L k p_i}{2V_0}}$$

式(9-23)描述了无弹性负载的四通阀控对称气动缸的动态特性。分子中第一项可以看成是无外负载时气动缸活塞的运动速度,第二项是因对称气动缸右($b$)腔压力作用下所引起的活塞运动速度降低,第三项是外负载力造成的速度下降。

同样,在无弹性负载的情况下,四通阀输入位移 $x_v$ 对气动缸输出负载压力 $p_L$ 的传递函数式(9-32)也可简化写成:

$$\frac{p_c}{x_v} = \frac{\frac{K_m R T_s}{2A p_i}(M_L S^2 + B_L S + K_L)}{S(S^2/\omega_n^2 + 2\zeta_h/\omega_h S + 1)} \quad (9\text{-}34)$$

(2)弹性负载 $K_L \neq 0$ 传递函数的简化形式

前面所得的动力机构传递函数的简化形式是在负载弹簧刚度 $K_L = 0$ 的条件下求得的,但对于四通阀控气动缸来说,弹性负载是经常要碰到的。为此,下面分析在弹性负载 $K_L \neq 0$ 时的动力机构传递函数的简化形式。

在一般情况下,负载粘性阻尼系数 $B_L$ 及质量流量-压力系数 $K_{ca}$ 都比较小,即通常有 $\frac{B_L K_{ca}}{A^2} \leqslant 1$,又有 $1 + \frac{K_L}{K_h} \geqslant 1$(式中 $K_h$ 为气压弹性刚度,其物理意义及其数学表达式的推导将在后面叙述),故有 $\frac{B_L K_{ca} R T_s}{2 p_i A^2 (1 + \frac{K_L}{K_h})} \leqslant 1$,若还满足

$$\left[\frac{K_{ca} R T_s \sqrt{MK_L}}{2 p_i A^2 (1 + \frac{K_L}{K_h})}\right]^2 \leqslant 1$$

则三阶的特征方程可以近似分解成一阶和二阶两个因子的乘积,此时,式(9-31)可以写成:

$$Y = \frac{\frac{KRT_s}{2Ap_i}x_v - \frac{(K_{ca}+K_{cb})RT_s}{2Ap_i}p_b - \frac{RT_s}{2A^2p_i}(K_{ca}+\frac{V_0}{RT_sk}S)F_L}{\omega_2(\frac{S}{\omega_r}+1)(\frac{S^2}{\omega_0^2}+\frac{2\zeta_0}{\omega_0^2}S+1)} \quad (9-35)$$

式中

$$\omega_2 = \frac{K_L K_{ca} RT_s}{2A^2 p_i}$$

$$\omega_0 = \omega_h \sqrt{1+\frac{K_L}{K_h}}$$

$$\zeta_0 = \frac{1}{2\omega_0}\left[\frac{K_{ca}RT_s}{V_0(1+\frac{K_L}{K_h})}+\frac{B_L}{M_L}\right]$$

$$\omega_r = \frac{K_{ca}RT_s}{2A^2 p_i}(\frac{1}{K_L}+\frac{1}{K_h})$$

取

$$\omega_1 = \frac{K_h K_{ca} RT_s}{2A^2 p_i}$$

则上述各动态参数间存在如下关系

$$\omega_r = 1/(\frac{1}{\omega_1}+\frac{1}{\omega_2})$$

$$\omega_2 = \frac{K_L}{K_h}\omega_1$$

$$\frac{\omega_2}{\omega_r} = (1+\frac{K_L}{K_h})$$

由式(9-35)可知,弹性负载 $K_L$ 对系统动态特性主要影响有:

a)由于弹性负载 $K_L$ 的存在,动态系统中出现了一个转角频率为 $\omega_r$ 的低频惯性环节。

b)弹性负载 $K_L$ 的存在使系统固有频率增加 $(1+\frac{K_L}{K_h})^{1/2}$ 倍,使阻尼比也相应地降低。

c)动力机构的剪切频率降低 $(1+\frac{K_L}{K_h})$ 倍,这是弹性负载对四通阀控气动缸动力机构动态特性的重要影响。

### 三、四通阀控对称气动缸状态方程

为了利用数字计算机进行分析研究气动伺服系统,有必要进一步讨论用状态方程描述气动伺服系统数学模型的方法。这里以四通阀控对称气动缸动力机构为例,给出用状态方程描述的方法。

状态方程的列写可以直接由方块图(9-4)获得,也可利用基本方程得到,为了便于今后分析研究,上述两种方法都加以介绍。

1.由方块图直接获得状态方程

由方块图直接列写状态方程,除了列写所必需的系统状态方程外,还要根据方块图中的信号流向列写状态传递方程和状态反馈方程。在列写状态方程之前,需根据方块图适当地选择状态变量。由方块图9-4可知,四通阀控对称气动缸动力机构本身是一个三阶系统,因此它应有三个状态变量,为此令：

$$x_1 = y \qquad x_2 = \dot{y} \qquad x_3 = p_L$$

由方块图9-4可得

$$\frac{Y}{e_f} = \frac{1}{M_L S^2 + B_L S + K_L}$$

$$\frac{p_L}{e} = \frac{1}{\frac{1}{K_{ca}} + \frac{V_0}{RT_s k}S}$$

即有

$$M_L \ddot{y} + B_L \dot{y} + K_L y = e_f$$

$$\frac{V_0}{RT_s k} \dot{p}_L + K_{ca} p_L = e$$

则四通阀控对称气动缸动力机构状态方程为

$$\left. \begin{array}{l} \dot{x}_1 = x_2 \\ \dot{x}_2 = (e_f - B_L x_2 - K_L x_1)/M_L \\ \dot{x}_3 = (e - K_{ca} x_3) \cdot \dfrac{RT_s k}{V_0} \end{array} \right\} \tag{9-36}$$

由图9-4中信号流向可得状态传递方程为

$$e_f = A x_3 - F_L \tag{9-37}$$

状态反馈方程为

$$e = K_m x_v - \frac{2 p_i A}{RT_s} x_2 - (K_{ca} + K_{cb}) p_b \tag{9-38}$$

其输出方程为

$$y = x_1 \tag{9-39}$$

**2. 由动力机构基本方程列写状态方程**

根据四通阀控对称气动缸基本方程(9-20)、(9-21)和(9-22)选择状态变量：

$$x_1 = y \qquad x_2 = \dot{y} \qquad x_3 = p_L$$

则有

$$\left. \begin{array}{l} \dot{x}_1 = x_2 \\ \dot{x}_2 = (A x_3 - B_L x_2 - K_L x_1 - F_L)/M_L \\ \dot{x}_3 = \left[ K_m x_v - (K_{ca} + K_{cb}) p_b - K_{ca} x_3 - \dfrac{2 k p_i A}{RT_s} x_2 \right] \dfrac{RT_s k}{V_0} \end{array} \right\} \tag{9-40}$$

其输出方程为

$$y = x_1 \tag{9-41}$$

比较式(9-36)和式(9-40)可知,按不同方法写状态方程,只要状态变量选择是一致的,其结果是一样的。但要注意,按不同方法选择的状态变量,所得的状态方程的形式可以不一样,这就是状态方程非唯一性的原因所在。有了状态方程,就可以根据数值计算方法(例如龙格-库塔法)编制数值计算程序,在数字计算机上求解它的时域特性,分析研究它的动态性能。

### 四、对称气动缸气压弹簧刚度

为研究对称气动缸活塞的初始位置对系统性能的影响,便于理解动力机构传递函数中某些动态参数的物理意义,在这里引进气压弹簧刚度概念。

假定图 9-5 所示的对称气动缸为一个理想的无摩擦无泄漏的气动缸,两个工作腔内充满压力气体并被完全封闭。由于气体具有可压缩性,当活塞受外力作用时,活塞可以在缸腔内移动,活塞的移动将使气动缸内的一腔压力升高,而另一腔压力降低(假定不降低到零压以下)。

设两腔的初始容积比为

$$m = \frac{V_2}{V_1} \tag{9-42}$$

式中

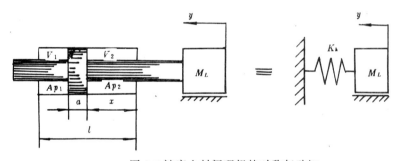

图 9-5 被完全封闭理想的对称气动缸

$V_2 = A_2 x$
$V_1 = A(l-a-x)$

则有

$V_2 = mV_1$

即有

$Ax = mA(l-a-x)$

由此得

$$x = \frac{m(l-a)}{1+m} \tag{9-43}$$

即有
$$V_2 = mA\frac{l-a}{1+m} \tag{9-44}$$

$$V_1 = A\frac{l-a}{1+m} \tag{9-45}$$

根据等熵的假定条件,气体体积弹性模数 $\beta_e$ 与稳态时的腔内工作压力 $p_i$ 成正比,即
$$\beta_e = kp_i \tag{9-46}$$
则有
$$p_1 = \frac{kp_{1i}}{V_1}Ay \tag{9-47}$$

$$p_2 = \frac{kp_{2i}}{V_2}Ay \tag{9-47}$$

由于初始时气缸不受外力作用,即有
$$Ap_{1i} = Ap_{2i} = Ap_i$$
代入式(9-47)(9-48)中并两式相减得
$$(p_1 - p_2) = kp_iAy\left(\frac{1}{V_1} + \frac{1}{V_2}\right)$$
由此得对称气动缸活塞的恢复力为
$$A(p_1 - p_2) = kp_iA^2y\left(\frac{1}{V_1} + \frac{1}{V_2}\right)$$
令
$$K_h = \frac{A(p_1 - p_2)}{y} = kp_iA^2\left(\frac{1}{V_1} + \frac{1}{V_2}\right) \tag{9-49}$$
称 $K_h$ 为气压弹刚度。

将式(9-44)、(9-45)代入式(9-49)中,则气压弹簧刚度可进一步改写成
$$K_h = \frac{A^2kp_i}{A\dfrac{l-a}{1+m}} + \frac{A^2kp_i}{mA\dfrac{l-a}{1+m}}$$
$$= \frac{Akp_i(1+m)^2}{m(l-a)} \tag{9-50}$$

式(9-50)说明气压弹簧刚度是两腔初始容积比 $m$ 的函数,亦即对称气动缸中活塞初始位置的函数。

求 $\dfrac{\partial K_h}{\partial m} = 0$ 可得气压弹簧刚度最小时的活塞初始位置 $x$。

即
$$\frac{\partial K_h}{\partial m} = \frac{Akp_i}{l-a}\frac{m^2-1}{m} = 0$$
得

$$m = 1 \tag{9-51}$$

代入(9-43)中得

$$x = \frac{l-a}{2} \tag{9-52}$$

由此可知,当 $V_1 = V_2 = V_0$,亦即 $x = \frac{l-a}{2}$(活塞处在中间位置)时,对称气动缸气压弹簧刚度为最小,其值为

$$K_h = \frac{2kp_iA^2}{V_0}$$

此时,动力机构的固有频率

$$\omega_h = \sqrt{\frac{K_h}{M_L}} \tag{9-53}$$

为最小,而气压固有频率往往是系统中最低的频率,其大小决定了伺服系统的响应速度。

另外,为了便于说明气压弹簧刚度对系统动态特性的影响,假定气压伺服系统是单位反馈,且不考虑其他控制元件(例如伺服放大器气动伺服阀的动态特性的影响,而将它们看成是比例环节,同时忽略外干扰及弹性负载的影响,则气动伺服系统可简化为如图9-6所示。

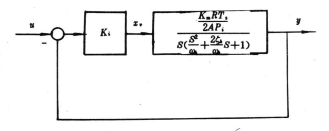

图 9-6 气压伺服控制系统简化方块图

令

$$K_x = \frac{K_m RT_s}{2Ap_i}$$

由图9-6可得闭环传递函数为

$$\frac{Y}{u} = \frac{K_i K_x \omega_h^2}{S^3 + 2\zeta_n \omega_h^2 S^2 + \omega_h^2 S + K_i K_x \omega_h^2}$$

其特征方程为

$$S^3 + 2\zeta_h \omega_n^2 S^2 + \omega_h^2 S + K_i K_x \omega_h^2 = 0$$

应用劳斯稳定判据,可得系统的稳定条件为

$$2\zeta_h \omega_h > K_i K_x$$

由上述分析可知,气压弹簧刚度对系统的稳定性有较大的影响。气压弹簧刚度大,不但可以提高系统的快速性,而且可以提高系统的稳定性。因此,在动力机构分析时,往往假定气动对称缸活塞处于中间位置,只要在此工况下设计的动力机构能满足系统性能要求,就保证了活塞处于其他任何初始位置上也能满足系统性能要求。因为中间位置是气压弹

簧刚度最小,系统稳定性最差的位置。

如果活塞与一个质量、弹簧负载相连,如图 9-7(a)所示,可等效为具有两个弹簧并联工作的机械振动系统,如图 9-7(b)所示。这时系统的总刚度为

$$K_0 = K_h + K_L \tag{9-55}$$

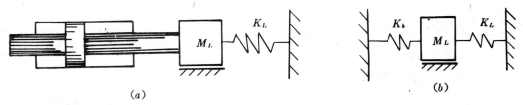

图 9-7 活塞与质量—弹簧相连

式中
 $K_0$——系统总的刚度(N/m);
 $K_h$——气压弹簧刚度(N/m);
 $K_L$——负载弹簧刚度(N/m)

系统固有频率为

$$\omega_0 = \sqrt{\frac{K_0}{M_L}} = \sqrt{\omega_h^2 + \omega_L^2} = \omega_h \sqrt{1 + \frac{K_L}{K_h}} \tag{9-56}$$

式中
 $\omega_0$——气压弹簧和负载弹簧与质量构成的系统固有频率(弧度/s);
 $\omega_L$——负载弹簧与质量构成的机械系统固有频率(弧度/s);
 $\omega_L$ 可由下式计算

$$\omega_L = \sqrt{\frac{K_L}{M_L}} \tag{9-57}$$

应当指出,在上述阀控对称气动缸动力机构分析中,没有考虑气流泄漏的影响,还忽略了连接管道的分布阻力和管道柔度的影响,即采用了集中参数模型,把管路内阻力归并到控制阀阀口处,把弹性变形归并到对称气动缸的活塞位移和容积变化。这种分析方法和液压伺服系统动力机构分析一样,也是阀芯位移和气动缸活塞位移变化在中间平衡位置附近小扰动变化范围内进行,即建立在线性化的基础上。

从系统的传递函数式(9-33)、(9-35)可知,四通阀控对称气动缸和四通阀控对称液压缸的传递函数具有相同的形式。其动态特征参数也很相似。唯一的差别就是可压缩工作介质——气体的有效容积弹性模量 $\beta_e$ 完全取决于稳态工作压力 $p_i$ 和气体状态变化指数 $k$,即在等熵的假设条件下,$\beta_e = k p_i$。对液压控制系统来说,油液的弹性模量 $\beta_e$ 理论论上与它的工作压力无关。由此可得到启发,要进行气压伺服系统和液压伺服系统的比较,考察特征参数对系统性能的影响,在很大程度上可用容积弹性模量来衡量。

由于气体工作介质的容积弹性模量 $\beta_e$ 取决于初始工作压力 $p_i$,所以提高系统工作介质的容积弹性模量 $\beta_e$ 受到限制,初始工作压力过高,不仅带来安全问题,且系统元件密封

也不易解决。一般情况下,气流在亚音速区域内工作,稳态工作压力取决于供气压力 $p_s$,即稳态工作压力等于供气压力 2/3,而不像液压控制系统取 $p_s/2$ 作为工作压力。若供气压力 $p_s = 10 \text{Mp}_a$ 的系统,其稳态工作压力 $p_i \approx 7 \text{Mp}_a$,因此气体容积弹性模量只有 9.8 $\text{Mp}_a$ 右左,仅为油液容积弹性模量的 1/150,即使系统的供气压力升高到 35 $\text{Mp}_a$,气体容积弹性模量也只有油液的 1/40。

上述事实说明,气动伺服系统输出刚度低,气压动力机构固有频率小,和液压系统相比,响应速度慢,延滞时间长。在系统设计时,应在工艺允许的条件下,尽量采用高的供气压力和尽可能短的连接管道,以提高伺服系统的输出刚度。

## §9-3 带平衡气瓶阀控对称气动缸动力机构分析

**一、基本方程**

改善气动伺服控制系统的稳定性又不降低系统的输出刚度,是设计伺服系统所必须考虑的重要问题。实现此目的方法之一是在伺服系统中引入一个瞬态压力负反馈(动压反馈)作用于控制阀芯上,以此来影响进入气动缸内的气体质量流量的变化。在系统中引入两个刚性平衡气瓶,通过线性阻尼管把小容器接入气动缸两端(如图 9-8 所示)。在瞬态情况下,即在平衡气瓶与气动缸腔内压力不相等的瞬间,便有气流进入平衡气瓶,或从平衡气瓶排出气体进入气动缸腔内,这种平衡称为瞬态流量平衡。下面将要看到瞬态流量平衡和瞬态压力反馈的效果是一样的。

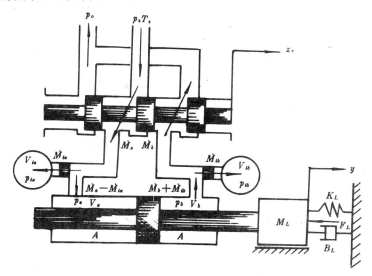

图 9-8 带平衡气瓶阀控对称气动缸动力机构

引入平衡气瓶后,根据式(9-15),(9-16)有

$$\dot{M}_a - \dot{M}_{ta} = \frac{1}{RT_s k}(V_a \frac{dp_a}{dt} + kp_a \frac{dV_a}{dt}) \tag{9-58}$$

$$-\dot{M}_b - \dot{M}_{tb} = \frac{1}{RT_sk}(V_b\frac{dp_b}{dt} + kp_b\frac{dV_b}{dt}) \tag{9-59}$$

式中：$\dot{M}_{ta}, \dot{M}_{tb}$ 分别进入平衡气瓶 $a,b$ 的质量流量（kg/s）。

假定平衡气瓶与伺服阀和气动缸之间的固定节流孔内的气体流动为层流，根据哈根-勃修斯公式，气体流进平衡气瓶 $a,b$ 的质量流量分别为：

$$\dot{M}_{ta} = \frac{\lambda}{2RT_s}(p_a^2 - p_{ta}^2) \tag{9-60}$$

$$\dot{M}_{tb} = \frac{\lambda}{2RT_s}(p_b^2 - p_{tb}^2) \tag{9-61}$$

式中

$\lambda$ —— 阻尼管阻力系数，$\lambda = \pi d^4/128\mu l$；

$\mu$ —— 动力粘性系数；

$l$ —— 阻尼长度。

根据可压缩流体质量流量连续性方程(9-14)可得：

$$\dot{M}_{ta} = \frac{1}{RT_s}(p_{ta}\frac{dV_{ta}}{dt} + \frac{V_{ta}}{k}\frac{dp_{ta}}{dt})$$

$$\dot{M}_{tb} = \frac{1}{RT_s}(p_{tb}\frac{dV_b}{dt} + \frac{V_{tb}}{k}\frac{dp_{tb}}{dt})$$

由于假定平衡气瓶是刚性的，则有 $\frac{dV_{ta}}{dt} = \frac{dV_{tb}}{dt} = 0$，即有

$$\dot{M}_{ta} = \frac{1}{RT_s}\frac{V_{ta}}{k}\frac{dp_{ta}}{dt} \tag{9-62}$$

$$\dot{M}_{tb} = \frac{1}{RT_s}\frac{V_{tb}}{k}\frac{dp_{tb}}{dt} \tag{9-63}$$

或

$$p_{ta} = \frac{RT_sk}{V_{ta}} \cdot \dot{M}_{ta} \tag{9-64}$$

$$p_{tb} = \frac{RT_sk}{V_{tb}} \cdot \dot{M}_{tb} \tag{9-65}$$

对式(9-60)线性化得

$$\dot{M}_{ta} = \frac{\lambda}{RT_s}(p_ip_a - p_ip_{ta}) \tag{9-66}$$

式中　$p_i$ —— 稳态时动力机构的压力（N/m²）。

对式(9-64)进行拉氏变换得

$$Sp_{ta}(S) = \frac{RT_sk}{V_{ra}}\dot{m}_{ta}(S) \tag{9-67}$$

合并式(9-66),(9-67)得

$$(1 + \frac{V_{ta}S}{\lambda p_ik})\dot{m}_{ta}(s) = \frac{V_{ta}}{RT_sk}Sp_a \tag{9-68}$$

令

$$\alpha_a = \frac{V_{ta}}{RT_sk} \qquad \tau_a = \frac{V_{ta}}{\lambda p_ik}$$

则有

$$\dot{m}_{ta}(S) = \frac{\alpha_a S p_a(S)}{1 + \tau_a S} \tag{9-69}$$

同理可得

$$\dot{m}_{tb}(S) = \frac{\alpha_b S p_b(S)}{1 + \tau_b S} \tag{9-70}$$

式中

$$\alpha_b = \frac{V_{tb}}{RT_s k} \qquad \tau_b = \frac{V_{tb}}{\lambda p_i k}$$

若平衡气瓶容积 $V_{ta} = V_{tb} = V_{t0}$ 则有 $\tau_a = \tau_b = \tau; \alpha_a = \alpha_b = \alpha$,于是式(9-69),(9-70)可写成:

$$\left.\begin{array}{l}\dot{m}_{ta}(S) = \dfrac{\alpha S p_a(S)}{1 + \tau S} \\[2mm] \dot{m}_{tb}(S) = \dfrac{\alpha S p_b(S)}{1 + \tau S}\end{array}\right\} \tag{9-71}$$

对式(9-58),(9-59)进行线性化,并考虑到

$$V_a = V_0 + Ay \qquad V_b = V_0 - Ay \qquad p_{ai} = p_{bi} = p_i$$

后两相减得

$$\dot{m}_a + \dot{m}_b = \frac{1}{RT_s k}[V_0(\dot{p}_a - \dot{p}_b) + 2k p_i A \dot{y}] + \dot{m}_{ta} - \dot{m}_{tb} \tag{9-72}$$

令

$$p_a - p_b = p_L \qquad \dot{m}_T = \dot{m}_a + \dot{m}_b$$

并考虑到

$$\dot{m}_{ta}(S) - \dot{m}_{tb}(S) = \frac{\alpha S}{1 + \tau S} p_L(S)$$

对式(9-72)进行拉氏变换得

$$\dot{m}_T(S) = \left[\frac{1}{RT_s k} V_0 S + \frac{\alpha S}{1 + \tau S}\right] p_L(S) + \frac{2k p_i A}{RT_s k} SY(S) \tag{9-73}$$

称式(9-23),(9-25),(9-73)为带平衡气瓶四通阀控对称气动缸动力机构基本方程。

**二、方块图和带平衡气瓶的作用**

合并(9-23)、(9-73)得

$$\left[K_{ca} + \frac{V_0}{RT_s k} S + \frac{\alpha S}{1 + \tau S}\right] p_L(S) = K_m x_v(S) - \frac{2A p_i}{RT_s} SY(S) - (K_{ca} + K_{cb}) p_b(S) \tag{9-74}$$

由式(9-25)及式(9-74)可作出带平衡气瓶四通阀控对称气动缸动力机构方块图如图9-9所示。

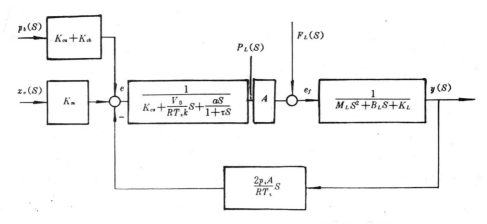

图 9-9 带平衡气瓶四通阀控对称气动缸动力机构方块图

比较图 9-4 和图 9-9 可知,动力机构方块图的形式是相同的,只是传递函数 $p_L(S)/e(S)$ 由不带平衡气瓶的

$$\frac{p_L(S)}{e(S)} = \frac{1}{K_{ca} + \frac{V_0}{RT_s k}S}$$

变成带平衡气瓶的

$$\frac{p_L(S)}{e(S)} = \frac{1}{K_{ca} + \frac{V_0}{RT_s k}S + \frac{\alpha S}{1+\tau S}}$$

即由原来的一阶惯性环节变为二阶振荡环节,整个动机构由三阶变为四阶的。

如果对图 9-4 加入瞬态压力反馈(即动压反馈),如图 9-10 所示。经适当的方块图化简,可得到和带平衡气瓶四通阀控对称气动缸具有完全相同的方块图,它表示瞬态流量平衡和加在伺服阀上瞬态压力反馈具有相同的作用。也就是说,采用平衡气瓶改变瞬态流量,实际上是给系统加入了瞬态压力反馈,二者的控制效果是一致的。带平衡气瓶的优点是增大系统的阻尼,提高系统稳定性,它比加大阀开口及气动缸的泄漏来增大系统阻尼提高系统稳定性的办法更好些,因为它克服了效率低和受温度影响等缺点。另外,它还可以改善在负载干扰作用下的稳态精度。采用平衡气瓶的主要缺点是重量和体积增大,每个气瓶所需的容积大约为气动缸总容积的 1.5 倍左右。在重量和空间允许的条件下,采用这种稳定方法是比较经济和容易实现的,但不易改变其阻尼大小。当要求减轻重量,而要提高系统的稳定性时,则应采用电的办法来实现瞬态压力反馈。

为了便于加工,可以将毛细管式节流孔改成薄板式节流孔,采用薄板式节流孔将在反馈通路上引进另一非线性因素,但它可改善系统的频带宽度。另外还可采用可变节流孔来改变系统阻尼,由此改变系统的性能。

库仑摩擦力对气动伺服系统影响很大,只要有很小的库仑摩擦力存在就足以使输出有明显的滞后,这和液压伺服系统有很大的区别。气动伺服系统对摩擦力敏感的原因是作为工作介质的气体的压缩性引起的,在气动伺服机构中,压力的建立是需要一定时间的。一个克服作用在阀芯上的库仑摩擦力的行之有效办法是采用阀芯本身的振颤。

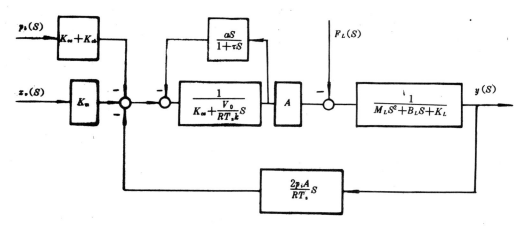

图 9-10 加入瞬态压力反馈的简单型四通阀控对称缸动力机构方块图

### 三、传递函数

由动力机构方块图 9-9 可直接求出输入为 $X_v$,输出为 $Y_x$ 的传递函数为

$$\frac{Y_x(S)}{X_V(S)} = \frac{\dfrac{1}{K_{ca} + \dfrac{V_0}{RT_sk}S + \dfrac{\alpha S}{1+\tau S}} \dfrac{1}{M_LS^2 + B_LS + K_L} K_m A}{1 + \dfrac{1}{K_{ca} + \dfrac{V_0}{RT_sk}S + \dfrac{\alpha S}{1+\tau S}} \dfrac{1}{M_LS^2 + B_LS + K_L} \dfrac{2Ap_iS}{RT_s}}$$

$$= \frac{b_1 S + b_0}{a_4 S^4 + a_3 S^3 + a_2 S^2 + a_1 S + a_0} \qquad (9\text{-}75)$$

式中

$$a_4 = \frac{M_L V_0 \tau}{2k p_i A^2}$$

$$a_3 = \frac{B_L \tau V_0}{2k p_i A^2} + (\frac{K_{ca}\tau M_L RT_s}{2 p_i A^2} + \frac{M_L V_0}{2k p_i A^2} + \frac{\alpha M_L RT_s}{2 p_i A^2})$$

$$a_2 = \frac{K_L \tau V_0}{2k p_i A^2} + (\frac{K_{ca}\tau RT_s}{2 p_i A^2} + \frac{V_0}{2k p_i A^2} + \frac{\alpha RT_s}{2 p_i A^2})B_L + \frac{K_{ca} M_L RT_s}{2 p_i A^2}$$

$$a_1 = (\frac{K_{ca}\tau RT_s}{2 p_i A^2} + \frac{V_0}{2k p_i A^2} + \frac{\alpha RT_a}{2 p_i A^2})K_L + \frac{K_{ca} B_L RT_s}{2 p_i A^2} + 1$$

$$a_0 = \frac{K_L K_{ca} RT_s}{2 p_i A^2}$$

$$b_1 = \frac{K_m RT_s}{2 p_i A}\tau$$

$$b_0 = \frac{K_m RT_s}{2 p_i A}$$

由于 $\alpha = \dfrac{V_{t0}}{RT_sk}, \tau = \dfrac{V_{t0}}{\lambda p_i k}$,如果所研究的阀控对称缸动力机构不带平衡气瓶,即 $V_{t0} =$

0，则有 $\alpha=0, \tau=0$ 代入式(9-75)中，所得的结果与不带平衡气瓶的动力机构传递函数完全一致（见式 9-28）。

同理可得干扰力 $F_L$ 对输出的传递数 $\dfrac{Y_f}{F_L}$ 为

$$\frac{Y_f(S)}{F_L(S)} = \frac{-(c_0 + c_1 S + c_2 S^2)}{a_4 S^4 + a_3 S^3 + a_2 S^2 + a_1 S + a_0} \tag{9-76}$$

式中

$$c_0 = \frac{K_{ca} R T_s}{2 p_i A^2}$$

$$c_1 = \frac{K_{ca} R T_s \tau}{2 p_i A^2} + \frac{V_0}{2 p_i k A^2} + \frac{\alpha R T_s}{2 p_i A^2}$$

$$c_2 = \frac{V_0 \tau}{2 k p_i A^2}$$

$b$ 腔压力 $p_b$ 对输出 $Y$ 的传递函数 $\dfrac{Y_p(S)}{p_b(S)}$ 为

$$\frac{Y_p(S)}{p_b(S)} = \frac{-(d_0 + d_1 S)}{a_4 S^4 + a_3 S^3 + a_2 S^2 + a_1 S + a_0} \tag{9-77}$$

式中

$$d_0 = \frac{(K_{ca} + K_{cb}) R T_s}{2 p_i A}$$

$$d_1 = \frac{(K_{ca} + K_{cb}) R T_s}{2 p_i A} \tau$$

### 四、状态方程

由带平衡气瓶四通阀控对称气动缸动力机构方块图 9-9 可得：

$$\frac{p_L(S)}{e(S)} = \cfrac{1}{\cfrac{1}{K_{ca}} + \cfrac{V_0}{RT_s k} + \cfrac{\alpha S}{1 + \tau S}}$$

$$= \frac{1 + \tau S}{\dfrac{V_0 \tau}{RT_s k} S^2 + \left(\dfrac{V_0}{RT_s k} + K_{ca}\tau + \alpha\right) S + K_{ca}} \tag{9-78}$$

$$\frac{Y(S)}{e_f(S)} = \frac{1}{M_L S^2 + B_L S + K_L} \tag{9-79}$$

$$e(S) = K_m x_v(S) - \frac{2 A p_i}{R T_s} S Y(S) - (K_{ca} + K_{cb}) p_b(S) \tag{9-80}$$

$$e_f(S) = A p_L(S) - F_L(S) \tag{9-81}$$

令

$$p'_L(S) = \frac{e(S)}{\dfrac{V_0 \tau}{RT_s k} S^2 + \left(\dfrac{V_0}{RT_s k} + K_{ca}\tau + \alpha\right) S + K_{ca}} \tag{9-82}$$

则有
$$p_L(S) = p'_L(S)(1+\tau S) \tag{9-83}$$

选择状态变量
$$x_1 = y \qquad x_2 = \dot{y}$$
$$x_3 = p'_L \qquad x_4 = \dot{p}'_L$$

则可得带平衡气瓶阀控对称缸动力机构状态方程为
$$\left.\begin{array}{l} \dot{x}_1 = x_2 \\ \dot{x}_2 = (e_f - B_L x_2 - K_L x_1)/M_L \\ \dot{x}_3 = x_4 \\ \dot{x}_4 = \left[e - \left(\dfrac{V_0}{RT_s k} + K_{ca}\tau + \alpha\right)x_4 - K_{ca}x_3\right]\dfrac{RT_s k}{V_0 \tau} \end{array}\right\} \tag{9-84}$$

式中
$$e_f = Ax_3 + A\tau x_4 - F_L \tag{9-85}$$
$$e = K_m x_v - \frac{2Ap_i}{RT_s}x_2 - (K_{ca} + K_{cb})p_b \tag{9-86}$$

其输出方程为
$$\left.\begin{array}{l} y = x_1 \\ p_l = x_3 + \tau x_4 \end{array}\right\} \tag{9-87}$$

上述式(9-84),(9-85),(9-86)及(9-87)完全描述了带平衡气瓶阀控对称气动缸动力机构的动态特性。其中式(9-84)为动力机构状态方程,式(9-85)为状态传递方程,式(9-86)为状态反馈方程。

## §9-4 四通阀控非对称气动缸动力机构分析

前两节中,分别讨论了简单型(不带平衡气瓶)和带平衡气瓶四通阀控对称气动缸动力机构,并给出动力机构基本方程、传递函数及其状态方程。本节将对四通阀控非对称气动缸动力机构进行分析和研究。

四通阀控非对称气动缸动力机构是根据生产实际需要提出来的一种结构形式,并已被应用于气动机器人、高炉燃料控制、火炮控制以及斗轮机控制等系统中。而关于四通阀控非对称气动缸动力机构的理论分析和研究,就目前来说却进行的较少,也较难找到适当的文献作为从事设计研究此类系统的参考资料。本节通过典型的四通阀控非对称气动缸的分析,给出分析这种动力机构的基本方法。

**一、气动缸大腔($a$腔)进压力气体。**

1. 基本方程

图9-11为典型的四通阀控非对称气动缸动力机构。气动伺服阀在控制信号的作用下,其阀芯向右移动,气动缸大腔($a$腔)进压力气体。假定图中所示箭头方向为各相应物

理量的正方向。

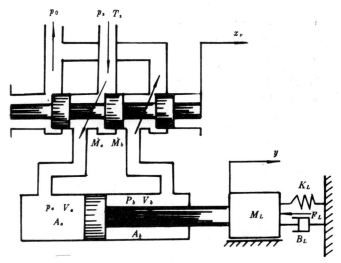

图 9-11 四通阀控非对称气动机构（a 腔进压力气体）

(1) 节流方程

和四通阀控对称气动缸的情形一样，通过气动伺服阀可变节流口 $a$、$b$ 的质量流量增量方程根据式(9-7)，(9-8)分别写成：

$$\dot{m}_a = K_{ma}x_v - K_{ca}p_a \tag{9-88}$$

$$\dot{m}_b = K_{mb}x_v - K_{cb}p_b \tag{9-89}$$

式中

$$K_{ma} = \begin{cases} Wp_s \dfrac{F_1}{\sqrt{T_a}} f(\dfrac{p_{ai}}{p_s}) & (\dfrac{p_a}{p_s} \geqslant c_o) \\ Wp_s \dfrac{F_2}{\sqrt{T_a}} & (\dfrac{p_a}{p_s} < c_o) \end{cases}$$

$$K_{ca} = \begin{cases} -Wx_{vi}p_s \dfrac{F_1}{\sqrt{T_a}} \dfrac{1}{2f(\dfrac{p_{ai}}{p_s})} [\dfrac{2}{k}(\dfrac{p_{ai}}{p_s})^{\frac{2-k}{k}} - \dfrac{k+1}{k}(\dfrac{p_{ai}}{p_s})^{\frac{1}{k}}] & (\dfrac{p_a}{p_s} \geqslant c_o) \\ 0 & (\dfrac{p_a}{p_s} < C_o) \end{cases}$$

$$K_{mb} = \begin{cases} Wp_{bi} \dfrac{F_1}{\sqrt{T_b}} f(\dfrac{p_e}{p_{bi}}) & (\dfrac{p_e}{p_b} \geqslant c_o) \\ Wp_{bi} \dfrac{F_2}{\sqrt{T_b}} & (\dfrac{p_e}{p_b} < c_o) \end{cases}$$

$$K_{cb} = \begin{cases} -Wx_{vi}\dfrac{F_1}{\sqrt{T_b}}f\left(\dfrac{p_e}{p_{bi}}\right)\left\{1-\dfrac{1}{2f^2\left(\dfrac{p_e}{p_{bi}}\right)}\left[\dfrac{2}{k}\left(\dfrac{p_e}{p_{bi}}\right)^{\frac{2-k}{k}}-\dfrac{k+1}{k}\left(\dfrac{p_e}{p_{bi}}\right)^{\frac{1}{k}}\right]\dfrac{p_e}{p_{bi}}\right\} & \left(\dfrac{p_e}{p_b}\geqslant\geqslant c_o\right) \\ -Wx_{vi}\dfrac{F_2}{\sqrt{T_b}} & \end{cases}$$

**(2)质量流量连续性方程**

根据质量守恒定律,在等熵(绝热过程)的假定条件下,若不计气动缸腔的内外泄漏有:

$$\dot{M}_a = \frac{1}{RT_a k}(V_a \dot{p}_a + k p_a \dot{V}_a) \tag{9-90}$$

$$\dot{M}_b = \frac{1}{RT_b k}(V_b \dot{p}_b + p_b \dot{V}_b) \tag{9-91}$$

线性化上二式,并用小写字母表示各物理量在某稳态工作点附近的变化量得,

$$\dot{M}_a = \frac{1}{RT_a k}(V_{oa}\dot{p}_a + k p_{ai}\dot{V}_a) \tag{9-92}$$

$$-\dot{m}_b = \frac{1}{RT_b k}(V_{ob}\dot{p}_b + k p_{bi}\dot{V}_b) \tag{9-93}$$

式中假定 $(\dot{p}_a)_i = (\dot{p}_b)_i = 0$ 时,$(\dot{V}_b)_i = 0$。考虑到初时活塞杆不受外力作用,则有

$$A_a p_{ai} = A_b p_{bi}$$

或

$$p_{bi} = \frac{1}{n} p_{ai} \tag{9-94}$$

式中:

$n$ ——气动缸有效面积比 $n = \dfrac{A_b}{A_a}$;

$p_{ai}, p_{bi}$ ——分别为 $a,b$ 腔内初始稳态压力。

设气动缸两腔初始容积比 $m$ 为

$$m = \frac{V_{0b}}{V_{0a}}$$

即
$$V_{0b} = mV_{oa} \tag{9-95}$$

将式(9-94),(9-95)代入式(9-93)中得
$$-\dot{m}_b = \frac{1}{RT_b k}(mV_{0b}\dot{p}_b + k\frac{1}{n}p_{ai}\dot{V}_b) \tag{9-96}$$

当压力气体流入 $a$ 腔时,气动缸活塞向右运动,则有
$$V_a = V_{oa} + A_a y$$
$$V_b = V_{0b} - A_b y$$
$$\dot{V}_a = A_a \dot{y}$$
$$\dot{V}_b = -A_b \dot{y} = -nA_a \dot{y}$$

将上述关系式代入式(9-92),(9-96)中得
$$\dot{m}_a = \frac{1}{RT_a k}(V_{0a}\dot{p}_a + kp_{ai}A_a\dot{y}) \tag{9-97}$$

$$-\dot{m}_b = \frac{1}{RT_b k}(mV_{0a}\dot{p}_b - kp_{ai}A_a\dot{y}) \tag{9-98}$$

(3) 力平衡方程

根据图 9-11,应用牛顿定律得:
$$A_a p_a - A_b p_b = M_L \ddot{y} + B_L \dot{y} + K_L y + F_L$$

或
$$A_a(p_a - np_b) = M_L \ddot{y} + B_L \dot{y} + K_L y + F_L \tag{9-99}$$

上述式(9-88),(9-89),(9-98)及式(9-99)为四通阀控非对称气动缸动力机图 $a$ 腔进压力气体的基本方程。

2. 方块图及传递函数

(1) 方块图

由式(9-88),(9-89)得
$$\dot{m}_a + \frac{n}{m}\dot{m}_b = (K_{ma} + \frac{n}{m}K_{mb})x_v - K_{ca}p_a - \frac{n}{m}K_{cb}p_b$$
$$= (K_{ma} + \frac{n}{m}K_{mb})x_v - K_{ca}(p_a - np_b) - (\frac{n}{m}K_{cb} + nK_{ca})p_b$$

设负载压力 $p_{La}$ 为
$$p_{La} = p_a - np_a \tag{9-100}$$

则有
$$\dot{m}_a + \frac{n}{m}\dot{m}_b = (K_{ma} + \frac{n}{m}K_{mb})x_v - K_{ca}p_{La} - (\frac{n}{m}K_{cb} + nK_{ca})p_b \tag{9-101}$$

假定 $T_a = T_b = T_s$,由式(9-97),(9-98)得
$$\dot{m}_a + \frac{n}{m}\dot{m}_b = \frac{1}{RT_s k}[V_{0a}(\dot{p}_a - n\dot{p}_b) + (1 + \frac{n}{m})kp_{ai}A_a\dot{y}]$$

$$= \frac{1}{RT_sk}[V_{0a}(\dot{p}_{La} + (1+\frac{n}{m})kp_{ai}A_a\dot{y})] \qquad (9\text{-}102)$$

合并上式并拉氏变换得

$$[K_{ca} + \frac{V_{0a}}{RT_sk}]p_{La} = (K_{ma} + \frac{n}{m}K_{mb})x_v(S) - (\frac{n}{m}K_{cb} + K_{ca})p_b(S)$$
$$- \frac{1}{RT_s}(1+\frac{n}{m})p_{ai}A_aSY(S) \qquad (9\text{-}103)$$

由式(9-99)拉氏变换得

$$A_ap_{La} = (M_LS^2 + B_LS + K_L)Y(S) + F_L(S) \qquad (9\text{-}104)$$

由式(9-103),(9-104)可作出四通阀控非对称气动缸动力机构方块图如图9-12所示。

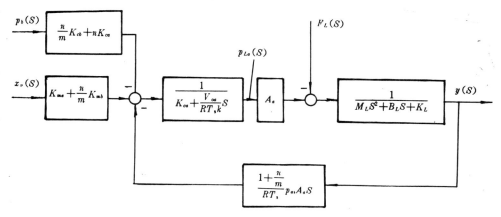

图 9-12 四通阀控非对称气动缸动力机构图方块图($a$ 腔进压力气体)

(2)传递函数

(a)$x_v(S)$ 为输入 $Y_x(S)$ 为输出的传递函数

由方块图(9-12)可得以阀位移 $x_v(S)$ 为输入,气动缸活塞位移 $Y_x(S)$ 为输出的传递函数为

$$\frac{Y_x(s)}{X_v(s)} = \frac{(K_{ma} + \frac{n}{m}K_{mb})\frac{1}{K_{ca} + V_{oa}/(RT_sk)S}\frac{A_a}{M_LS^2 + B_LS + K_L}}{1 + \frac{A_a}{K_{ca} + V_{oa}/(RT_sk)S}\frac{1}{M_LS^2 + B_LS + K_L}\frac{(1+\frac{n}{m})}{RT_s}P_{ai}A_aS}$$

$$= \frac{\dfrac{RT_s}{(1+\frac{n}{m})P_{ai}A_a}(K_{ma} + \frac{n}{m}K_{mb})}{a_3S^3 + a_2S^2 + a_1S + a_o} \qquad (9\text{-}105)$$

式中:

$$a_3 = \frac{M_LV_{oa}}{(1+\frac{n}{m})kP_{ai}A_a^2}$$

$$a_2 = \frac{M_L K_{ca} R T_s}{A_a^2 (1 + \frac{n}{m}) p_{ai}} + \frac{B_L V_{oa}}{(1 + \frac{n}{m}) k p_{ai} A_a^2}$$

$$a_1 = \frac{B_L K_{ca} R T_s}{(1 + \frac{n}{m}) A_a^2 p_{ai}} + \frac{K_L V_{oa}}{(1 + \frac{n}{m}) k p_{ai} A_a^2} + 1$$

$$a_o = \frac{K_L K_{ca} R T_s}{(1 + \frac{n}{m}) A_a^2 p_{ai}}$$

若作用在动力机构上的弹性负载 $K_L = 0$,且认为 $\frac{B_L K_{ca} R T_s}{(1 + \frac{n}{m}) A_a^2 P_{ai}} \ll 1$,则式(9-105)可以简化成如下形式:

$$\frac{Y_x(s)}{X_v(s)} = \frac{(K_{ma} + \frac{n}{m} K_{mb}) \dfrac{R T_s}{(1 + \frac{n}{m}) p_{ai} A_a}}{S(\dfrac{S^2}{\omega_h^2} + \dfrac{2\zeta_h}{\omega_h} S + 1)} \tag{9-106}$$

式中:

$$\omega_h = \sqrt{\frac{(1 + \frac{n}{m}) k p_{ai} A_a^2}{M_L V_{oa}}}$$

$$\zeta_h = \frac{K_{ca} R T_s}{2 A_a p_{ai}} \sqrt{\frac{k p_{ai} M_L}{(1 + \frac{n}{m}) V_{oa}}} + \frac{B_L}{2 A_a} \sqrt{\frac{V_{oa}}{(1 + \frac{n}{m}) k p_{ai} M_L}}$$

(b) $F_L(S)$ 为输入 $Y_f(s)$ 为输出传递函数

同理可得以负载力为干扰输入以活塞位移 $Y_f(s)$ 为输出的传递函数为:

$$\frac{Y_f(s)}{F_L(s)} = \frac{-\dfrac{R T_s}{(1 + \frac{n}{m}) P_{ai}} \dfrac{1}{A_a^2} (K_{ca} + \dfrac{V_{oa}}{R T_s k} S)}{a_3 S^3 + a_2 S^2 + a_1 S + a_o} \tag{9-107}$$

(c) $p_b(s)$ 为输入 $Y_p(s)$ 为输出传递函数

$$\frac{Y_b(s)}{p_b(s)} = \frac{-\dfrac{R T_s}{(1 + \frac{n}{m}) p_{ai} A_a} (\dfrac{n}{m} K_{cb} + n K_{ca})}{a_3 S^3 + a_2 S^2 + a_1 S + a_o} \tag{9-108}$$

式(9-107),(9-108)中 $a_3, a_2, a_1, a_0$ 由式(9-105)得出。

(d)四通阀控非对缸动力机构($a$腔进压力气体)总的输出

根据线性系统叠加原理,可得四通阀控非对称气动缸动力机构($a$腔进压力气体)总的输出为:

$$Y(s) = Y_x(s) + Y_f(s) + Y_b(s)$$

(9-109)

### 二、气动缸小腔($b$腔)进压力气体

气动缸小腔($b$腔)进压力气体(如图9-13所示),其分析方法与气动缸大腔($a$腔)进压力气体的分析方法一样,因此这里仅给出有关结果,而不作详细讨论。

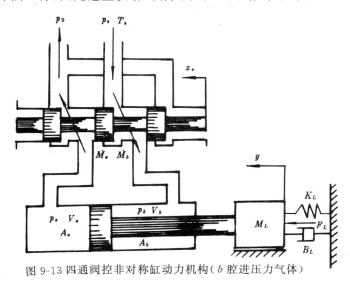

图9-13 四通阀控非对称缸动力机构($b$腔进压力气体)

1. 基本方程

$$\dot{M}_a = K'_{ma} x_u - K'_{ca} p_a \tag{9-110}$$
$$\dot{M}_b = K'_{mb} x_u - K'_{cb} p_b \tag{9-111}$$

式中

$$K'_{ma} = \begin{cases} W p_{ai} \dfrac{F_1}{\sqrt{T_a}} f\left(\dfrac{p_e}{p_{ai}}\right) & \left(\dfrac{p_e}{p_a} \geqslant c_o\right) \\ W p_{ai} \dfrac{F_2}{\sqrt{T_a}} & \left(\dfrac{p_e}{p_a} > c_o\right) \end{cases}$$

$$K'_{ca} = \begin{cases} -Wx_{vi}\dfrac{F_1}{\sqrt{T_a}}f(\dfrac{p_e}{p_{ai}})\left\{1-\dfrac{1}{2f^2(\dfrac{p_e}{p_{ai}})}\left[\dfrac{2}{k}(\dfrac{p_e}{p_{ai}})^{\frac{2-k}{k}}-\dfrac{k+1}{k}(\dfrac{p_e}{p_{ai}})^{\frac{1}{k}}\right]\dfrac{p_e}{p_{ai}}\right\} & (\dfrac{p_e}{p_a}\geqslant c_o) \\ -Wx_{vi}\dfrac{f_2}{\sqrt{T_a}} & (\dfrac{p_e}{p_a}<c_o) \end{cases}$$

$$K'_{mb} = \begin{cases} Wp_s\dfrac{F_1}{\sqrt{T_a}}f(\dfrac{p_{bi}}{p_s}) & (\dfrac{p_b}{p_s}\geqslant c_o) \\ Wp_s\dfrac{F_2}{\sqrt{T_b}} & (\dfrac{p_b}{p_s}<c_o) \end{cases}$$

$$K'_{cb} = \begin{cases} -Wx_{vi}p_s\dfrac{F_1}{\sqrt{T_b}}\dfrac{1}{2f(\dfrac{p_{bi}}{p_s})}\left[\dfrac{2}{k}\dfrac{p_{bi}}{p_s})^{\frac{2-k}{k}}-\dfrac{k+1}{k}(\dfrac{p_{bi}}{p_s})^{\frac{1}{k}}\right] & (\dfrac{p_b}{p_s}\geqslant c_o) \\ 0 & (\dfrac{p_b}{p_s}<c_o) \end{cases}$$

$$-\dot{m}_a = \frac{1}{RT_ak}(\frac{1}{m}V_{ob}\dot{p}_a - kp_{bi}A_b\dot{Y}) \tag{9-112}$$

$$-\dot{m}_b = \frac{1}{RT_bk}(V_{ob}\dot{p}_b + kp_{bi}A_b\dot{Y}) \tag{9-113}$$

$$A_b(p_b - \frac{1}{n}p_a) = M_L\ddot{Y} + B_L\dot{Y} + K_LY - F_L \tag{9-114}$$

上述式(9-110)~(9-114)为四通阀控非对称缸 $b$ 腔进压力气体时动力机构基本方程。

2. 方块图及传递函数

假定 $T_a = T_s = T_b$，并设定负载压力 $P_{Lb}$ 为

$$p_{Lb} = p_b - \frac{1}{n}p_a \tag{9-115}$$

则根据上述方程，可作出四通阀控非对称气动缸 $b$ 腔进压力气体时动力机构方块图如图 9-14 所示。

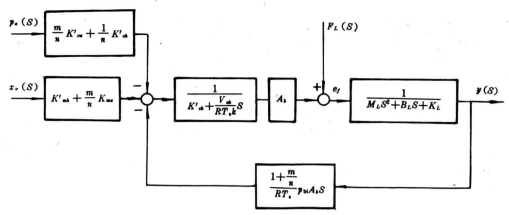

图 9-14 四通阀控非对称气动缸动力机构方块图（$b$ 腔进压力气体）

由方块图 9-14 可直接求得四通阀控非对称气动缸动力机构（$b$ 腔进压力气体）输出函数为：

$$Y(S) = \frac{\dfrac{RT_s}{(1+\dfrac{m}{n})p_{bi}}\left\{\dfrac{K'_{mb}+\dfrac{m}{n}K'_{ma}}{A_b}x_v(S) - \dfrac{\dfrac{m}{n}K'_{ca}+\dfrac{1}{n}K'_{cb}}{A_b}p_a(S) + \dfrac{1}{A_b^2}(K'_{cb}+\dfrac{V_{0b}}{RT_sk}S)F_L(S)\right\}}{\alpha_3 S^3 + \alpha_2 S^2 + \alpha_1 S + \alpha_0}$$

(9-116)

式中

$$\alpha_3 = \frac{M_L V_{0b}}{(1+\dfrac{m}{n})k p_{bi} A_b^2}$$

$$\alpha_2 = \frac{M_L K'_{cb} RT_s}{A_b^2(1+\dfrac{m}{n})p_{bi}} + \frac{B_L V_{0b}}{(1+\dfrac{m}{n})k p_{bi} A_b^2}$$

$$\alpha_1 = \frac{B_L K'_{cb} RT_s}{(1+\dfrac{m}{n})A_b^2 p_{bi}} + \frac{K_L V_{0b}}{(1+\dfrac{m}{n})k p_{bi} A_b^2} + 1$$

$$\alpha_0 = \frac{K_L K'_{cb} RT_s}{(1+\dfrac{m}{n})A_b^2 p_{bi}}$$

若动力机构无弹性负载（$K_L = 0$），且 $\dfrac{B_L K'_{cb} RT_s}{(1+\dfrac{m}{n})A_b^2 p_{bi}} \ll 1$，则式（9-116）可简化成如下形式：

$$Y(S) = \frac{\dfrac{RT_s}{(1+\dfrac{m}{n})p_{bi}}\left\{\dfrac{K'_{mb}+\dfrac{m}{n})K'_{ma}}{A_b}x_c(S) - \dfrac{\dfrac{m}{n}K'_{ca}+\dfrac{1}{n}K'_{cb}}{A_b}p_a(S) + \dfrac{1}{A_b^2}(K'_{cb}+\dfrac{V_{0b}}{RT_sk}S)F_L(S)\right\}}{S\left(\dfrac{S^2}{\omega'^2_h} + \dfrac{2\zeta'_h}{\omega'_h}S + 1\right)}$$

(9-117)

式中

$$\omega'_h = \omega_h = \sqrt{\frac{(1+\frac{m}{n})kp_{bi}A_b^2}{M_L V_{0b}}}$$

$$\zeta'_h = \frac{K'_{cb}RT_s}{2A_b p_{bi}}\sqrt{\frac{M_L k p_{bi}}{(1+\frac{m}{n})V_{0b}}} + \frac{B_L}{2A_b}\sqrt{\frac{V_{0b}}{(1+\frac{m}{n})kp_{bi}M_L}}$$

上面分析了四通阀控非对称气动缸动力机构,并给出了数学表达式。与四通阀控对称缸不同的是,它的动态特性不仅是动力机构固有频率 $\omega_h$,阻尼比 $\zeta_h$ 的函数,且是气动缸有效面积比,初始容积比 $m$ 的函数。若 $n = m = 1$,则有 $A_b = A_a = A, V_{0a} = V_{0b} = V_0, p_{ai} = p_{bi} = p_i$,代入上述各式中,可得和四通阀控对称气动缸动力机构完全一致的数学表达式。在进行四通阀控非对称缸动力机构分析时,如何确定有效面积比 $n$ 和有效容积比 $m$ 将在下面的非对称气动缸气压弹簧刚度中讨论。一般地,在进行动力机构分析时,总是在气压弹簧刚度最小,稳定性最差的工况下进行,以保证其他任何工况都能满足性能指标要求。这样,确定 $n, m$ 的问题就归结为使气压弹簧刚度为最小的问题。

### 三、非对称气动缸气压弹簧刚度

与分析对称气动缸气压弹簧刚度类似,假定图 9-15 为一个理想的无摩擦非对称气动缸,两个工作腔内充满理想的压力气体,并被完全封闭,气体流动状态为等熵过程。在外力作用下,气动缸活塞移动,使 $a, b$ 两腔内压力各自发生变化。 设 $a, b$ 两腔的有效面积比为 $n$,初始容积比为 $m$,即

$$n = \frac{A_b}{A_a} \qquad m = \frac{V_b}{V_a}$$

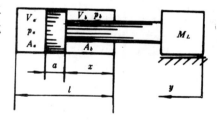

由图 9-15 可知,

$$V_b = A_b x$$
$$V_a = A_a(l-a-x)$$

图 9-15 被完全封闭理想的非对称气动缸

由于

$$V_b = mV_a$$

则有

$$x = \frac{m}{m+n}(l-a) \tag{9-118}$$

即有

$$V_b = A_b \frac{m}{m+n}(l-a)$$
$$V_a = A_a \frac{n}{m+n}(l-a)$$

根据气压弹簧刚度的定义有

$$K_n = \frac{A_a^2 k p_{ai}}{V_a} + \frac{A_b^2 k p_{bi}}{V_b}$$

$$= \frac{A_a^2 k p_{ai}}{V_a} + \frac{n^2 A_a^2 p_{bi} k}{m V_a} \qquad (9-119)$$

由于初始时气动缸不受外力作用,则有

$$A_a p_{ai} = A_b p_{bi}$$

或

$$p_{bi} = \frac{1}{n} p_{ai}$$

代入式(9-119)中有

$$\begin{aligned}
K_h &= \frac{A_a^2 k P_{ai}}{V_a} + \frac{A_a^2 n^2 k \frac{1}{n} p_{ai}}{m V_a} \\
&= \frac{A_a^2 k p_{ai}}{V_a} \left( \frac{n+m}{m} \right) \\
&= \frac{A_a k p_{ai}}{l-a} \left( \frac{m^2 + 2mn + n^2}{mn} \right)
\end{aligned} \qquad (9-120)$$

若选定有效面积比 $n$（有效面积比 $n$ 一般在设计时已确定），则可通过求 $\left.\frac{\partial K_h}{\partial m}\right|_{n=\text{常数}} = 0$ 得气压弹簧刚度最小的有效容积比 $m$ 值。

即:

$$\left.\frac{\partial K_h}{\partial m}\right|_{n=\text{常数}} = \frac{A_a k p_{ai}}{l-a} \left( \frac{1}{n} - \frac{n}{m^2} \right) = 0$$

由此得出

$$m = n$$

时,非对称气动缸的弹簧刚度为最小,此时活塞位置

$$x = \frac{1}{2}(l-a)$$

若选定有效面积比 $n = 0.5$,并令 $G_o = \frac{A_a k P_a i}{l-a}$ 则可列出有效容积比 $m$ 与气压弹簧刚度 $K_h$ 的关系表如下所示。

$$n = \frac{A_b}{A_a} = 0.5, \quad G_o = \frac{A_a k P_a i}{l-a}$$

| $m$ | 0.1 | 0.2 | 0.4 | 0.5 | 0.6 | 1 | 2 |
|---|---|---|---|---|---|---|---|
| $K_h$ | 7.2Go | 4.9Go | 4.05 | 4Go | 4.033Go | 4.5 | 6.25Go |

非对称气动缸气压弹簧刚度 $K_h$ 与动力机构固有频率 $\omega_h$ 之间仍存在如下关系:

$$\omega_h = \sqrt{\frac{K_h}{M_L}}$$

## § 9-5  动力机构频率特性分析

在上几节中，较详细地讨论了三种典型动力机构，并给出了动力机构基本方程，传递函数及其状态方程的数学表达式。为了直观形象且定性给出系统参数对系统性能的影响，这里采用工程上常用的一种分析方法——频率特性分析法，它是通过系统（包括开环系统和闭环系统）对正弦输入信息的稳态响应描述系统性能。本节试图通过典型动力机构的频率特性分析，讨论动力机构动态特征参数对系统性能的影响。

**一、负载刚度 $K_L = 0$**

1. 活塞位置对阀芯位移的频率特性

根据四通阀控制对称气动缸动力机构分析可知，当负载刚度 $K_L = 0$ 时，传递函数 $\dfrac{Y_x(s)}{X_V(s)}$ 是由积分环节，振荡环节和放大环节组成（参见式 9—33），其博德图如图 9—16 所示。

图 9—16 中 $\zeta_1 < \zeta_2 < \zeta_3$。由图 9-16 可知：

①气压阻尼比 $\zeta_h$ 的变化直接影响系统的谐振峰值和相频特性，也就是说它直接影响了系统的稳定性。

由上面分析可知，四通阀控对称气动缸的气压阻尼比由

$$\zeta_h = \frac{K_{ca}RT_s}{2Ap_i}\sqrt{\frac{M_L k p_i}{2V_o}} + \frac{B_L}{2A}\sqrt{\frac{V_o}{2M_L k p_i}}$$

确定，可见影响气压阻尼的 $\zeta_h$ 的物理很多，但除了 $K_{ca}$ 外，其他的物理量已由别的因素确定，所以 $\zeta_h$ 值的变动主要取决于 $K_{ca}$ 值。此值随阀的位移和负载工况的不同将会有很大的变化，流量-压力系数在零位时最小，因而此时气压阻尼比最小，当阀位移增大时，活塞速度加大，阻尼比急剧增大。因此，为了把握起见，一般都采用零位阀系数来计算气压阻尼比，这时系统稳定性最差。另外，本分析是在不计气动缸内外泄漏和忽略摩擦力的假定条件下得出的，若考虑上述影响，阻尼比 $\zeta_h$ 将有很大变化，它说明采用加大泄漏的办法可以提高气压阻尼比。

②当没有弹性负载时，气压固有频率 $\omega_h$ 是由负载质量和气压弹簧刚度相互作用而形成的，它往往是系统中最低的频率，其大小决定了伺服机构的响应速度。由博德图 9—16 还可以看到，提高气压固有频率 $\omega_h$ 也有利于系统的稳定性。由于四通阀控对称气缸固有频率由

$$\omega_h = \sqrt{\frac{2A^2 k p_i}{V_o M_L}}$$

确定，它是初始工作压力 $p_i$，气缸有面积 $A$，气缸初始位置 $V_o/A$，负载质量 $M_L$ 的函数，要提高 $\omega_h$，应尽量加大 $p_i$ 减少 $M_L$，加大 $A$，减小 $V_o$ 的办法。但负载质量由负载决定，改变的可能性很小，气缸有效面积 $A$ 并不与 $\omega_n$ 成比例关系，因为加大 $A$ 同时也加大了有效容积 $V_o$。这里面只有初始工作压力 $p_i$ 与 $\omega_h$ 有直接的关系，因此加大 $p_i$ 是提高气压固有

频率 $\omega_n$ 的有效措施。这里应当注意,气动缸腔内的初始工作压力 $p_i$ 与供气压力 $p_s$ 有关,考察 $p_i$ 对系统性能的影响。从物理意义上讲,当初始工作压力 $p_i$ 增大后,气体的容积弹性模数 $\beta_e = kp_i$(等熵条件下)增加。因此,无论是固有频率还是输出刚度都有所增大。无疑,系统不易发生低频振荡,稳定性得到改善。

③流量增量 $K_{ma}$ 的变化将使幅频特性上下移动,并使穿越频率 $\omega_c = \dfrac{K_m RT_s}{2Ap_i}$ 发生变化,但相频特性不变,可见 $K_{ma}$ 的变化对系统的稳定性和精确性都有直接的影响。

2. 阀芯位移对活塞速度的频率特性

由式(9-33)可得阀芯位移 $x_v$ 对活塞速度 $\dot{Y}_x$ 的传递函数为:

$$\frac{\dot{Y}_x}{x_v} = \frac{\dfrac{K_m RT_s}{2Ap_i}}{\dfrac{S^2}{\omega_h^2} + \dfrac{2\zeta_h}{\omega_n}S + 1} \tag{9-121}$$

它是由振荡环节和放大环节组成。其博德图如图9-17所示。

### 二、负载刚度 $K_L \neq 0$

由式(9-35)可知,当负载刚度 $K_L \neq 0$ 时,阀芯位移对活塞位移的传递函数为

$$\frac{Y_x(S)}{x_v(S)} = \frac{\dfrac{K_m RT_s}{2Ap_i}}{\omega_2 \left(\dfrac{S}{\omega_r} + 1\right)\left(\dfrac{S^2}{\omega_0} + \dfrac{2\zeta_0}{\omega_0}S + 1\right)} \tag{9-122}$$

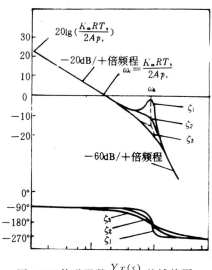
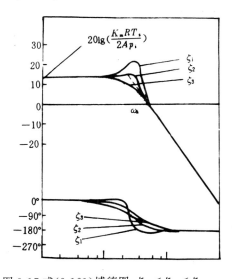

图 9-16,传递函数 $\dfrac{Y_x(s)}{X_v(S)}$ 的博德图。    图 9-17 式(9-121)博德图,$\zeta_1 < \zeta_2 < \zeta_3$

它由惯性环节,振荡环节和放大环节组成,其博德图如图9-18所示。当 $K_{ca}$ 发生变化时,将使增益 $\dfrac{K_m A}{K_L K_{ca}}$ 和转角频率 $\omega_r$ 同时发生变化。而 $K_{ca}$ 的变化对穿越频率 $\omega_c$ 没有影响,因此系统的快速性不受影响。负载刚度 $K_L$ 的变化将使所有动态参数值都随之改变。假定 $K_L$ 增大,将使增益降低,幅频特性曲线下移。

### 三、四通阀控对称气动缸的动态刚度特性

为进一步研究四通阀控对称气缸的动态特性及其抗干扰能力,这里引进动态刚度这一概念,动态刚度表征了动力机构的抗干扰能力。动态刚度越大,其抗干扰能力越强。

传递函数 $\dfrac{Y_f(S)}{F_L(S)}$ [参见式(9-33)]表示外干扰力对输出位移的影响,称为四通阀控对称气动缸的动态柔度。式中负号表示外干扰力 $F_L$ 增大将使活塞速度下降。它的倒数 $\dfrac{F_L(S)}{Y_f(S)}$ 为

$$\frac{F_L(S)}{Y_f(S)} = -\frac{\dfrac{2A^2 p_i}{RT_s K_{ca}} S (\dfrac{S^2}{\omega_h^2} + \dfrac{2\zeta_n}{\omega_h} S + 1)}{(1 + S/\omega_1)} \qquad (9\text{-}123)$$

称为四通阀控对称气动缸动态刚度。

式中 $\omega_1 = \dfrac{RT_s K_{ca}}{V_0}$

它是由惯性节,二阶微分环节,放大环节和理想的微分环节组成。根据式(9-123)可作出其中幅频特性如图 9-19 所示,图中采用双对数坐标。

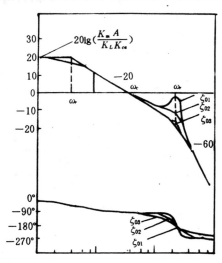

图 9-18 式(9-122)博德图 $\zeta_{01} < \zeta_{02} < \zeta_{03}$

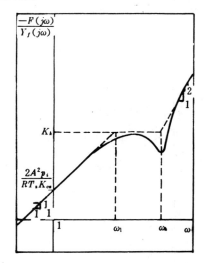

图 9-19 四通阀控对称气动缸动态刚度特性

由图 9-19 可知,幅频特性曲线的低频段斜率为"+1",高频段的斜率为"+2",中频段($\omega_1 \sim \omega_h$)的渐近线的斜率为"0",其值为气压弹簧刚度。当 $K_{ca}$, $\zeta_h$ 和 $\omega_h$ 发生变化时,将使曲线发生较大的变化。动态刚度特性具有如下特点:

1)在中频段($\omega_1 \sim \omega_h$ 范围内),由于外干扰力的频率较高,没有足够的时间让泄漏流量通过。此时,阀控气动缸可近似看成一个简单的被完全封闭的气动缸,其刚度为气压弹簧刚度 $K_h$。

2)在高频段,负载运动产生的惯性力抑制了外加干扰力的作用,即负载惯性阻止了外加干扰力作用下的活塞运动。随着频率的增加,这种负载惯性的作用越来越明显。动态刚度随频率成二次方增加。而当所有负载为零时,负载惯性的作用消失了。这样在大于 $\omega_1$ 的

高频段上,动态刚度将一直保持为常数且等于气压弹簧刚度。

3)稳态时 ($\omega \to 0, t \to \infty$),动态刚度 $\left|-\dfrac{F_L(i\omega)}{Y_f(i\omega)}\right|$ 等于零。这是由于在外加干扰力的作用下,引起泄漏,活塞产生运动,此时活塞位置不确定,气压弹簧刚度消失。

4)动态速度刚度为

$$\frac{F_L(S)}{Y_f(S)} = -\frac{\dfrac{2A^2 p_i}{RT_s K_{ca}}(\dfrac{S^2}{\omega_h^2} + \dfrac{2\zeta_h}{\omega_h}S + 1)}{(1 + S/\omega_1)} \tag{9-124}$$

稳态时 ($\omega = 0$),动态速度刚度为 $\left|-\dfrac{F_L(i\omega)}{Y_f(i\omega)}\right| = \dfrac{2A^2 p_i}{RT_s K_{ca}}$,是速度变化量与外干扰力的比值,为提高系统动态刚度,应尽量加大此值。

5)在低频范围内,随着频率的降低,漏损的影响越来越明显,动态位置刚度随频率成比例下降,直至为零。当 $\omega = 1$ 时,刚度为动态速度刚度。此时可将气压缸看成阻尼系数为 $\dfrac{2A^2 p_i}{RT_s K_{ca}}$ 的粘性阻尼器。

由上述分析可知,当动力机构无负载时,在低频率段内,气压缸为阻尼系数为 $\dfrac{2A^2 p_i}{RT_s K_{ca}}$ 的粘性阻尼器,在高频区内,气压缸相当于一个刚度为 $\dfrac{2A^2 k p_i}{V_0} = K_h$ 的气压弹簧,其大致分界线为 $\omega_1 = \dfrac{RT_s K_{ca}}{V_0}$。

# 第十章 气动回路

气动系统是由气源、控制元件、执行元件和辅助元件构成，完成规定动作的气动装置。由于采用的元件和连接方式不同，气动系统可实现各种不同的功能，而任何复杂的气动控制回路，都是由一些具有特定功能的基本回路和常用回路组成。这些基本回路和常用回路包括压力控制回路、速度控制回路、换向回路、同步控制回路、缓冲回路及连续往复运动回路等。

## §10-1 基本回路

### 一、压力和力控制回路

压力控制回路是保障气动系统具有某规定的工作压力，通过调压阀的作用，可实现各种压力和力控制。

1. 压力控制回路

气动的工作压力由压力控制回路提供。压力控制回路主要由过滤器、调压阀和油雾器组成。图10-1为压力控制回路中最基本的回路，它可提供给系统一种所需的工作压力，这个工作压力的调定是由调节调压阀来实现的。如果传动系统中同时有几个气缸工作，工作压力相同，则在保证有足够的流量的情况下，可在油雾器后通过气流分配装置将压缩空气分别送到每个执行元件所对应的主控制阀上。

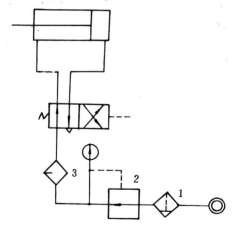

图10-1 提供一种压的压力控制回路
1—过滤器 2—调压阀 3—油雾器

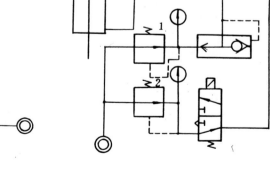

图10-2 提供两种压力的压力控制回路

在气动系统中,有时需要同时提供两种不同压力来驱动一个执行元件在不同方向上的运动,此时可采用如图10-2所示的压力控制回路。气缸有杆腔压力由调压阀1调定,无杆腔压力由调压阀2调定。在实际工作中,通常是活塞杆伸出并带动负载,退回时空载复位。这时无杆腔压力应根据负载来调定,而有杆腔压力可以调的很低,足以克服摩擦力复位就可以,这样有利于能量消耗。

当同一个执行元件需要轮流驱动不同负载做功时,可采用如图10-3所示的压力控制回路。图中利用二位三通电磁阀的切换功能,控制进入执行元件工作腔中的压力,达到驱动不同负载的目的。 压力控制回路应用很广,凡是需要具有一定压力的压缩空气的场合,都可以利用调压阀的调节压力的功能来实现。如果把调压阀换成电控的压力比例阀,可实现连续的压力控制和闭环压力控制,使压力控制精度得到很大的提高。

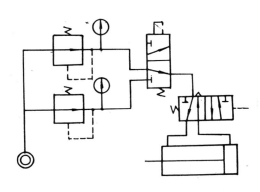

2. 力控制回路

气动缸等执行元件和液压元件一样,其输出力的大小与输入压力和受力面积有关,而一般的气动输入压力不太高,因而靠改变受力面积来改变输出压力。

图10-3 轮流提供两种压力的压力控制回路

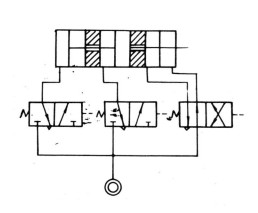

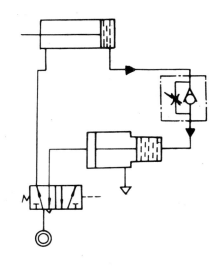

图10-4 串联气缸增力回路　　　　图10-5 气液缸力控制回路

图10-4为利用三级串联气动缸来增大活塞杆的输出力。活塞杆的往复运动由电磁换向阀控制。串联气缸的增力倍数与串联气缸的串联级成比例。图10-5为气液增压缸增力回路,该回路利用气流增压缸1把较低的气压变成较高的液压,以提高气液缸2的驱动力。

## 二、速度控制回路

与液压传动相比,气压传动有很高的运动速度,这在某种意义上讲,是一大优点。但在许多场合,例如切削加工和精确定位,不需要执行机构高速运动。这就需要通过控制元件进行速度控制。因目前气动系统中,所使用的功率都不太大,因而调速方法大多采用节流调速。

从理论上讲,气缸活塞运动速度可以采用进气节流调速和排气节流调速来实现控制。但由于在进气节流调速系统中,气缸排气压力很快降至大气压力,随着活塞运动,气缸腔也将增大,进气压力变化很大,造成气缸产生"爬行"现象。因而在实际应用中,大多采用排气节流调速方法。这是因为排气节流调速时,排气腔内的压力在节流阀的作用下,产生与负载相应的背压,在负载保持不变或变动很小的条件下,运动速度比较平稳。但当负载变化很大时,排气腔背压也随着变化,有可能使气缸产生"自走"现象。

### 1. 单作用气缸的速度控制回路

图10-6为单作用气缸的速度控制回路,回路中利用两个单向节流阀对活塞杆的伸出和退回实行速度控制。调节节流阀的开度,可改变活塞运动速度。

### 2. 双作用气缸调速回路

图10-7为采用单向节流阀实现排气节流的速度控制回路,调节节流阀的开度实现气缸背压的控制,完成气缸往复速度的调节。

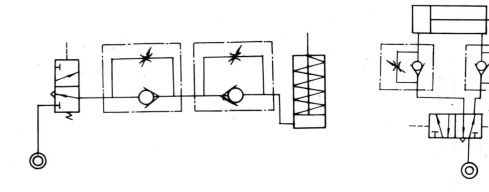

图10-6 单作用气缸的速度控制回路　　　　图10-7 双作用气缸调速回路

### 3. 缓冲回路

图10-8(a)是由流量控制阀配合使用的缓冲回路。当活塞向右运动时,缸右腔气体经二位二通机控阀和三位五通阀排出,当活塞运动到末端碰上机控阀时,迫使机控阀换向,右腔气体经节流阀排出,实现缓冲活塞运动速度。改变机控阀的安装位置,可改变开始缓冲的时刻。

图10-8(b)所示的缓冲回路是利用顺序阀实现缓冲的。其工作原理是:当活塞向左返回到行程末端时,其左腔的压力已经下降到打不开顺序阀2,剩下的气体只能经节流阀1排出,由此活塞得到缓冲。该回路常用于行程长,速度快的场合。

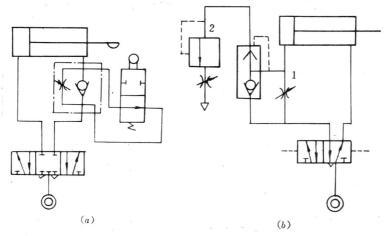

图 10-8 缓冲回路

**4. 气液联动速度控制回路**

气液联动速度控制回路是以气压作为动力,利用气液传动器把气压传动变成液压传动,或利用气液阻尼缸控制执行机构的运动速度,从而得到良好的调速效果。这种控制回路无需液压动力也能使传动平稳,定位精度高,可实现无级调速。

图 10-9 为利用气液传动器的调速回路。当压缩空气进入气液传动器 1,气压力推动活塞将液压油挤出传动器 1,经单向节流阀进入有杆腔,无杆腔的液压油经单向节流阀进入气液传动器 2,通过活塞将压缩空气压向大气,油缸活塞杆退回。通过调节排油量控制活塞运动速度。当换向阀换向后,油缸活塞杆伸出,其速度也是由调节排油量实现的。

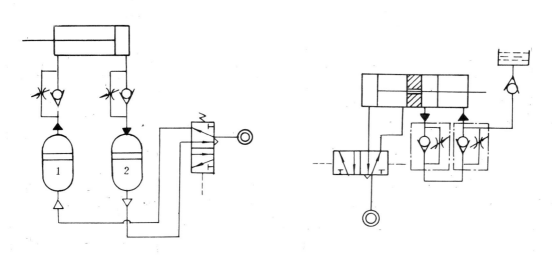

图 10-9 应用气液传动器的调速回路　　　图 10-10 气液阻尼缸的调速回路

图 10-10 是利用阻尼油缸实现调速度的回路。阻尼缸与气缸的连接可以是串联,也可以是并联。图 10-10 为串联形式的气液阻尼缸。在调速回路中,通过调节单向节流阀的开

度，实现往复无级调速。高位油杯的作用是补充阻尼缸有杆腔和无杆腔油液的差以及因泄漏而损失的油液。

### 5. 变速回路

在机械加工中，常遇到快进刀，慢进给，快退刀的工作要求。利用气压传动可以实现这一要求。图10-11为液压缸结构变速回路。在回路中，当活塞右行到通过 $a$ 孔起，液压缸右腔油液只能通过 $b$ 孔经节流阀流向左腔，比时由快进变为慢进。切换换向阀后，活塞开始向左行，$c$ 孔下的单向阀被打开，高位油杯供油，油缸左腔的液压油也直接通过单向阀进入右腔，此时则由慢进变成快退。由于这种变速方法是采用结构变速的，所以变速位置不能改变。

图10-12为行程阀变速回路，当活塞杆右行到活塞杆上的撞块碰到机控阀后，机控阀换向，活塞开始慢进。此回路通过改变机控阀的安装位置来改变开始变速的位置。

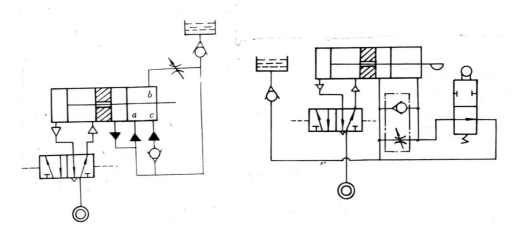

图10-11 液压缸结构变速回路　　　　图10-12 机控阀变速回路

## 三、位置控制回路

气动系统中，气动执行机构一般都停留在两个位置上，如果要求执行机构在运动过程中的某个位置上停下来，则要求气动系统具有位置控制的功能。这里需要说明，由于气体具有压缩性，因而气动定位精度比液压定位精度低。对于定位精度要求不严格的场合可采用单纯气动定位，而要求定位精度较高的场合，则采取或机械辅助定位或气液联动等措施加以控制。下面介绍几种常用的气动位置控制回路。

图10-13(a)为使用中位封闭式主控阀的位置控制回路，当主控阀处于中位时，气缸两腔的压缩空气被封闭，活塞可以停留在行程中的任何位置，这种回路不允许系统内有任何漏气现象，也不允许主控阀内部有泄漏。图10-13(b)为使用中位加压式主控阀的位置控制回路，由于使用了双活塞杆气缸，活塞有效作用面积相等，当外负载合力等于零时，活塞也能停留在行程的任意位置上。但是，外负载的合力一般不为零，因此活塞的停留位置就不固定。为了克服这一点，对于负载一定的气缸，可以在气缸和主控阀之间增设调压阀，调速气缸两腔压力，保持活塞杆平衡实现定位，如图10-13(c)所示。

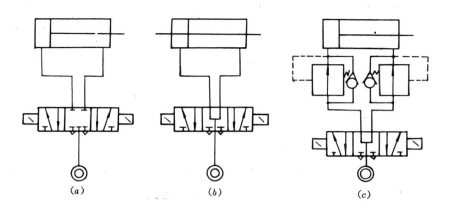

图10-13 采用三位阀的位置控制回路

当要求定位精度较高时,可采用气液联动位置控制回路。图10-14为气缸主控阀采用中位泄压式先导电磁阀,油缸与气缸并联的气液联动位置控制回路。在伸出和退回过程中,两个二位二通液压电磁阀可使活塞停下来。一旦活塞停止运动,主控阀可处于中位,气缸两腔压力为大气压力,操作更为方便。

图10-15为利用串联气缸实现三个位置的控制回路。$A,B$两缸串联连接,当电磁阀2作用时,$A$缸活塞杆向左移动,推出$B$缸的活塞杆,使$B$缸活塞杆的位置从〔1〕移动到〔2〕,当电磁阀1作用时,$B$缸活塞杆的位置继续由〔2〕移动到〔3〕,故$B$缸活塞杆有〔1〕、〔2〕、〔3〕三个位。如果在气缸$A$的端盖$a,b$及$B$缸$c$端盖上分别安装调节螺钉,就可以控制活塞杆在〔1〕~〔3〕之间的任一位置上停留。

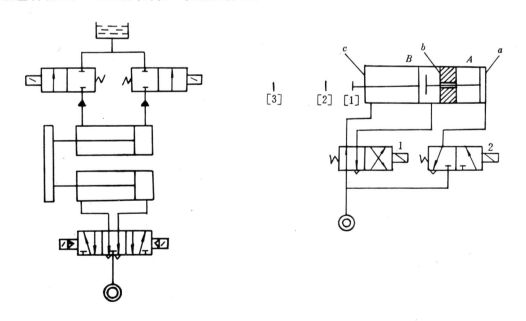

图10-14 气液联动位置控制回路　　　　图10-15 串联气缸的位置控制回路

图10-16为利用多位缸构成位置控制回路。多位缸位置控制回路的特点是:控制若干

活塞按设计要求,部分或全部伸出或缩回,实现多个位置控制。图中由二位三通阀1,2,3通过梭阀6,7控制换向阀4,5使气缸两活塞杆收回,如图所示位置。当阀2动作,两活塞杆一伸一缩;阀3动作时,两活塞杆全部伸出。

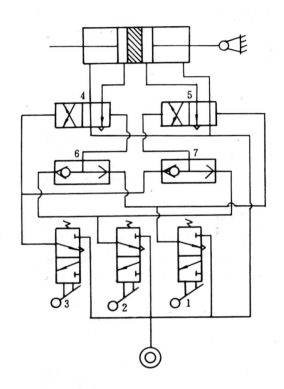
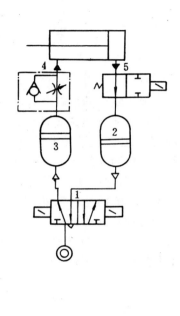

图10-16 多位缸位置控制回路　　　　　　图10-17 控制活塞杆中停位置回路

图10-17为控制活塞杆在任意位置上停止的回路。单向节流阀4控制回程速度,当两位两通电液换向阀切断回程油路时,可迅速地使活塞停止在中间所需要的任意位置上。该回程具有较高的定位精度。

图10-18为三柱塞数字位置控制回路,其中 $p_1$ 为正常工作压力供给 $A,B,C$ 三通口推动柱塞1、2、3伸出或停于某一位置。通口 $D$ 提供低压空气 $p_2$,控制各柱塞复位或停于某需要位置。该回路可控制活塞杆有八个位置(包括原始位置在内)。

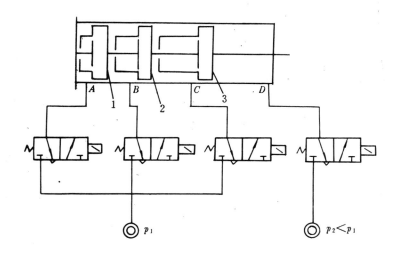

图 10-18 数字缸位置控制回路

## §10-2 常用回路

常用回路是在实际控制中经常用到的一些典型回路,为了便于设计回路时选择应用,下面简单介绍几个常用回路。

### 一、同步动作回路

图 10-19 为同步动作气动控制回路,图中($a$)为简单的同步控制回路,它是采用刚性连接部件连接两缸活塞杆的措施,迫使 $A,B$ 两缸同步。图中($b$)是把油封入回路中实现两缸同步。该回路由于两缸都是单活塞杆缸,为使 $B$ 缸上腔的有效面积与 $A$ 缸的下腔有效面积相等,必须使 $B$ 缸的内径大于 $A$ 缸的内径。回路中 1 接放气装置,用于放掉混油中的气体。图中($c$)是保证加有不等负荷 $F_1,F_2$ 的工作台作上下运动的同步控制回路,当三位五通主控阀处在中位时,弹簧蓄能器自动通过补给回路对液压缸补充漏油,如该阀处于其余两个位置时,则弹簧蓄能器的补给回路被切断,回路中 1,2 接放气装置,用以将混入油中的空气放掉。

### 二、安全保护回路

1. 过载保护回路

图 10-20 为过载保护回路,回路中若当活塞向右运动中遇到障碍或其它原因,而使气缸过载时,气缸左腔压力急剧升高,当超过某设定值时,顺序阀 1 被打开,接通两位三通阀 2,主控阀 3 的控制气体由阀 2 排除而复位,气缸左腔气体排入大气,活塞杆收回。此回路实际是压力控制回路。

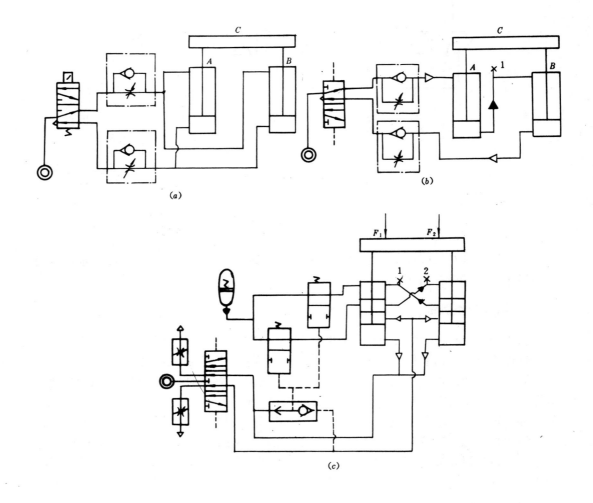

图 10-19 同步动作控制回路

2. 双手操作回路

图 10-21 为双手操作回路,只有当两个手动换向阀同时动作时,才能切换主控阀,使活塞向下运动,否则活塞不动,从而对操作人员起了保护作用,这种回路实质上是"与门"回路的应用,在锻压或成形生产中常用该回路。

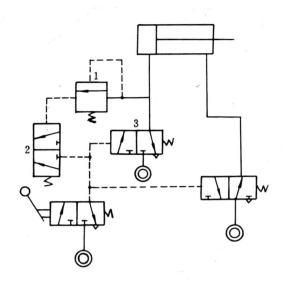
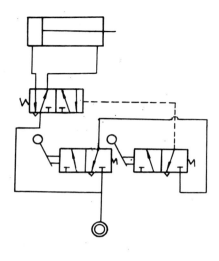

图 10-20 过载保护回路　　　　　　　图 10-21 双手操作回路

**3. 互锁回路**

为保证只有一个活塞动作,防止各缸的活塞同时动作,可采用如图 10-22 所示的回

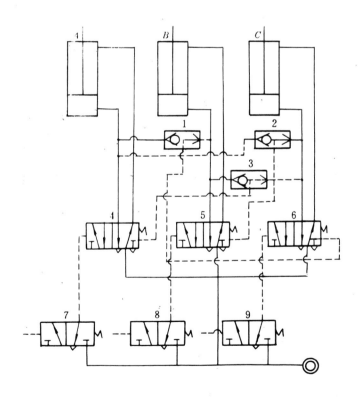

图 10-22 互锁回路

路。回路中主要利用梭阀 1,2,3 及换向阀 4,5,6 进行互锁。如换向阀 7 被切换,则换向阀 4 也换向,使 A 缸活塞伸出,与此同时 A 缸的进气管路的气体使梭阀 1,2 动作,锁住换向阀 5,6。所以此时即使有换向阀 8,9 的信号,B,C 缸也不会动作,如果要改换缸的动作,必须把前动作缸的气控阀复位才行。

### 三、往复动作回路

1. 单往复动作回路

图 10-23 为位置控制式单往复动作回路,图中(a)在行程末端装有机控阀,当气缸活塞行至末端碰上机控阀时,机控阀便发出一个回程控制信号,主控阀换向、气缸回程。手动换向阀每动作一次,气缸活塞进行一次往复运动。图中(b)于行程末端采用杠杆机构及喷嘴发信,其工作原理与(a)类同,具有终端定位精度高的优点。

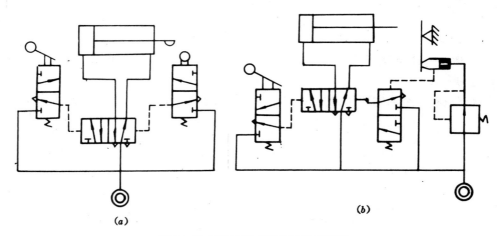

图 10-23 位置控制式单往复动作回路

图 10-24 为时间控制式单往复动作回路,图中手动阀动作后,主控阀换向,气动缸活塞伸出,碰上行程阀使其换向,延时阀需经一定时间间隔后才发出气控信号,使主控阀换向,气缸返回。　图 10-25 为压力控制式单往复动作回路,当气缸左腔压力未达到顺序阀调定的开启压力时,气缸不会返回,通常当气缸前进到末端时,气缸左腔压力最高,开启顺序阀,气缸返回。但图中(a)当遇到有很大的反抗阻力时,可能出现中途返回,可实现压力(超载)保护。而图中(b)的行程阀可以用来确定气缸前端是否已到达行程终端。

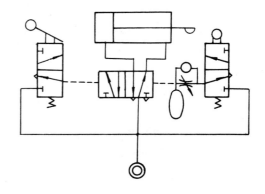

图 10-24 时间控制式单往复动作回路

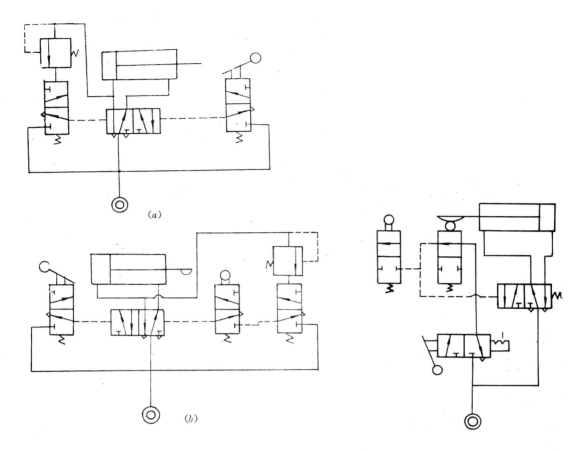

图 10-25 压力控制式单往复动作回路

图 10-26 简单形连续往复动作回路

2. 连续往复动作回路

图 10-26 为较简单的采用机控阀实现自动往复动作回路。其可靠性决定于各阀的弹簧质量与阀的密封性。

图 10-27 为压力控制式连续往复动作回路。图中主控阀 2 为差压阀,转动手动阀 3 成图位置时,缸活塞处于返回状态。推动手动阀 3 切断其气源,气缸活塞作往复动作。

图 10-28 为时间控制式连续往复动作回路。适用于不便安装行程阀或者需调节工艺时间的场合,但需要在行程两端采用机械方式定位。其工作原理是:当手控制换向阀 1 动作,气源通过二位三通阀 2 发出气信号,使主控阀 4 换向,气缸前进,延时阀 6 延时并建立一定压力时,两位三通阀 3 换向发出气源信号,控制主控阀 4 换向,气缸返回。在气缸前进的过程中,由于延时阀 5 排空,两位三通阀 2 在弹簧作用下复位,切断控制信号源。在气缸返回的过程中,延时阀 6 排空,延时阀 5 延时并建立压力,延时到所需时间时,两位三通阀 2 再次换向,气缸前进,实现连续往复动作。手动阀 1 复位,气缸连续往复动作停止。通过调节延时阀可改变延时时间。

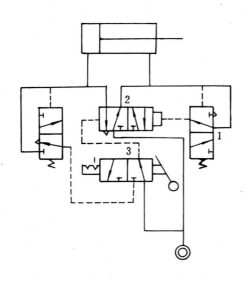
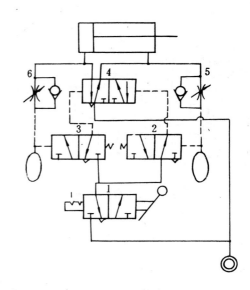

图10-27 压力控制式连续往复动作　　　　图10-28 时间控制式连续往复动作回路

### 四、其他回路

1. 气动放大器应用回路

图10-29 为气动放大器应用回路的一个例子,当物体1移动到喷嘴4下面时,接收口3接收到一低压信号,经气动放大器5进行功率放大,推动气缸工作。当物体离开喷嘴4时,在喷嘴4喷出气流的作用下,接收器3的信号被切断,气动放大器(二位三通阀)5换向,气缸在弹簧作用下回程,控制气缸往复运动。

2. 自保持控制回路

图10-30为气动自保持控制回路,图中虽使用了单气控二位三通阀,但由于有反馈的自保持回路,该阀能输出记忆信号。接通 $T$ 阀,气缸前进,断开 $D$ 阀,气缸回程。图 $(a)$ 为"优先断开"回路,图 $(b)$ 为"优先接通"回路。

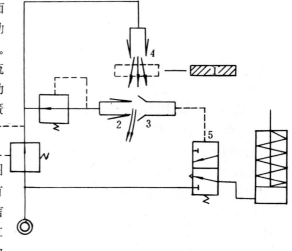

图10-29 气动放大器应用回路

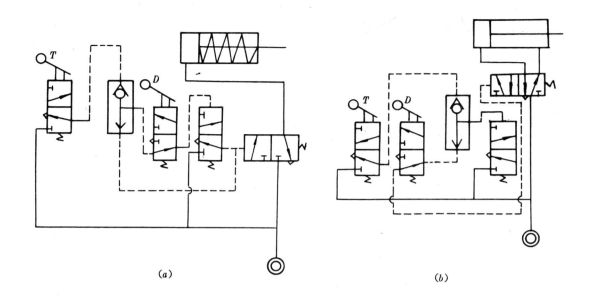

图 10-30 自保持控制回路

3. 中途停止控制回路

图 10-31 为活塞在行程中途停止控制回路,图(a)采用气缸左右腔同时加压或卸压使气缸活塞在中途停止。分别按阀 1,2,3 气缸实现进、退、停。图(b)当三位阀处在中位时,气缸左右腔被封闭,由于气体可压缩性和负载变化,停止位置不易准确地控制。

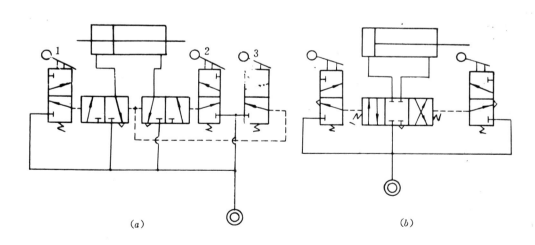

图 10-31 中途停止控制回路

# 思考与练习题

1-1 将温度为 20℃,体积为 1m³ 的空气压缩成体积为 0.2m³ 时,求其压缩后的空气压力?设压缩后空气温度为 30℃。

1-2 将温度为 20℃ 的空气绝热压缩到压力为 0.7MPa,求压缩后的气体温度?

1-3 把绝对压力为 0.1MPa,温度为 20℃ 的某容积空气压缩到容积为 $0.1V_0$ 时($V_0$ 为压缩前的初始容积),试分别按等温,绝热过程求压缩后的压力和温度?

1-4 绝对压力为 0.5MPa,温度为 30℃ 的空气,绝热膨胀到大气压时,求其膨胀后的空气温度?

1-5 压力为 6 个大气压(表压),温度为 40℃ 的空气,试求其重度和密度?

1-6 某干空气初始绝对压力为 0.2MPa,压缩后绝对压力为 2MPa,试按绝热过程求压缩后的气体体积及密度变化。

1-7 如图所示,气罐的初始表压力为 0.5MPa,温度为 20℃,试求打开阀门迅速放气到大气压后,立刻关闭阀门,求此时罐内的气体温度及回升到室温时气罐的压力?

1-8 设湿空气的压力为 0.1013MPa,温度为 20℃,相对温度为 50%。求(1)绝对湿度?(2)含湿量?(3)气温降低到多少度时开始结露水(露点)?(4)温度为 20℃ 时,空气的密度?

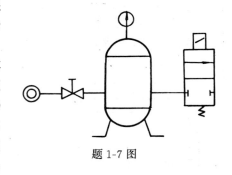

题 1-7 图

1-9 由压缩空气站向车间供应压力空气,其连接钢管内径为 D=25mm,长 20mm,入口空气压力为 0.6Mpa,温度为 25℃,空气动力粘度为 $18.49 \times 10^{-6}$,(Pa·s),沿程压力损失系数为 0.0255,车间气动装置耗气量为 30m³/h,求通过该管长的压力损失?(可根据流体力学,通过管道的压力损失为 $\Delta P_{沿} = \lambda \frac{l}{D} \frac{\rho v^2}{2}$ 计算)。

1-10 空气由温度为 15℃ 的大容器中流出,当流速为 100m/s 时,求空气密度及压力的相对变化?设气体流动为绝热过程。

2-1 设不对称气动缸的内径为 80mm,活塞杆直径为 25mm,供给气体压力为 0.6MPa,试求气动缸前进和后退时的输出力?设气动缸的机械效率为 0.9。

2-2 如图所示,气动缸以 0.5m/s 的速度拖动重量为 500N 的物体作水平运动。设机械效率为 0.9,供气压力为 0.5MPa,摩擦系数为 0.2,物体从静止状态开始,在 0.15s 中等加速到 0.5m/s。求该气动缸所需的内径?若气动缸拖动该物体作垂直上升、垂直下降,沿 45℃ 的斜坡向上运动,气缸所需的内径分别又是多少?

2-3 设物体重量为 $w$,运动速度为 $u$,试用 $\frac{w}{2g}u^2$ 的形式表示物体运动的能量 E?

2-4 气动缸内装有内径为 63mm,行程为 20mm 的缓冲器,供气压力为 0.5MPa,气动缸排气腔在压缩的背压为 0.2MPa,求完全吸收重量为 500N 的物体以 500mm/s 运动的动能时,缓冲器内的压力?

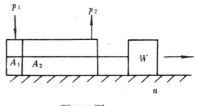

题 2-2 图

2-5 内径为 50mm,活塞杆直径为 20mm 的气缸,求在压载荷作用下,不使活塞杆变形的长度极限?设杆一端固定,另一端可自由旋转,钢的 $[\sigma] = 40$MPa,弹性系数 $E = 2.1 \times 10.6$MPa。

2-6 气动缸内径为 50mm,行程为 300mm,活塞杆直径 20mm,每分钟往复运动 10 次。求耗气量?设使用压力为 0.6MPa。

3-1 试述溢流式调压阀与非溢流式调压阀的优缺点。

3-2 试分析影响调压阀动态性能的主要原因。

3-3 试述溢流阀、顺序阀的工作原理及其在系统中的作用。

3-4 内径为 50mm 的气缸,工作速度为 10mm/s,若用速度控制阀控制排气量,求相当于过流断面的孔径?设节流口前绝对压力为 0.3MPa,节流口后绝对压力为 0.1013MPa,流量系数为 0.5,气体温度为 20℃,通过节流口的气体体积流量可按 $Q = 0.185\mu A p_1 \sqrt{\dfrac{273}{T}}$ 计算。

3-5 试述用流量控制阀控制气动缸运动速度时应注意哪项事项?

3-6 试举例说明顺序阀、快速排气阀、延时阀在气动系统中的应用。

4-1 试简述后冷却器、油水分离器、贮气罐、干燥器、消声器在系统中的作用及其安装位置。

4-2 试简述过滤器、油雾器的主要性能指标,选择和使用注意事项。

5-1 试简述喷嘴挡板式传感器的工作原理并举例说明在测量系统中的应用。

5-2 试比较喷嘴挡板式和喷射式背压传感器的优缺点。

5-3 为什么说遮断式传感器在进行物体测量时具有很高的灵敏度。

5-4 试举例说明压力继电器在气动系统中的应用。

5-5 试比较膜片式放大器与滑柱式放大器的优缺点。

5-6 试简述差压变换器的工作原理并分析其特性。

5-7 试简述电-气转换器工作原理及其应用。

5-8 试举例说明电-气比例阀在气动系统中的应用。

6-1 试化简下列逻辑函数

1) $A + B + \overline{AB}$

2) $\overline{A}(\overline{A} + B) + B(B + C) + B$

3) $\overline{AC} + \overline{AB} + BC + \overline{A}CD$

4) $AD + BC\overline{D} + (\overline{A} + \overline{B})C$

5) $AB\overline{C} + \overline{A}D + (\overline{B} + D)D$

6-2 试用逻辑线路图表示下列逻辑函数

1) $f = a + \bar{b}c$

2) $f = abc + \bar{a}b + a\bar{c}$

6-3 试用逻辑真值表表示 $f = \bar{a}b + b\bar{c} + abc$

6-4 某逻辑函数的真值表如下,试写出该逻辑函数的与一或式标准形。

| A | B | C | f |
|---|---|---|---|
| 0 | 0 | 0 | 1 |
| 0 | 0 | 1 | 0 |
| 0 | 1 | 0 | 0 |
| 0 | 1 | 1 | 1 |
| 1 | 0 | 0 | 1 |
| 1 | 0 | 1 | 1 |
| 1 | 1 | 0 | 0 |
| 1 | 1 | 1 | 0 |

6-5 将由题 6-4 中得到的逻辑函数标准形化简成最简的"与-或"式,并作出逻辑原理图和气动逻辑线路图。

6-6 试根据题 6-4 表写出逻辑函数的"或-与"式标准形,并根据基本定律或形式定律化简成最简"或-与"式,并作出逻辑原理图。

6-7 作出逻辑函数
$$f = abcd + a\bar{b}\bar{c}\bar{d} + ab\bar{c}\bar{d}$$
的卡诺图。

6-8 试根据卡诺图化
$$f = \bar{a}b\bar{c} + a\bar{b}c + \bar{a}bc$$
为最简"与-或"式和最简"或-与"式,并作出逻辑原理图。

6-9 试写出下列卡诺图中的逻辑函数 $f_1$、$f_2$、$f_3$、$f_4$ 的最简"与-或"式和最简"或-与"式。

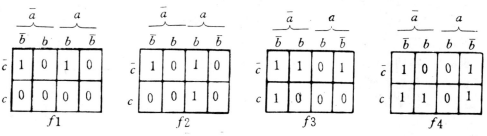

题图 6-9

6-10 某化工工厂工艺流程中需用 $A$、$B$、$C$、$D$ 四个阀门,它们在生产过程中只出现下述 8 种情况,其中(1)、(5)、(6)为危险工作情况,需要自动报警,试设计报警线路。

| 编号 | A | B | C | D | 报警 |
|---|---|---|---|---|---|
| (1) | 关 | 关 | 开 | 开 | 需 |
| (2) | 开 | 开 | 开 | 关 | 无需 |
| (3) | 关 | 关 | 关 | 关 | 无需 |
| (4) | 关 | 开 | 关 | 开 | 无需 |
| (5) | 开 | 开 | 开 | 开 | 需 |
| (6) | 开 | 关 | 关 | 开 | 需 |
| (7) | 开 | 开 | 关 | 开 | 无需 |
| (8) | 开 | 关 | 关 | 关 | 无需 |

7-1 试简述控制继电器的工作原理及作用。

7-2 试述串联回路、并联回路、自保持回路在气动系统中的应用。

7-3 试用气动控制元件构成 $AND$、$OR$、$NOT$ 回路。

7-4 试用气动控制元件构成自保持、时间延迟回路,并简述其动作原理。

7-5 试作程序为 $A_1B_1B_oA_o$ 的信号-动作($X$-$D$)状态图。

7-6 试利用 $X$-$D$ 线图判别程序为 $B_1A_1C_1A_oB_oC_o$ 的障碍信号,并指出消障办法。

7-7 试用 $X$-$D$ 线图法设计程序为
$$A_1B_1C_1C_oB_oA_o$$
行程程序控制系统。

7-8 试根据程序控制线图法设计程序为
$$A_1A_oB_1B_o$$
的行程程序控制系统。

7-9 试作程序 $A_1A_oB_1C_1B_oC_o$ 的卡诺图及顺序循环图,并根据卡诺图法写出执行信号。

7-10 设多缸单往复控制程序为:
$$C_oB_1A_oB_oD_1C_1A_1D_o$$
试根据卡诺图法设计该行程程序控制系统。

7-11 有一台板割槽机,其动作程序为
$$A_1A_oC_1D_1B_oD_oC_oB_1$$
试画出其 $X$-$D$ 线图,逻辑原理图及气动控制回路。

7-12 设多缸多往复行程程序为
$$A_1B_1C_1B_oA_oB_1C_oB_0$$
试根据 $X$-$D$ 状态线图法设计该行程程序控制系统。

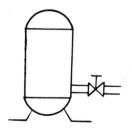

题 8-2 图

8-1 试比较气体流动和液体流动有什么不同,为什么说气体流动速度将是进出口压力比值的函数。

8-2 如图所示,贮气罐内的压力气体通过节流阀输向系统,设贮气罐内气体压力、温度、速度分别为 $p_1$、$T_1$、$u_1$，节流口处气体压力、温度、速度为 $p_2$、$T_2$、$u_2$，试根据气体能量方程

$$\frac{k}{k-1}kT + \frac{u^2}{2} = 常数$$

推导绝热流动时，气体流经节流口的质量流量公式。

8-3 气体以临界流速通过节流孔，气源温度为 0℃，求此时流体的流动速度。

8-4 为什么说当阀芯位移 $x_v$ 一定时，气体的最大质量流量发生在 $p/p_s = (\frac{k+1}{2})^{\frac{k}{1-k}}$ 处？式中 $p_s$ 为该控制节流口的进口压力，$p$ 为出口压力，$k$ 为绝热指数。

8-5 抑制流量公式 $M = p_s w x_v (\frac{2}{k+1})^{\frac{1}{k+1}} \sqrt{\frac{2k}{RT_s(k+1)}}$ 是如何导出？

8-6 试简述三个阀系数的物理意义，并说明它们对系统动态特性的影响。

8-7 试比较零开口四通阀，三通阀阀系数的异同，并分析其原因。

9-1 试比较气压伺服系统，气压定调节系统、气压程序控制系的异同，并简单说明各有什么特点？

9-2 试比较液压控制系统，气压控制系统的优缺点，并说明其原因？

9-3 在推导可压缩性流体质量流量连续性方程时，为什么总是假设气缸活塞处于中间位置，这种假设对气压系统动态分析时有什么好处？

9-4 试简述平衡气瓶对四通阀控对称气动缸动力机构动态特性的影响。

9-5 试推导带平衡气瓶四通阀控非对称气动缸动力机构基本方程，并作出块图，写出闭环传递函数及其状态方程。这里假设气动缸大腔（$a$ 腔）进压力气体。

9-6 试推导四通阀控非对称气动缸动力机构当气动缸小腔（$b$）腔进压力气体时的基本方程，并写出其状态方程。

9-7 为什么说气压固有频率 $\omega_h$ 的大小决定了伺服机构的响应速度，它对系统动态特性有什么影响，采取什么措施可进一步提高气压固有频率。

9-8 试作出四通阀控非对称缸（大腔进压力气体），传递函数 $\frac{Y_x(s)}{X_v(s)}$ 的博德图，并根据博德图分析动态特征参数对系统性能的影响。

9-9 试简单说明动态刚度特性的物理意义，并指出提高动态刚度的途径。

10-1 在节流调速系统中，为什么通常采用排气节流调速方法而不采用进气节流调速，试举例说明。

10-2 试作出两种能完成快进－工进－快退"自动工作循环回路。

10-3 试简述气液联动速度控制回路工作原理并分析其回路特点。

10-4 试用气动调速阀构成两缸同步控制回路。

10-5 试用顺序阀构成两缸顺序动作回路。

## 参考文献

[1] 李天贵编，《气压传动》，国防工业出版社，1986.6。

[2] 曲以义编,《气压伺服系统》,上海交通大学出版社,1986.12。

[3] 陈汉超、盛永才编著,《气压传动与控制》北京工业学院出版社,1987.6。

[4] 清华大学流体传动及控制教研室、上海工业大学流体传动及控制教研室编著,《气压传动与控制》,上海科学技术出版社,1986.9。

[5] H·C阿尔然尼可夫、B·H马尔采夫著,张炳暄、张桂联、王震华译,《空气动力学》,高等教育出版社,1954.7。

[6] (社)日本油空壓學會编《新版油空壓便覽》(株式會社)オーム,1989.2.25。